冯玉增 杨 洁 杨 辉 主编

苹果
病虫草害诊治
生态图谱

Atlas of Diagnosis and Treatment for Disease Pest and Weed
Disease of Apple

U0199213

中国林业出版社
China Forestry Publishing House

编委会

主　　编：冯玉增　杨　洁　杨　辉
副 主 编：（以姓氏笔画为序）
　　　　　李　静　李洪超　张向忠　赵凯华　赵肃然
编 著 者：冯玉增　杨　洁　杨　辉　李　静　李洪超　张向忠　赵凯华
　　　　　赵肃然　杨学军　黄旺志　赵含欣

图书在版编目（CIP）数据

苹果病虫草害诊治生态图谱 / 冯玉增，杨洁，杨辉主编 . -- 北京：中国林业出版社，2019.8

ISBN 978-7-5219-0222-8

Ⅰ.①苹… Ⅱ.①冯…②杨…③杨… Ⅲ.①苹果－病虫害防治－图谱 Ⅳ.① S436.611-64

中国版本图书馆 CIP 数据核字 (2019) 第 177653 号

策划编辑：何增明
责任编辑：张　华

出版发行　中国林业出版社（100009　北京西城区德内大街刘海胡同 7 号）
　　　　　电话：（010）83143566
发　　行　中国林业出版社
印　　刷　固安县京平诚乾印刷有限公司
版　　次　2019 年 9 月第 1 版
印　　次　2019 年 9 月第 1 次印刷
开　　本　880mm×1230mm　1/32
印　　张　10.75
字　　数　450 千字
定　　价　69.00 元

前 言 Preface

　　苹果在我国栽培范围较广，面积、产量均居栽培果树的第一位。由于各地自然条件不同、生态环境复杂多样，导致病虫草害种类繁多，危害严重，对苹果生产安全构成了直接威胁。由病虫草害引起的品质下降、产量降低以及市场损失更难以计量。防治失当，不合理的使用农药，还会造成果品农药残留超标与环境污染。随着我国人民生活水平的提高，加之我国农产品市场对国际市场的开放程度越来越广，出口量增加，对果品品质、质量安全要求也越来越高。

　　笔者长期从事果树病虫草害研究与防治技术的推广应用工作，在与果农的长期交往实践中，深知果农到底需要什么，渴望什么。

　　正确认识病虫草害、科学预防、合理用药、降低成本，是广大果农的迫切需求；吃上高品质的放心果品，减少农药残留影响，是广大消费者的迫切愿望。很多果农对果树病虫草害的诊断与防治技术还较落后，现在很多果树栽培类书，有关病虫草害多局限于文字描述，缺乏详实的生态图谱，即便是从事病虫草害研究和技术推广的专业技术人员，也很难通过阅读文字准确识别，而没有果树病虫草害专业知识的果农，就更不可能通过文字描述正确认识果树的病虫草害，从而进行正确的防治了。

　　为此，笔者早在 20 多年前就自费数千元，购买了当时较先进的数码相机，深入田间、果园拍照，与果农交朋友，收集他们的经验体会。为正确识别病虫草并拍摄生态图片，查阅了大量的果树专业技术文献。对有些病虫草，请有关专家进行鉴定，或征询同行意见。为了找全找齐各个虫态的生态图，采用沙网袋套袋饲养、夜晚观察、特殊天气条件下观察、昆虫周年生活史观察等方法，争取拍摄出理想的各虫态生态图片。对于昆虫尽量拍摄到各虫态的生态图片，对于病害尽量拍摄到不同发病期、树体不同发病部位的生态图片，对于杂草尽量拍摄到从幼苗到成株的各个生长阶段的生态图片。经过多年辛苦和不懈努力，拍摄积累了我国北方十余种落叶果树、数万张果树病虫草害及天敌生态图片。希望通过自己的努力，编写出版一套图像清晰、色彩真实、病状全面、真正实用的果树病虫草害及无公害防治图谱，同时配以简单而贴切的症状文字描述、发生规律和防治方法，让果农一看就懂、一学就会，用药用工少，防治效益好。

本书的编写旨在为果农做点事，为我国北方落叶果树生产做点事，为提高果品产量、改善品质、减少农药残留，为国民果品消费安全，建设生态安全、还绿水青山，尽自己的一份力。

本套丛书包括苹果、梨、石榴、桃、杏、李、柿、枣、核桃、板栗、樱桃、山楂等12个分册。每个树种1个分册，书中绝大部分照片为田间实拍，清晰度高，色彩逼真。同一种病害尽可能表现在植株不同部位、不同时期的典型症状；同一种害虫尽可能表现出不同虫态，同一虫态尽可能表现不同的龄期、不同的表现型以及害虫危害症状；同一种杂草尽可能表现出从幼苗到成熟期不同的生长龄期；同一种天敌，也尽量提供不同虫态的生态照片。在病虫草害防治方面，坚持"预防为主，综合防治"的农业植物保护方针，着重介绍最新研究推广的成功经验、新药剂、新方法。

丛书邀请国内在该领域有丰富实践经验的专家共同编写完成。内容突破了以往农业科普读物中以语言文字介绍为主的局限性，更多的采用生态照片，形象生动、文字通俗易懂、内容科学简要、技术先进实用，使读者可以简明、快捷、准确地诊断病虫草害，适时、科学、正确、合理地开展防治。

全书的编写，也引用、借鉴了同行的部分内容，由于篇幅所限，不一一列出，在此一并感谢。

由于编著者水平所限，加之内容宽泛，书中难免有疏漏和不当之处，敬请同行专家、广大读者朋友批评指正。

冯玉增

2019 年 2 月

目 录 Contents

第3章 果园主要杂草识别与防治 / 137

第 4 章　果园害虫主要天敌保护与识别利用 / 159

第 5 章　果园病虫草无公害综合防治 / 169

参考文献 / 179

附　录 / 181

生态
图谱

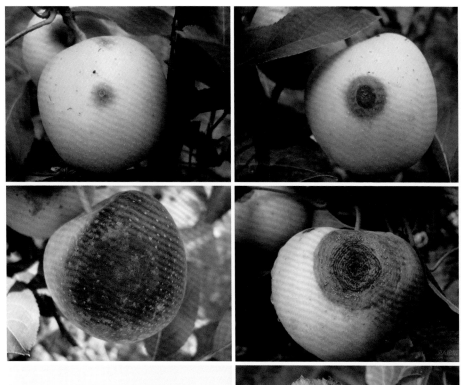

1-1-1	1-1-2
1-1-3	1-1-4
	1-1-5

图 1-1-1　苹果炭疽病病果初发病
图 1-1-2　苹果炭疽病病果前期
图 1-1-3　苹果炭疽病病果中期
图 1-1-4　苹果炭疽病病果后期
图 1-1-5　苹果炭疽病病叶

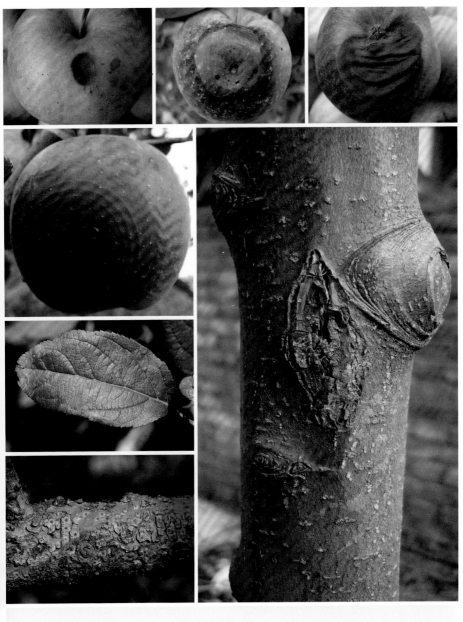

1-2-1	1-2-2	1-2-3
1-3-1		
1-3-2	1-3-4	
1-3-3		

图 1-2-1　苹果褐腐病病果初期　　图 1-3-2　苹果轮纹病病叶

图 1-2-2　苹果褐腐病病果前期　　图 1-3-3　苹果轮纹病病枝

图 1-2-3　苹果褐腐病病果中期　　图 1-3-4　苹果轮纹病病干上的病斑

图 1-3-1　苹果轮纹病病果

1-4-1	1-5-1
1-4-2	1-5-2
1-4-3	1-5-3

图 1-4-1　苹果黑星病病果　　　图 1-5-1　苹果苦痘病病果前期

图 1-4-2　苹果黑星病病果　　　图 1-5-2　苹果苦痘病病果后期

图 1-4-3　苹果黑星病病叶　　　图 1-5-3　苹果苦痘病与褐腐病混发状

1-10-1	1-11-1
1-10-2	
	1-11-2
	1-11-3

图 1-10-1　苹果褐斑病病果
图 1-10-2　苹果褐斑病病叶
图 1-11-1　苹果白粉病病叶
图 1-11-2　苹果白粉病嫩梢
图 1-11-3　苹果白粉病病花

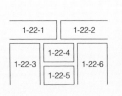

图 1-22-1　苹果缺铁黄化症叶前期

图 1-22-2　苹果缺铁黄化症叶中期

图 1-22-3　苹果缺铁黄化症叶中后期

图 1-22-4　苹果缺铁黄化症叶后期

图 1-22-5　苹果缺铁黄化症病梢

图 1-22-6　苹果缺铁黄化症病枝

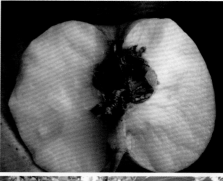

1-23-1	1-25-1
1-23-2	1-26-1
1-23-3	
1-24-1	1-26-2

图 1-23-1　苹果花腐病幼芽

图 1-23-2　苹果花腐病病花

图 1-23-3　苹果花腐病幼果

图 1-24-1　苹果轮斑病

图 1-25-1　苹果霉心病

图 1-26-1　苹果缺钙病果幼果

图 1-26-2　苹果缺钙病果熟果

| 1-30-1 | 1-31-1 |

| 1-32-1 |

| 1-33-1 |

| 1-34-1 |

图 1-30-1 苹果膏药病

图 1-31-1 苹果根癌病

图 1-32-1 苹果细菌毛根病根

图 1-33-1 苹果紫纹羽病根茎部土
壤表面形成的菌丝膜

图 1-34-1 苹果心腐病

1-35-1	1-35-2
	1-36-1
	1-36-2
	1-36-3

图 1-35-1　苹果疫腐病病果前期
图 1-35-2　苹果疫腐病病果后期
图 1-36-1　苹果缺硼症幼果
图 1-36-2　苹果缺硼症熟果
图 1-36-3　苹果缺硼症果内部木栓形

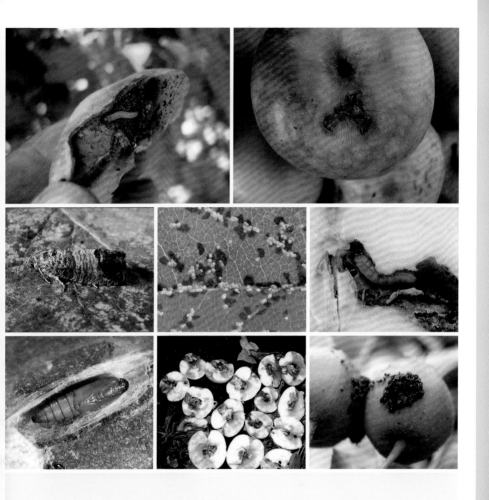

图 2-1-1　苹小食心虫幼虫

图 2-1-2　苹小食心虫幼虫危害状

图 2-2-1　苹果蠹蛾成虫

图 2-2-2　苹果蠹蛾产在叶上的卵

图 2-2-3　苹果蠹蛾幼虫

图 2-2-4　苹果蠹蛾蛹

图 2-2-5　苹果蠹蛾幼虫危害苹果内部状

图 2-2-6　苹果蠹蛾幼虫危害状

2-1-1		2-1-2	
2-2-1	2-2-2	2-2-3
2-2-4	2-2-5	2-2-6

2-3-1	2-3-2

2-3-3	2-3-4	2-3-5

2-3-6

2-3-7

图 2-3-1 桃小食心虫成虫

图 2-3-2 桃小食心虫幼虫危害苹果脱果孔

图 2-3-3 桃小食心虫卵

图 2-3-4 桃小食心虫幼虫

图 2-3-5 桃小食心虫冬茧（上）和夏茧（下）

图 2-3-6 桃小食心虫幼虫蛀果泪胶状

图 2-3-7 桃小食心虫性诱芯及诱集的成虫

2-4-1	2-4-2
2-4-3	2-4-4
2-4-5	2-4-6

图 2-4-1 苹果小卷叶蛾成虫

图 2-4-2 苹果小卷蛾卵

图 2-4-3 苹果小卷蛾幼虫

图 2-4-4 苹果小卷蛾蛹

图 2-4-5 苹果小卷蛾蛹壳

图 2-4-6 苹果小卷蛾幼虫卷叶危害

图 2-5-1　苹梢鹰夜蛾成虫

图 2-5-2　苹梢鹰夜蛾淡绿色型幼虫

图 2-5-3　苹梢鹰夜蛾黑褐色型幼虫

图 2-5-4　苹梢鹰夜蛾黑色型幼虫

图 2-5-5　苹梢鹰夜蛾蛹

图 2-5-6　苹梢鹰夜蛾危害苹果嫩梢状

2-5-1	2-5-2
2-5-3	2-5-4
2-5-5	2-5-6

图 2-6-1　苹毒蛾雄蛾

图 2-6-2　苹毒蛾雌蛾

图 2-6-3　苹毒蛾卵

图 2-6-4　苹毒蛾低龄幼虫

图 2-6-5　苹毒蛾大龄幼虫

图 2-6-6　苹毒蛾成龄幼虫

图 2-6-7　苹毒蛾老龄幼虫

图 2-6-8　苹毒蛾茧

2-6-1	2-6-2	
2-6-3	2-6-4	2-6-5
2-6-6	2-6-8	
2-6-7		

图 2-7-1　苹掌舟蛾成虫

图 2-7-2　苹掌舟蛾卵

图 2-7-3　苹掌舟蛾低龄幼虫群集危害

图 2-7-4　苹掌舟蛾中龄幼虫群集危害

图 2-7-5　苹掌舟蛾成龄幼虫群集危害

图 2-7-6　苹掌舟蛾蛹

2-7-1	2-7-2
2-7-3	2-7-4
2-7-5	2-7-6

图 2-10-1 铜绿金龟成虫
图 2-10-2 铜绿金龟幼虫（蛴螬）
图 2-10-3 铜绿金龟成虫食害苹果叶状
图 2-10-4 铜绿金龟成虫食害苹果嫩梢状
图 2-11-1 黑绒金龟成虫食害苹果花雄蕊
图 2-11-2 黑绒金龟成虫交尾状
图 2-11-3 黑绒金龟幼虫（蛴螬）

2-10-1	2-10-2	
2-10-3	2-10-4	
2-11-1	2-11-2	2-11-3

图 2-12-1　黄褐天幕毛虫成虫正在产卵
图 2-12-2　黄褐天幕毛虫低龄幼虫群害及网幕
图 2-12-3　黄褐天幕毛虫中龄幼虫群害
图 2-12-4　黄褐天幕毛虫幼虫群害枝及苹果枝上的网幕
图 2-12-5　黄褐天幕毛虫幼虫侧面观
图 2-12-6　黄褐天幕毛虫幼虫危害苹果叶状
图 2-12-7　黄褐天幕毛虫茧
图 2-12-8　黄褐天幕毛虫蛹

2-12-1	2-12-2	2-12-3
2-12-4	2-12-5
	2-12-7
2-12-6	2-12-8

2-13-1	2-13-2	2-13-3
2-13-4		2-13-5
2-13-6	2-13-7	2-13-8
2-13-9	2-13-10	2-13-11

图 2-13-1　绿尾大蚕蛾雌成虫

图 2-13-2　绿尾大蚕蛾雄成虫

图 2-13-3　绿尾大蚕蛾卵

图 2-13-4　绿尾大蚕蛾初孵幼虫

图 2-13-5　绿尾大蚕蛾 3 龄幼虫

图 2-13-6　绿尾大蚕蛾 4 龄幼虫

图 2-13-7　绿尾大蚕蛾成龄幼虫

图 2-13-8　绿尾大蚕蛾夏茧

图 2-13-9　绿尾大蚕蛾冬茧

图 2-13-10　绿尾大蚕蛾蛹

图 2-13-11　绿尾大蚕蛾危害苹果
　　　　　　 嫩梢状

2-15-1	2-15-2
2-15-3	2-15-4

2-15-5	2-15-6	2-15-7

2-15-8

图 2-15-1　黄刺蛾成虫交尾
图 2-15-2　黄刺蛾卵块
图 2-15-3　黄刺蛾低龄幼虫群集危害叶片
图 2-15-4　黄刺蛾中龄幼虫
图 2-15-5　黄刺蛾成龄幼虫
图 2-15-6　黄刺蛾越冬茧
图 2-15-7　黄刺蛾蛹
图 2-15-8　黄刺蛾茧被寄生

2-16-1	2-16-2
2-16-3	2-16-4
2-16-5	2-16-6

图 2-16-1　白眉刺蛾成虫

图 2-16-2　白眉刺蛾低龄幼虫

图 2-16-3　白眉刺蛾中龄幼虫

图 2-16-4　白眉刺蛾老龄幼虫

图 2-16-5　白眉刺蛾夏茧

图 2-16-6　白眉刺蛾越冬茧

图 2-18-1　扁刺蛾成虫

图 2-18-2　扁刺蛾卵

图 2-18-3　扁刺蛾幼龄幼虫

图 2-18-4　扁刺蛾低龄幼虫

图 2-18-5　扁刺蛾中龄幼虫

图 2-18-6　扁刺蛾成龄幼虫

图 2-18-7　扁刺蛾夏茧

图 2-18-8　扁刺蛾越冬茧

图 2-19-1　金毛虫成虫

图 2-19-2　金毛虫幼虫

图 2-19-3　金毛虫幼虫食害苹果叶

图 2-19-4　金毛虫幼虫食害苹果

图 2-20-1　茶翅蝽成虫

图 2-20-2　茶翅蝽若虫及卵

图 2-20-3　茶翅蝽大龄若虫

2-19-1	2-19-2
2-19-3	2-19-4

2-20-1	2-20-2	2-20-3

图 2-23-1　美国白蛾成虫

图 2-23-2　美国白蛾成虫交尾

图 2-23-3　美国白蛾卵

图 2-23-4　美国白蛾低龄幼虫群害叶

图 2-23-5　美国白蛾中龄幼虫

图 2-23-6　美国白蛾成龄幼虫

图 2-23-7　美国白蛾低龄幼虫危害形成的网幕

图 2-23-8　美国白蛾蛹

2-23-1	2-23-2
2-23-3	2-23-4
2-23-5	2-23-6
2-23-7	2-23-8

2-24-1	2-24-2
2-24-3	2-25-1
2-25-2	2-25-3
2-25-4

图 2-24-1　桃天蛾成虫

图 2-24-2　桃天蛾成龄幼虫

图 2-24-3　桃天蛾老龄幼虫

图 2-25-1　红缘灯蛾成虫

图 2-25-2　红缘灯蛾成虫交尾

图 2-25-3　红缘灯蛾幼虫

图 2-25-4　红缘灯蛾老龄幼虫

2-26-1	2-26-2
2-26-3	2-25-4
2-26-5	2-26-6
	2-26-7

图 2-26-1　折带黄毒蛾成虫

图 2-26-2　折带黄毒蛾幼龄幼虫群集危害

图 2-26-3　折带黄毒蛾低龄幼虫群害

图 2-26-4　折带黄毒蛾中龄幼虫

图 2-26-5　折带黄毒蛾成龄幼虫

图 2-26-6　折带黄毒蛾老龄幼虫

图 2-26-7　折带黄毒蛾蛹

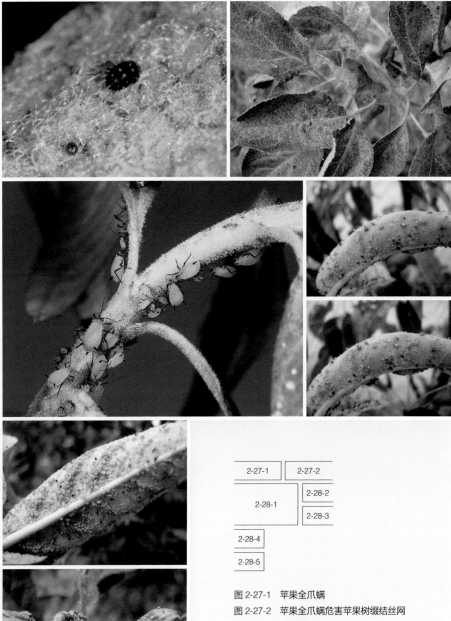

图 2-27-1　苹果全爪螨

图 2-27-2　苹果全爪螨危害苹果树缀结丝网

图 2-28-1　苹果黄蚜

图 2-28-2　苹果黄蚜有翅型成虫

图 2-28-3　苹果黄蚜无翅型成虫

图 2-28-4　苹果黄蚜危害苹果叶背面

图 2-28-5　苹果黄蚜危害苹果嫩梢

图 2-29-1　苹果瘤蚜有翅蚜
图 2-29-2　苹果瘤蚜无翅蚜
图 2-29-3　苹果瘤蚜危害叶
图 2-29-4　苹果瘤蚜危害苹果叶向背面纵卷
图 2-30-1　梨网蝽成虫和若虫
图 2-30-2　梨网蝽成虫危害叶背
图 2-30-3　梨网蝽危害苹果叶正面

2-31-1	
2-31-2	
2-31-3	
2-31-4	2-31-5

图 2-31-1　山楂红蜘蛛成虫
图 2-31-2　山楂红蜘蛛危害苹果叶背面
图 2-31-3　山楂红蜘蛛危害苹果嫩梢状
图 2-31-4　山楂红蜘蛛危害苹果形成的网幕
图 2-31-5　山楂红蜘蛛危害严重落叶

2-32-1

2-32-2

2-32-3

2-32-4   2-32-5

图 2-32-1　大青叶蝉成虫
图 2-32-2　大青叶蝉成虫产卵
图 2-32-3　大青叶蝉卵
图 2-32-4　大青叶蝉若虫
图 2-32-5　大青叶蝉若虫蜕皮

2-33-1	
	2-33-4
2-33-2	
2-33-3	2-33-5

图 2-33-1　斑衣蜡蝉初羽化成虫

图 2-33-2　斑衣蜡蝉成虫群害

图 2-33-3　斑衣蜡蝉产卵

图 2-33-4　斑衣蜡蝉越冬卵块

图 2-33-5　斑衣蜡蝉正在孵化

2-33-6	2-33-7
2-33-8	2-33-9
2-33-10	2-33-11

图 2-33-6　斑衣蜡蝉初孵若虫

图 2-33-7　斑衣蜡蝉 3 龄前若虫

图 2-33-8　斑衣蜡蝉 3 龄前若虫群害

图 2-33-9　斑衣蜡蝉 3 龄若虫脱皮

图 2-33-10　斑衣蜡蝉 4 龄后若虫

图 2-33-11　斑衣蜡蝉 4 龄若虫群害

图 2-35-1　草履蚧雄成虫

图 2-35-2　草履蚧雌成虫

图 2-35-3　草履蚧成虫下树产卵越夏

图 2-35-4　草履蚧危害状

图 2-35-5　草履蚧若虫蜕皮

图 2-35-6　黄色黏虫纸缠树干阻草履蚧雌虫上树

2-35-1	2-35-2
2-35-3	2-35-4
2-35-5	2-35-6

2-36-1	2-36-2
2-37-1	2-37-2
	2-37-3

图 2-36-1　苹果球蚧危害枝条
图 2-36-2　苹果球蚧危害树干
图 2-37-1　豹纹木蠹蛾成虫
图 2-37-2　豹纹木蠹蛾卵
图 2-37-3　豹纹木蠹蛾幼虫

2-38-1	2-38-2	2-38-3
2-38-4		2-39-1
		2-39-2
2-39-3	2-39-4	2-39-5

图 2-38-1　六星吉丁虫成虫

图 2-38-2　六星吉丁虫幼虫

图 2-38-3　六星吉丁虫蛹

图 2-38-4　六星吉丁虫危害树干状

图 2-39-1　光肩星天牛成虫

图 2-39-2　光肩星天牛成虫交尾

图 2-39-3　光肩星天牛产卵痕

图 2-39-4　光肩星天牛危害状

图 2-39-5　光肩星天牛幼虫

图 2-40-1　粒肩天牛成虫

图 2-40-2　粒肩天牛幼虫

图 2-40-3　粒肩天牛蛀道

图 2-40-4　粒肩天牛蛹

图 2-41-1　苹枝天牛幼虫

图 2-41-2　苹枝天牛危害苹果枝蛀孔

图 2-41-3　苹枝天牛幼虫危害苹果枝状

2-40-1	2-40-2	
2-40-3	2-40-4	
2-41-1	2-41-2	2-41-3

2-42-1	2-42-2
2-42-3	2-42-4
2-43-1	2-43-2	2-43-3

图 2-42-1　棉铃虫成虫
图 2-42-2　棉铃虫幼虫褐色型
图 2-42-3　棉铃虫幼虫绿色型
图 2-42-4　棉铃虫蛹
图 2-43-1　八点广翅蜡蝉成虫
图 2-43-2　八点广翅蜡蝉若虫
图 2-43-3　八点广翅蜡蝉产卵枝

图 2-44-1 日本龟蜡蚧雌介

图 2-44-2 日本龟蜡蚧雌介及卵

图 2-44-3 日本龟蜡蚧雌蚧危害状

图 2-44-4 日本龟蜡蚧雄蚧壳

| 2-44-1 | 2-44-2 |
| 2-44-3 | 2-44-4 |

图 2-45-1 云斑天牛成虫
图 2-45-2 云斑天牛卵
图 2-45-3 云斑天牛幼虫
图 2-45-4 云斑天牛成虫羽化孔

2-45-1	2-45-2
2-45-3	2-45-4

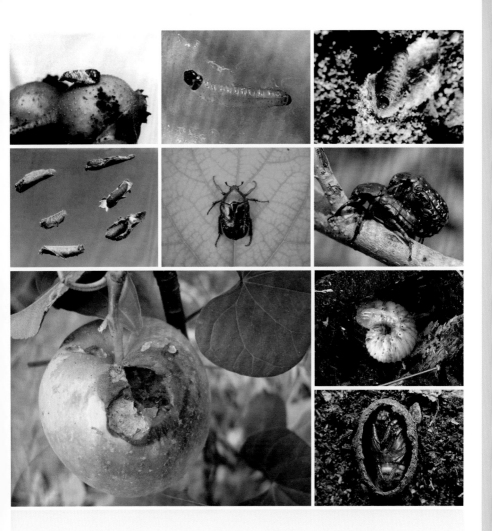

图 2-50-1　碧蛾蜡蝉成虫

图 2-50-2　碧蛾蜡蝉成虫正在产卵

图 2-50-3　碧蛾蜡蝉若虫

图 2-51-1　茶长卷叶蛾蛹壳（上）成虫（下）

图 2-51-2　茶长卷叶蛾幼虫

图 2-51-3　茶长卷叶蛾卷叶羽化蛹壳外露

2-50-1	2-51-1
2-50-2	2-51-2
2-50-3	2-51-3

图 2-52-1　朝鲜球坚蚧

图 2-52-2　朝鲜球坚蚧若虫

图 2-52-3　朝鲜球坚蚧重度危害干

图 2-53-1　春尺蠖雄成虫

图 2-53-2　春尺蠖雌成虫（左）雄成虫（右）

图 2-53-3　春尺蠖幼虫

图 2-53-4　黏虫带阻止春尺蠖上树

2-52-1	2-52-2	2-52-3
2-53-1		2-53-2
2-53-3		2-53-4

2-54-1	2-54-2
2-55-1	2-55-2
	2-55-3

图 2-54-1　大栗腮金龟成虫

图 2-54-2　大栗腮金龟幼虫（蛴螬）

图 2-55-1　二斑叶螨

图 2-55-2　二斑叶螨危害叶背面

图 2-55-3　二斑叶螨害危叶正面

2-56-1

2-56-2

2-56-3

2-56-4

图 2-56-1　芳香木蠹蛾成虫
图 2-56-2　芳香木蠹蛾低龄幼虫
图 2-56-3　芳香木蠹蛾成龄幼虫
图 2-56-4　芳香木蠹蛾幼虫危害状

2-57-1
2-57-2
2-57-3
2-57-4

图 2-57-1　古毒蛾雄成虫
图 2-57-2　古毒蛾雌成虫及卵
图 2-57-3　古毒蛾幼虫
图 2-57-4　古毒蛾茧

2-58-1	2-58-2
2-58-3	
2-59-1	
2-59-2	

图 2-58-1　海棠透翅蛾成虫
图 2-58-2　海棠透翅蛾产卵刻槽
图 2-58-3　海棠透翅蛾幼虫危害状
图 2-59-1　核桃尺蠖成虫
图 2-59-2　核桃尺蠖幼虫

图 2-60-1　褐刺蛾成虫

图 2-60-2　褐刺蛾低龄幼虫

图 2-60-3　褐刺蛾红色型成龄幼虫

图 2-60-4　褐刺蛾黄色型成龄幼虫

图 2-60-5　褐刺蛾羽化茧

图 2-60-6　褐刺蛾夏茧

图 2-60-7　褐刺蛾越冬茧

2-61-1	2-61-2
2-62-1	2-62-2
2-62-3	2-62-4

图 2-61-1　褐点粉灯蛾成虫　　图 2-62-2　黄钩蛱蝶前翅背面

图 2-61-2　褐点粉灯蛾幼虫　　图 2-62-3　黄钩蛱蝶幼虫

图 2-62-1　黄钩蛱蝶成虫　　图 2-62-4　黄钩蛱蝶蛹

2-63-1 | 2-63-2
2-63-3 | 2-63-4
2-64-1 | 2-64-2
2-64-3

图 2-63-1　角斑古毒蛾雄成虫

图 2-63-2　角斑古毒蛾雌成虫及卵

图 2-63-3　角斑古毒蛾幼虫

图 2-63-4　角斑古毒蛾蛹

图 2-64-1　金缘吉丁虫成虫

图 2-64-2　金缘吉丁虫幼虫

图 2-64-3　金缘吉丁虫危害状

图 2-67-1　阔胫赤绒金龟成虫

图 2-67-2　阔胫赤绒金龟成虫交尾

图 2-67-3　阔胫赤绒金龟成虫食害苹果花

图 2-67-4　阔胫赤绒金龟幼虫（蛴螬）

图 2-68-1　蓝目天蛾成虫

图 2-68-2　蓝目天蛾幼虫

2-67-1	2-67-2
2-67-3	2-67-4
2-68-1	2-68-2

图 2-69-1　梨豹蠹蛾成虫
图 2-69-2　梨豹蠹蛾幼虫
图 2-69-3　梨豹蠹蛾幼虫蛀害孔
图 2-70-1　梨尺蠖成虫
图 2-70-2　梨尺蠖幼虫
图 2-70-3　梨尺蠖幼虫危害状

2-71-1	2-71-2
2-71-3	2-71-4
2-72-1	2-72-2	2-72-3
2-72-4	2-72-5

图 2-71-1　梨蝽成虫
图 2-71-2　梨蝽初羽成虫
图 2-71-3　梨蝽卵
图 2-71-4　梨蝽卵及初孵若虫

图 2-72-1　梨刺蛾成虫
图 2-72-2　梨刺蛾低龄幼虫
图 2-72-3　梨刺蛾中龄幼虫
图 2-72-4　梨刺蛾成龄幼虫
图 2-72-5　梨刺蛾老龄幼虫

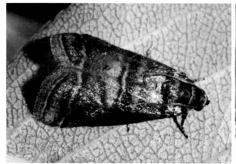
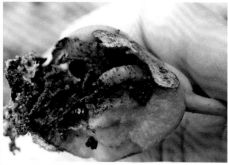

2-73-1	2-73-2
2-74-1	
2-74-2	
2-74-3	

图 2-73-1　梨大食心虫成虫
图 2-73-2　梨大食心虫幼虫
图 2-74-1　梨虎象甲成虫
图 2-74-2　梨虎象甲幼虫
图 2-74-3　梨虎象甲危害果状

图 2-79-1　梨圆蚧

图 2-79-2　梨圆蚧危害苹果状

图 2-79-3　梨圆蚧危害枝干状

图 2-80-1　李枯叶蛾成虫

图 2-80-2　李枯叶蛾卵

图 2-80-3　李枯叶蛾幼虫

图 2-80-4　李枯叶蛾茧

图 2-80-5　李枯叶蛾蛹

2-79-1	2-79-2	2-79-3
2-80-1	2-80-2	
	2-80-3	
2-80-4	2-80-5	

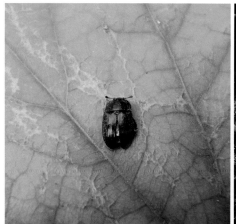

2-81-1	2-82-1

2-82-2

2-82-3

2-82-4

图 2-81-1　李叶甲成虫
图 2-82-1　栗毒蛾雄成虫
图 2-82-2　栗毒蛾雌成虫及产卵
图 2-82-3　栗毒蛾幼虫
图 2-82-4　栗毒蛾茧

图 2-83-1　栗黄枯叶蛾成虫

图 2-83-2　栗黄枯叶蛾卵粒上附着雌蛾的尾毛

图 2-83-3　栗黄枯叶蛾幼虫

图 2-83-4　栗黄枯叶蛾茧

图 2-84-1　栗山天牛成虫

图 2-84-2　栗山天牛幼虫

图 2-84-3　栗山天牛蛹

2-83-1	2-83-2
2-83-3	2-83-4

2-84-1	2-84-2	2-84-3

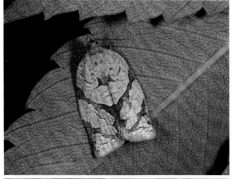

2-85-1	2-85-2

2-86-1

2-86-2

2-86-3

图 2-85-1　柳蝙蛾成虫
图 2-85-2　柳蝙蛾幼虫
图 2-86-1　苹果大卷叶蛾成虫
图 2-86-2　苹果大卷叶蛾幼虫
图 2-86-3　苹果大卷叶蛾蛹

2-87-1	2-87-2
	2-88-1
	2-88-2
	2-88-3

图 2-87-1　苹果枯叶蛾成虫背面观
图 2-87-2　苹果枯叶蛾成虫侧面观
图 2-88-1　苹果小吉丁虫幼虫
图 2-88-2　苹果小吉丁虫蛹腹面
图 2-88-3　苹果小吉丁虫蛹背面

2-89-1	2-89-2
2-89-3	2-89-4

图 2-89-1　苹毛丽金龟成虫

图 2-89-2　苹毛丽金龟成虫食害苹果花

图 2-89-3　苹毛丽金龟成虫食害苹果花蕾

图 2-89-4　苹毛丽金龟幼虫（蛴螬）

图 2-90-1　球胸象甲成虫
图 2-91-1　人纹污灯蛾成虫
图 2-91-2　人纹污灯蛾成虫腹背红色
图 2-91-3　人纹污灯蛾卵
图 2-91-4　人纹污灯蛾中龄幼虫
图 2-91-5　人纹污灯蛾老龄幼虫

2-90-1	2-91-1
2-91-2	2-91-3
2-91-4	2-91-5

图 2-92-1　桑褶翅尺蠖成虫

图 2-92-2　桑褶翅尺蠖幼虫

图 2-92-3　桑褶翅尺蠖幼虫危害状

图 2-93-1　山楂绢粉蝶成虫

图 2-93-2　山楂绢粉蝶幼虫

图 2-93-3　山楂绢粉蝶成虫（左）、茧（右）

2-92-1	2-92-2
2-92-3	2-93-1
2-93-2	2-93-3

2-94-1	2-94-2
	2-94-3
	2-95-1
	2-95-2

图 2-94-1　四点象天牛成虫

图 2-94-2　四点象天牛成虫交尾状

图 2-94-3　四点象天牛幼虫

图 2-95-1　四星尺蠖成虫

图 2-95-2　四星尺蠖幼虫

图 2-96-1　桃红颈天牛成虫

图 2-96-2　桃红颈天牛成虫及危害

图 2-96-3　桃红颈天牛幼虫及危害状

图 2-97-1　桃黄卷叶蛾成虫

图 2-97-2　桃黄斑卷叶蛾幼虫

图 2-97-3　桃黄斑卷叶蛾幼虫危害叶

2-96-1	2-97-1
2-96-2	2-97-2
2-96-3	2-97-3

图 2-98-1　桃潜叶蛾成虫

图 2-98-2　桃潜叶蛾冬型成虫

图 2-98-3　桃潜叶蛾茧

图 2-98-4　桃潜叶蛾幼虫危害苹果叶

图 2-99-1　蜗牛危害苹果枝

图 2-100-1　无斑弧丽金龟成虫

图 2-100-2　无斑弧丽金龟幼虫（蛴螬）

2-98-1	2-98-2
2-98-3	2-98-4
2-99-1	2-100-1	2-100-2

2-101-1	2-101-2
2-101-3	2-101-4
2-101-5	2-101-6

图 2-101-1　舞毒蛾雌成虫及卵块　　　　图 2-101-4　舞毒蛾卵

图 2-101-2　舞毒蛾雄成虫　　　　　　　图 2-101-5　舞毒蛾成龄幼虫

图 2-101-3　舞毒蛾成虫（上雌下雄）交尾　图 2-101-6　舞毒蛾老龄幼虫

图 2-105-1　小线角木蠹蛾成虫

图 2-105-2　小线角木蠹蛾幼虫

图 2-105-3　小线角木蠹蛾幼虫危害状

图 2-106-1　斜纹夜蛾成虫

图 2-106-2　斜纹夜蛾幼虫

图 2-106-3　斜纹夜蛾幼虫集中危害

2-105-1	2-106-1
2-105-2	2-106-2
2-105-3	2-103-3

2-110-1	2-110-2
	2-110-4
2-110-3	

图 2-110-1　艳叶夜蛾成虫侧面
图 2-110-2　艳叶夜蛾成虫
图 2-110-3　艳叶夜蛾蛹
图 2-110-4　艳叶夜蛾幼虫

2-111-1	
2-111-2	2-111-3
2-111-4	

图 2-111-1　杨枯夜蛾成虫

图 2-111-2　杨枯叶蛾卵

图 2-111-3　杨枯夜蛾幼虫

图 2-111-4　杨枯夜蛾成虫（下）蛹（上）

图 2-112-1　银杏大蚕蛾成虫

图 2-112-2　银杏大蚕蛾卵

图 2-112-3　银杏大蚕蛾幼龄幼虫

图 2-112-4　银杏大蚕蛾低龄幼虫

图 2-112-5　银杏大蚕蛾幼虫

图 2-112-6　银杏大蚕蛾茧

2-112-1	2-112-2
2-112-3	2-112-4
2-112-5	2-112-6

图 2-113-1　榆木蠹蛾成虫背面观

图 2-113-2　榆木蠹蛾成虫侧面观

图 2-113-3　榆木蠹蛾幼虫

图 2-114-1　云斑腮金龟成虫

图 2-114-2　云斑腮金龟成虫腹面观

图 2-114-3　云斑腮金龟幼虫（蛴螬）

2-113-1	2-113-2
2-113-3	2-114-1
2-114-2	2-114-3

图 2-117-1 　枣飞象成虫

图 2-118-1 　嘴壶夜蛾成虫

图 2-118-2 　嘴壶夜蛾幼虫

图 2-118-3 　嘴壶夜蛾幼虫腹面观

图 2-118-4 　嘴壶夜蛾蛹

2-117-1	
2-118-1	2-118-2
2-118-3	2-118-4

2-119-1	
2-119-2	2-120-1

图 2-119-1　珀蝽成虫

图 2-119-2　珀蝽危害苹果

图 2-120-1　苹果透翅蛾成虫

3-1-1	3-1-2
	3-2-1
	3-2-2
	3-2-3

图 3-1-1　中国菟丝子 1
图 3-1-2　中国菟丝子 2
图 3-2-1　马唐 1
图 3-2-2　马唐 2
图 3-2-3　马唐 3

3-3-1	3-4-1
3-3-2	3-4-2
3-3-3	3-4-3

图 3-3-1　牛筋草 1　　图 3-4-1　荩草 1

图 3-3-2　牛筋草 2　　图 3-4-2　荩草 2

图 3-3-3　牛筋草 3　　图 3-4-3　荩草 3

3-5-1	3-5-2
3-5-3	3-5-4

图 3-5-1　小飞蓬 1
图 3-5-2　小飞蓬 2
图 3-5-3　小飞蓬 3
图 3-5-4　小飞蓬 4

3-8-1	3-8-2	
3-8-3		
3-9-1	3-9-2	

图 3-8-1　泥胡菜 1
图 3-8-2　泥胡菜 2
图 3-8-3　泥胡菜 3
图 3-9-1　狗牙根 1
图 3-9-2　狗牙根 2

3-12-1	3-12-2
3-12-3	3-13-1
3-13-2	3-13-3
3-13-4	

图 3-12-1　刺苋 1
图 3-12-2　刺苋 2
图 3-12-3　刺苋 3
图 3-13-1　灯笼草 1
图 3-13-2　灯笼草 2
图 3-13-3　灯笼草 3
图 3-13-4　灯笼草 4

3-14-1	
3-14-2	3-14-3
	3-14-4

图 3-14-1　米口袋 1
图 3-14-2　米口袋 2
图 3-14-3　米口袋 3
图 3-14-4　米口袋 4

图 3-15-1　小冠花 1
图 3-15-2　小冠花 2
图 3-15-3　小冠花 3
图 3-15-4　小冠花 4

| 3-15-1 | 3-15-2 |
| 3-15-3 | 3-15-4 |

3-16-1	3-16-2
3-16-3	3-16-4
3-17-1	3-17-2
3-17-3	

图 3-18-1　白蒿 1
图 3-18-2　白蒿 2
图 3-18-3　白蒿 3
图 3-18-4　白蒿 4
图 3-19-1　黄鹌菜 1
图 3-19-2　黄鹌菜 2
图 3-19-3　黄鹌菜 3
图 3-19-4　黄鹌菜 4

3-23-1	3-23-2
3-23-3	
3-23-4	

图 3-23-1　地黄 1
图 3-23-2　地黄 2
图 3-23-3　地黄 3
图 3-23-4　地黄 4

3-24-1	3-24-2
	3-24-3
	3-24-4

图 3-24-1　抱茎小苦荬 1
图 3-24-2　抱茎小苦荬 2
图 3-24-3　抱茎小苦荬 3
图 3-24-4　抱茎小苦荬 4

图 3-25-1　饭包草 1　　图 3-26-1　蟾蜍草 1

图 3-25-2　饭包草 2　　图 3-26-2　蟾蜍草 2

图 3-25-3　饭包草 3　　图 3-26-3　蟾蜍草 3

图 3-31-1　一年蓬 1

图 3-31-2　一年蓬 2

图 3-31-3　一年蓬 3

图 3-31-4　一年蓬 4

3-32-1	3-32-2
3-32-3	3-32-4

图 3-32-1　钻叶紫菀 1
图 3-32-2　钻叶紫菀 2
图 3-32-3　钻叶紫菀 3
图 3-32-4　钻叶紫菀 4

3-33-1	3-33-2
3-33-3	3-34-1
3-34-2	3-34-3

图 3-33-1　节节麦 1　　图 3-34-1　天葵 1
图 3-33-2　节节麦 2　　图 3-34-2　天葵 2
图 3-33-3　节节麦 3　　图 3-34-3　天葵 3

4-1-1	4-1-2
4-1-3	4-1-4
4-1-5	4-1-6
4-1-7	

图 4-1-1　七星瓢虫成虫捕食蚜虫

图 4-1-2　七星瓢虫幼虫

图 4-1-3　七星瓢虫成虫

图 4-1-4　大红瓢虫

图 4-1-5　二星瓢虫

图 4-1-6　四星瓢虫成虫捕食蚜虫

图 4-1-7　四星瓢虫

4-2-1

4-2-2

4-2-3

4-2-4

图 4-2-1　草青蛉成虫
图 4-2-2　草青蛉幼虫
图 4-2-3　草青蛉卵
图 4-2-4　草蛉幼虫捕食蚜虫

4-3-1	4-3-2
4-3-3	4-3-4
	4-3-5

图 4-3-1　桃粉蚜被蚜茧蜂寄生变黑

图 4-3-2　黄刺蛾茧被茧蜂寄生

图 4-3-3　茧蜂寄生绿尾大蚕蛾幼虫

图 4-3-4　茧蜂寄生栗六点天蛾幼虫

图 4-3-5　小茧蜂幼虫寄生鳞翅目幼虫

4-3-6	4-3-7
4-3-8	
4-3-9	

图 4-3-6　金小蜂寄生柑橘凤蝶蛹羽化孔

图 4-3-7　天敌姬蜂成虫

图 4-3-8　上海青蜂成虫交尾状

图 4-3-9　寄生蝇寄生蛾类蛹

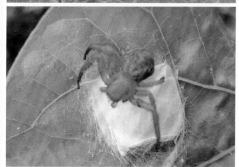

4-4-1	4-5-1
	4-5-2
	4-5-3
	4-5-4

图 4-4-1　钝绥螨（上）捕食红蜘蛛

图 4-5-1　蜘蛛

图 4-5-2　大花蜘蛛

图 4-5-3　绿蜘蛛

图 4-5-4　长腿蜘蛛

| 4-5-5 | 4-5-6 |
| 4-5-7 | 4-5-8 |

图 4-5-5　蜘蛛若虫

图 4-5-6　蜘蛛成蛛

图 4-5-7　蜘蛛猎杀食蚜蝇

图 4-5-8　绿蜘蛛捕食斑柿斑叶蝉成虫

图 4-6-1　羽芒宽盾食蚜蝇

图 4-6-2　黑纹食蚜蝇

图 4-6-3　食蚜蝇幼虫

图 4-6-4　黑带食蚜蝇幼虫捕食蚜虫

| 4-7-1 |
| 4-7-2 |
| 4-7-3 |

图 4-7-1　光肩猎蝽成虫
图 4-7-2　光肩猎蝽若虫
图 4-7-3　小花蝽若虫捕食红蜘蛛

4-8-1	4-8-2
4-8-3	4-8-4
4-9-1	

图 4-8-1　螳螂成虫

图 4-8-2　螳螂若虫

图 4-8-3　螳螂茧

图 4-8-4　螳螂捕食黑蝉

图 4-9-1　白僵菌致鳞翅目幼虫死亡状

4-12-1	4-12-2
4-12-3	4-12-4
4-12-5	4-12-6

图 4-12-1　戴胜

图 4-12-2　喜鹊

图 4-12-3　大山雀

图 4-12-4　大斑啄木鸟

图 4-12-5　啄木鸟啄食树干内害虫虫孔

图 4-12-6　灰喜鹊

4-13-1

4-13-2

图 4-13-1　青蛙

图 4-13-2　蟾蜍

5-1-1	5-1-2
5-2-1	

图 5-1-1　太阳能能源频振式杀虫灯

图 5-1-2　交流电源频振式杀虫灯

图 5-2-1　大棚内黄色黏虫板

5-3-1

5-3-2

5-3-3

图 5-3-1　树干上黏虫带

图 5-3-2　黏虫带阻尺蠖上树

图 5-3-3　树干上缠普通塑料薄膜阻虫

5-4-1

5-5-1

图 5-4-1　涂捕虫圈

图 5-5-1　防虫网

图 5-6-1　诱捕器

图 5-6-2　盲蝽诱捕器

5-7-1	
5-7-2	
5-7-3	5-8-1

图 5-7-1　白色木浆纸袋
图 5-7-2　白色无纺布袋
图 5-7-3　双层纸袋
图 5-8-1　释放天敌寄生蜂

第 **1** 章

苹果病害诊断与防治

01 苹果炭疽病（图1-1-1至图1-1-5）

症状诊断 果实染病，初在果面现针头大小的淡褐色圆形斑，当病斑直径扩大到1~2厘米时，病斑中心长出大量轮纹状排列的隆起黑色小粒点，遇雨或天气潮湿溢出绯红色黏液。病果上有病斑数个至上百个，多为1~2毫米大小，只少数病斑可扩展到果面的1/3~1/2，呈暗褐色稍凹陷斑，果肉腐烂具苦味，最后全果腐烂脱落，少数形成僵果留于树上。老弱枝、病虫枝易染病，在表皮形成深褐色、不规则形、溃烂龟裂病斑，木质部外露，重致病部以上枝条枯死。果台染病，病部深褐色，自顶部向下蔓延，重者副梢不能抽出。

病原 有性态为子囊菌门围小丛壳菌，无性态为半知菌类胶孢炭疽菌。又称苦腐病、晚腐病。危害果实、枝干和果台。

发病规律 病菌以菌丝在病果、干枝、果台、僵果上越冬。翌年5月条件适宜时产生分生孢子，借雨水、昆虫传播，直接或通过伤口反复侵染，坐果期为侵染始期，果实生长前期为主要侵染期，果实生长后期至成熟期为发病盛期。一般先在园内形成中心发病株，逐渐向周围蔓延；中心病果，则向下呈伞状扩展蔓延；树冠内膛较外部、中部较上部病果多；高温高湿，特别是雨后高温利于病害流行，一般7~8月病果多；带菌果实贮运期间温度高、湿度大，易大量发病腐烂；树势弱、果园郁闭，偏施氮肥，排水不良的低洼地或土质黏重的果园发病重。一般早熟品种发病较轻。

防治方法

农业防治 ①选种抗病品种。②加强栽培管理，增施有机肥，合理修剪，增强树势；及时灌排水，防止果园郁闭。③冬春彻底剪除病僵果、病果台、干枯病虫枝，减少越冬菌源；果实生长期及时摘除初发病果，集中深埋。④加强贮藏期管理，入库前剔除病果，合理控制库内温、湿度。

化学防治 ①果树发芽前，树冠喷洒50%百菌清可湿性粉剂500倍液或5%~10%轻柴油乳剂、45%噻菌灵可湿性粉剂800倍液等，铲除树体上越冬宿存的病菌。②重在幼果期防治，落花后15~20天喷洒1次25%溴菌腈乳油400~500倍液或50%硫黄悬浮剂400倍液、80%炭疽福美可湿性粉剂700~800倍液、40%三乙膦酸铝可湿性粉剂800液、50%多菌灵可湿性粉剂1000倍液、36%甲基硫菌灵悬浮剂800倍液、2%农抗120水剂200倍液等。

02 苹果褐腐病（图1-2-1至图1-2-3）

症状诊断 是苹果生长后期和贮运期重要病害。病初产生淡褐色水渍状圆形小病斑，后病部扩展，产生同心轮纹状排列的、灰白至灰褐色小绒球状突起的菌丝团。10℃经10天全果腐烂，高温时腐烂更快，病果组织松软呈海绵状；生长期病果多早期脱落，少数形成黑色僵果残留于树上。贮运期间病果呈现特异的蓝黑色斑块。花和果枝受害发生萎蔫或褐色溃疡。

病原　有性态为子囊菌门果产核盘菌。无性态为半知菌类仁果丛梗孢菌。又称菌核病。危害果实、花和果枝。

发病规律　以菌丝体在僵果内越冬，翌春产生分生孢子，借风、雨传播，从伤口或皮孔侵入，病菌最适发育温度25℃。果实近成熟期为发病盛期。果园管理差、病虫害严重、裂果和伤口多、高温、高湿利于发病；果树生长前期干旱，后期多雨，易引起病害流行；晚熟品种发病重。贮运输过程中，伤口多、高温高湿，加重病害蔓延。

防治方法

农业防治　①秋末冬初彻底清除树上树下病虫僵果，以减少越冬菌源。②采收时严格剔除伤果、病虫果，防止果实挤压碰撞，减少伤口。贮藏库温度控制在1~2℃，相对湿度90%；贮藏期间定期检查，及时处理病、伤果，减少传染。

化学防治　①花前，喷洒45%晶体石硫合剂30倍液或30%王铜悬浮剂400倍液等。②花前、花后及果实成熟时，各喷洒1次1∶1~2∶160~240倍式波尔多液或50%甲·硫悬浮剂800倍液+75%百菌清可湿性粉剂1000倍液、50%乙烯菌核利可湿性粉剂1000倍液、50%多霉灵可湿性粉剂1000~1500倍液等。

03　苹果轮纹病（图1-3-1至图1-3-4）

症状诊断　枝干染病，初生水渍状暗褐色小斑点，渐扩大为中心突起、边缘龟裂、深达木质部病斑，病皮易翘起脱落；重致先端枯死；病斑相连表皮变得粗糙，故称粗皮病。果实染病，多在近成熟期或贮藏期，初产生近圆形褐色水渍状小斑点，渐呈淡褐色或褐色同心轮纹病斑；条件适宜时数天致全果腐烂，病部溢出茶褐色黏液，具酸臭味，此为诊断轮纹病的重要特征；病果失水后变为黑色僵果。叶片染病，产生褐色圆形或不规则形、直径0.5~1.5厘米、同心轮纹状病斑，后渐变为灰白色，重致叶枯早落。

病原　有性态为子囊菌门贝伦格葡萄座腔菌梨专化型，无性态为半知菌类轮纹大茎点菌。又称粗皮病、水烂病。危害枝干、果实和叶。

发病规律　以菌丝体在枝干等病部越冬，菌丝在枝干病组织中可存活4~5年。翌春病菌借风、雨传播，从皮孔和伤口侵入。果实以幼果期侵染为主，在近成熟期或贮藏期发病；叶片5月份发病，7~9月间发病最多，枝梢一般8月中旬开始发病。水平枝腹面病斑多于背面，直立枝阴面病斑多于阳面。气温高于20℃，相对湿度高于75%或连阴雨，发病重；果园管理差、树势弱、老弱枝干、害虫危害重、土质黏重、偏酸性土壤的果园发病重。不同品种间抗病性差异显著。

防治方法

农业防治 ①利用抗病砧木,培育无病苗木;选栽抗病品种。②加强栽培管理,增施有机肥,培育壮树,提高树体抗病能力。③果实套袋。落花后一个月内套袋,套袋前喷洒一次杀虫、杀菌剂。④入库前严格剔除病虫果;控制贮藏场所温、湿度,低于5℃基本不发病;藏期及时剔除病果,减少侵染源。

化学防治 ①冬春季刮除树上翘皮销毁,并用5%菌毒清水剂100倍液或50%甲基硫菌灵可湿性粉剂50倍液等涂抹。翌春发芽前树冠喷洒50%甲·硫悬浮剂200倍液或10%银果乳油500倍液等。②刮治病部,3月开始及时刮治病疤,刮后用65%福美锌可湿性粉剂50倍液或75%酒精、1%硫酸铜液消毒伤口。③5月下旬始喷洒50%甲·硫悬浮剂或40%三乙膦酸铝可湿性粉剂或50%多菌灵可湿性粉剂1000倍液;50%甲基硫菌灵可湿性粉剂800倍液、40%多菌灵悬浮剂700倍液、1:2:240倍式波尔多液等,5月下旬、6月中旬、7月中旬各1次。

04 苹果黑星病（图1-4-1至图1-4-3）

症状诊断 嫩叶染病,表面呈粗糙羽毛状,中间产生黑色霉斑,叶变小而厚卷缩扭曲。叶片染病,初现黄绿色圆形或放射状、直径3~6毫米、褐色至黑色病斑,上生一层黑褐色绒毛状霉斑,后期病斑连在一起,致叶片扭曲畸形。叶柄及嫩梢上的病斑呈黑褐色长圆形凹陷状。花器染病,花瓣褪色,萼片尖端呈灰色,花梗变黑色,形成环切时花和幼果脱落。果实染病,初生淡绿色圆形或椭圆色斑点,渐变褐色至黑色,表面生黑色绒状霉层,病斑凹陷硬化,常发生星状开裂。幼果染病常致畸形。

病原 有性态为子囊菌门苹果黑星菌,无性态为半知菌类苹果环黑星孢菌。又称疮痂病。危害叶、果、花芽、花器及新梢。从落花到果实成熟均可危害。

发病规律 病菌主要以菌丝体在病枝、芽鳞、病叶中越冬。翌年5~8月释放子囊孢子,以7月释放量最多,借风雨传播进行初侵染和再侵染,一直持续到9月末病害停止扩展。早春多雨发病早;夏季阴雨连绵,病害流行快;不同品种抗病性不同。

防治方法

农业防治 ①选栽抗病品种。②加强检疫。谨防带病苗木、接穗和果实从病区传入无病区。③清除初侵染源。秋末冬初彻底清除落叶、病果,集中烧毁或深埋。

化学防治 ①秋末冬初地面喷洒0.5%二硝基邻甲酚钠或4:4:100的波尔

多液，杀死病叶内的子囊孢子。②于5月中旬开花期始喷洒1：2~3：160倍式波尔多液；也可喷洒70%代森锰锌可湿性粉剂或25%溴菌腈可湿性粉剂、24%唑菌腈悬浮剂500倍液，50%苯菌灵可湿性粉剂或50%甲·硫悬浮剂、50%多菌灵可湿性粉剂800倍液等。15天1次，连喷5次。

05 梨苹果苦痘病（图1-5-1至图1-5-3）

症状诊断　多在果实近梗洼部发病，初在果皮下产生褐色病变，外部颜色深，在红色品种上现暗紫红色斑，在绿色或黄色品种上现深绿色斑，在青色品种上现灰褐色斑，后凹陷为直径2~10毫米病斑，斑下果肉坏死干缩呈海绵状，深达数毫米至10毫米，味苦。有时数个小斑连接成不规则大斑。贮藏后期，病部易遭其他病菌侵染致果腐。幼叶染病常变畸形，叶尖现斑点型坏死或致嫩梢枯死。

病因　生理病害。主要与果实中的氮、钙含量及其比例有关。果实内氮钙比等于10时不发病，氮钙比大于10时发病，达到30时则严重发病。又称苦陷病、点刻、赤龙斑、荼星病。是果实近成熟期和贮藏前期重要病害。

发病规律　该病的发生与品种、砧木、果树生长状况、土壤质地及栽培技术密切相关。果园土壤有机质含量高，发病轻；不同品种、不同砧木抗病性不同；同一品种，幼树、旺树、结果少、果个大以及沙地、低洼地发病重；前期土壤干旱、后期大量灌水，偏施多施速效氮肥、特别是生长后期偏施氮肥，幼果期和采收前降雨量大或频繁都可加重病情发生。

防治方法

农业防治　①选用抗病品种和砧木，对感病品种，采用高接抗病品种换种。②改善栽培管理条件。科学修剪，适时采收，增施有机肥和绿肥，合理配方施肥，改良土壤，早春注意浇水，雨季及时排水。

化学防治　①叶面、果实喷钙。盛花期后每隔2~3周喷洒1次，直到采收。红色品种可喷洒氯化钙150~200倍液；黄色、绿色品种可喷洒硝酸钙200~300倍液。但应注意，气温高于21℃易发生药害，喷洒前要试喷，以确定适宜浓度。②加强贮藏期管理。入库前用5%~6%氯化钙溶液或1%~6%的硝酸钙溶液浸渍果实。或把采后的苹果倒入1℃的预冷池中冷却，然后进行贮藏，贮藏期控制窖内温度不高于0~2℃，并保持良好的通透性。有条件的采用气调库贮藏。

06 苹果青霉病（图1-6-1）

症状诊断　病初果实局部腐烂，果面出现淡黄色或淡褐色圆形水渍状病斑，成圆锥状深入果肉，条件适宜时病部扩展迅速，10余天即全果腐烂。湿度大时，病斑表面初为白色菌丝，后变为青绿色粉状物，即病菌分生孢子梗，易随气流扩散。腐烂的果肉具强烈的霉味。

病原 为半知菌类扩展青霉菌。危害果实。

发病规律 主要发生在贮运期间，病菌随气流传播，经伤口、果柄和萼凹处侵入致病。菌丝生长适宜温度13~30℃，最适温度20℃。在贮藏末期，窖温较高、气温25℃左右，病害发展最快；也可通过病、健果接触传病；用塑料袋袋装发病多。

防治方法

农业防治 ①各种农事措施尽量减少伤口，减少病菌从伤口侵染机会；发现伤果，及时拣出处理。②入库前进行果库消毒，保持清洁卫生；贮藏期间，控制库内温度，保持在1~2℃；经常检查，发现烂果及时拣除。③有条件的采用气调贮藏，控制技术指标为：温度0~2℃，氧气浓度3%~5%，二氧化碳浓度10%~15%。

化学防治 ①贮前用50%多菌灵可湿性粉剂或50%甲基硫菌灵可湿性粉剂1000倍液；45%噻菌灵悬浮剂1000~1200倍液等药液浸果5分钟，然后再贮藏。②采用单果包装，包装纸上喷洒仲丁胺300倍液或其他挥发性杀菌剂。

07 苹果黑腐病（图1-7-1）

症状诊断 叶片染病，在花瓣脱落后7~21天出现紫色小黑点，后扩展成中部黄褐或褐色、边缘紫色的圆斑，似蛙眼状，直径4~5毫米，重则病叶褪绿脱落。枝干染病，多发生在衰老树的上部枝条，初现红褐色凹陷斑，自皮层下突出许多黑色小粒点，树皮粗糙或开裂，重致大枝枯死。果实染病，多始于萼片处，初红色，后成紫色小斑点，外缘红色，数周后整个萼片变成黑褐色，致果实萼端腐烂。幼果受侵，现丘疹状红色或紫色斑点，果实成熟后迅速扩展。成熟果实染病，产生边缘有红晕的病斑，或形成黑褐色相间的轮纹，病斑坚硬，不凹陷。

病原 为子囊菌门仁川囊孢壳菌。危害果实、枝干和叶片。

发病规律 病菌以菌丝体和分生孢子器在病部、落叶及僵果中越冬，翌年4月，苹果绽芽后释放孢子，随雨水飞溅、气流传播，通过气孔或表皮裂缝及伤口侵入。雨量多、降雨时间长发病重。病菌孢子萌发的适温为16~23℃，相对湿度96%以上，侵入寄主适温26.6℃。不同品种抗病性不同；衰弱树及幼叶和近成熟期果实发病重。

防治方法

农业防治 ①及时清除僵果、枯枝，集中烧毁或深埋。②科学修剪，及时剪除病弱病、虫枝，适当回缩。

化学防治 ①刮治病斑，冬春季刮除病部翘皮，刮后涂抹杀菌剂或涂白剂。②萌芽期开始喷洒80%代森锰锌可湿性粉剂600倍液或50%甲·硫悬浮剂500倍液、

36%甲基硫菌灵悬浮剂500~600倍液、50%多菌灵可湿性粉剂800倍液等，10~14天1次，连防2~3次。

08 苹果煤污病（图1-8-1）

症状诊断 果面和叶面布棕褐色或深褐色污斑，边缘不明显，似煤斑，菌丝层很薄用手易擦去，常沿雨水下流方向发病；叶上黏附一层烟煤，影响光合作用。果农称之为"水锈"。

病原 为半知菌类仁果黏壳孢菌。危害果实、叶。

发病规律 病原菌于芽、果台及枝条上越冬。翌年春末以菌丝和孢子借风雨、昆虫传播侵染。6月上旬至9月下旬均可侵染发病，集中发病期7月初至8月中旬，病斑扩展迅速。黄河故道果园发病早，危害时间长。高温多雨、修剪不当、低洼积水、果园郁闭、管理粗放的果园发病重，重度发生年份，半月之内可致果面污黑。

防治方法

农业防治 加强栽培管理，科学修剪，及时灌排水，清除园内杂草，改善果园通风透光条件。

化学防治 病初及时喷洒1：2：200倍式波尔多液或70%乙膦铝·锰锌可湿性粉剂500倍液、75%百菌清可湿性粉剂800~900倍液、50%甲·硫悬浮剂800倍液、50%乙烯菌核利可湿性粉剂1200倍液、50%多菌灵可湿性粉剂800倍液等，兼治炭疽病、褐斑病、轮纹病等。在降雨量多、雨露日多、通风不良的山沟果园应防治3~5次。

09 苹果锈果病（图1-9-1至图1-9-3）

症状诊断 表现为5种类型：①锈果型。落花后约一个月出现病果，初在果顶部现深绿色水渍状病斑，后沿果面向果梗方向扩展，逐渐形成5条与心室相对的纵纹，长的可达梗洼，病斑呈茶褐色并木栓化。在纵纹间产生纵横小裂纹或斑块，重致果畸形。②花脸型。果面散生近圆形黄绿色斑块，成熟后表现为红绿相间的"花脸"状。着色部位凸起，不着色部位稍凹陷，果面略呈凹凸不平状。③锈果—花脸型。锈斑周围出现不着色的斑块，果面红绿相间，既有锈斑又有花脸。④环斑型。病果初产生不着色的圆斑，近成熟时成为圆形斑纹或黑色圆圈，稍凹陷。⑤绿点型。果实着色后，产生很多边缘不整齐的绿色小晕点，近似花脸。叶片受害症状：叶片卷曲型，病苗中上部叶片由基部向背面反卷，枝干部发生不规则褐色或灰褐色木栓化锈斑，病皮翘起露出韧皮部。茎干部坏死斑型，干中部以上及芽眼周围形成暗褐色至灰褐色近圆形的突起溃疡斑，直径2~3毫米，重时在干上形成一块块癞皮，但叶片无明显症状。

病原 为苹果锈果类病毒。又称"花脸病""裂果病"。危害果实。

发病规律 通过病穗及各种嫁接操作传染。梨树是此病的带毒寄主，梨树普遍潜带病毒但不表现症状。与梨树混栽的苹果园或靠近梨园的苹果树发病较多。病毒潜育期3~27个月，苹果树一旦染病，病情逐年加重，成为全株永久性病害。不同品种间感病性不同。

防治方法

农业防治 ①严格检疫，封锁疫区，严禁在疫区内繁殖苗木或外调繁殖材料。②严格选用无病接穗和砧木。因种子不传该病毒，用种子繁殖砧木，可基本解决无病砧木问题；严禁在病树附近刨取萌蘖砧，以免误传病砧。③幼树染病时拔除烧毁；染病大树连根刨掉。④建立新果园时，避免与梨树混栽，并远离梨园。

化学防治 ①把韧皮部割开成"门"形，上涂150万单位的土霉素或链霉素或灰黄霉素；或50万单位四环素，涂后用塑料膜绑好。②根部插瓶，树冠下东、南、西、北各挖一个坑，将直径0.5~1厘米的根切断插在已装好四环素、土霉素、链霉素或灰黄霉每千克150~200毫克的药液瓶里，然后封口埋土，于4月下旬、6月下旬、8月上旬各治疗1次，防效明显。

⑩ 苹果褐斑病（图1-10-1，图1-10-2）

症状诊断 叶片染病分3种类型。①同心轮纹型。病初叶面现黄褐色小点，渐扩大为直径10~25毫米圆形斑，病斑中心暗褐色可见轮纹状排列的小黑粒点，四周黄色，具绿色晕圈，病斑背面中央灰白色。②针芒型。病斑小，呈针芒放射状向外扩展，形状不规则，上具黑色菌索。③混合型。病斑暗褐色较大不规则，上散生黑色小点，但不呈明显的轮纹状。三种类型的共同点是后期病部中央变灰白色，但周围仍保持绿色晕圈，病叶易早落。果实染病，初生淡褐色小点，渐扩大呈圆形或不规则形、直径6~12毫米、边缘清晰、褐色稍下陷，表面散生黑色小粒点；病部果肉褐色呈海绵状干腐。叶柄染病，产生黑褐色长圆形病斑，常致叶枯死。

病原 无性态为半知菌类苹果盘二孢菌。有性态为子囊菌门苹果双壳菌。又称绿缘褐斑病。危害叶、果。

发病规律 以菌丝体在病叶上越冬，翌春产生分生孢子，借风雨传播侵染叶、果。果园5~6月始发病，7~8月进入盛发期，10月停止扩展。冬季温暖潮湿、春秋雨早且多的年份利于病害大流行；老弱树、载果量大、树冠内膛及下部、果园郁闭湿度大、通风透光差，发病重；不同品种抗病性不同。

防治方法

农业防治 ①加强栽培管理，合理修剪，及时灌排水，增施有机肥，增强树势，提高树体抗病力。保持果园通风透光良好，减轻病害发生。②冬春彻底清除果园落叶，集中深埋或烧毁，消灭越冬菌源。③加强贮藏期管理，入库前严格剔除病果，合理控制好库内温、湿度。

化学防治 喷洒1：2：200倍式波尔多液或30%碱式硫酸铜胶悬剂300～500倍液；36%甲基硫菌灵悬浮剂或70%代森锰锌可湿性粉剂500～600倍液；50%异菌脲可湿性粉剂1000～1500倍液、50%多菌灵可湿性粉剂600倍液等。花后喷第一次药，20天1次，连防3～4次。

⑪ 苹果白粉病（图1-11-1至图1-11-3）

症状诊断 ①枝梢染病。病部表层覆盖一层白粉，病梢节间缩短，发出的叶片细长，质脆而硬，长势缓弱，生长缓慢。受害严重时，病梢部位变褐枯死。初夏以后，白粉层脱落，病梢表面显出银灰色。②芽染病。受害芽干瘪尖瘦，春季重病芽大多不能萌发而枯死，受害较轻者则萌发较晚，新梢生长迟缓，幼叶萎缩，尚未完全展叶即产生白粉层。春末夏初，春梢尚未封顶时病菌开始侵染顶芽。夏、秋季多雨，带病春梢顶芽抽生的秋梢均不同程度带菌；如春梢顶芽带菌较多而未抽生秋梢，则后期发病重，大多数鳞片封顶后很难紧密抱合，形成灰褐或暗褐色病芽；个别带菌较少、受害较轻的顶芽，封顶后鳞片抱合较为紧密，不易识别，但翌春萌芽后抽梢均发病。花芽受害，严重者春天花蕾不能开放，萎缩枯死。③叶片染病。受害嫩叶背面及正面布满白粉。叶背初现稀疏白粉，即病菌丝、分生孢子梗和分生孢子。新叶略呈紫色，皱缩畸形，后期白色粉层逐渐蔓延到叶正反两面，叶正面色泽浓淡不均，叶背产生白粉状斑，病叶变得狭长，边缘呈波状皱缩或叶片凹凸不平；严重时，病叶自叶尖或叶缘逐渐变褐，最后全叶干枯脱落。④花朵染病。花器受害，花萼洼或梗洼处产生白色粉斑，萼片和花梗畸形，花瓣狭长，色淡绿。受害花的雌、雄蕊失去作用，不能授粉坐果，最后干枯死亡。⑤果实染病。多幼果受害，主发生在花萼附近，萼洼处产生白色粉斑，病部变硬，果实长大后白粉脱落，形成网状锈斑。变硬的组织后期形成裂口或裂纹。

病原 有性态为子囊菌门白叉丝单囊壳菌。无性态为半知菌类。菌丝无色透明，多分枝，纤细并具隔膜。菌丝发展到一定阶段时，可产生大量分生孢子梗及分生孢子，致使病部呈白粉状。分生孢子梗短棍棒状，顶端串生分生孢子、无色、单胞、椭圆形。危害芽、梢、嫩叶、花及幼果。

发病规律 病菌以菌丝在冬芽鳞片间或鳞片内越冬。翌年春季冬芽萌发时，越冬菌丝产生分生孢子，通过气流传播，直接侵入新梢。病菌侵入嫩芽、嫩叶和幼果主要在花后1个月内，5月为发病盛期，通常受害最重的是刚抽出的新梢。生长季中病菌陆续传播侵害叶片、幼果，病梢上产生有性世代，子囊壳放出子囊孢子行再侵染。秋季秋梢产生幼嫩组织时病梢上的孢子侵入秋梢嫩芽，形成二次发病高峰。10月以后很少侵染。春暖干旱的年份有利于病害前期流行。

白粉病菌的分生孢子在33℃以上的高温条件下即失去生活力。分生孢子萌发入侵的最适温度为21℃左右，最适湿度为100%。当气温在21～25℃时，湿度达70%以上时，有利于孢子的繁殖与传播，而高于25℃即有阻碍作用。本病的发生、流行与气候、栽培条件及品种有关。春季温暖干旱、夏季多雨凉爽、秋季晴朗，有利于该病的发生和流行。连续下雨会抑制白粉病的发生。白粉菌是专化性强的严格寄生菌。果园偏施氮肥或钾肥不足、种植过密、土壤黏重、积水过多发病重。果树修剪方式直接与越冬菌源即带菌芽的数量有关。轻剪有利于越冬菌源的保留和积累。

防治方法

农业防治 ①选用抗病、抗虫、高产无病虫的苹果树苗，在地势高燥、排灌方便的田块建果园。②科学管理、增强树势。合理密植、控制灌水、施足底肥，避免偏施氮肥，注意配以磷钾肥，增强树势，提高抗病力。③合理修剪。冬天要合理剪枝，保障果园通风透光、营养合理分布，要清除果园内的杂草、落叶、病枝、病芽、落果以及修剪的树枝；早春及时摘除病芽、病梢，刮除病斑，并对病斑刮除处喷施硫酸铜或福美胂或石硫合剂等保护性药剂。

化学防治 掌握在萌芽期和花前花后的关键期树上喷药。①发芽前喷洒70%硫黄可湿性粉剂200倍液，发芽后发病很轻。②春季发病初期，喷洒25%三唑酮可湿性粉剂或20%三唑酮乳油2000倍液、50%甲·硫悬浮剂800倍液、3%多抗霉素水剂800倍液、30%多菌灵可湿性粉剂1000倍液、12.5%腈菌唑乳油3000～3500倍液等，10～20天1次，连防3～4次。③幼苗发病初期，连续喷洒2～3次0.2～0.3波美度石硫合剂或50%甲基硫菌灵可湿性粉剂800～1000倍液、45%晶体石硫合剂300倍液等。

⑫ 苹果锈病（图1-12-1至图1-12-5）

症状诊断 叶片染病，初在叶面产生直径1～2毫米油亮的橘红色小圆点，病斑扩大分泌黏液；后病部叶背隆起，长出许多丛生的黄褐色毛状物，即病菌锈孢子器。叶柄染病，病部纺锤形橙黄色稍隆起，上面着生锈孢子器。新梢染病，初与叶柄受害相似，后期病部凹陷龟裂，易折断。幼果染病，多在萼洼附近产生直径1厘米左右的圆形橙黄色斑点，后期病斑褐色，产生锈孢子器，病症明显。

病原 为担子菌门山田胶锈菌。又称赤星病、羊胡子。危害幼叶、新梢、幼果等幼嫩组织。

发病规律 病菌在秋季侵染转主寄主桧柏的小枝，侵染后环绕小枝形成直径3～5毫米半球形或球形瘿瘤，瘿瘤破裂后露出深褐色、鸡冠状冬孢子角，遇雨膨大呈胶质花瓣状。以菌丝体在桧柏枝上的菌瘿里越冬。翌春菌瘿产出孢子再侵染苹果树，孢子随风有效传播距离5千米之内，从表皮或气孔侵入后形成性孢子及锈孢子危害。秋季锈孢子成熟后再随风传播到针叶型桧柏上，形成菌瘿越冬。在病菌孢子传播的有效距离内，早春多雨、多风，温度17～20℃、桧柏多，一般发病重。不同品种抗病性不同。

防治方法

农业防治　彻底清除距苹果园5千米以内的转主寄主针叶型桧柏，切断侵染循环。

化学防治　①控制冬孢子萌发。早春剪除桧柏上的菌瘿并集中烧毁或喷药抑制冬孢子萌发。春雨前在桧柏上喷洒3～4波美度石硫合剂或0.3%五氯酚钠、或两药混合后喷洒。秋季喷洒15%氟硅唑乳油6000倍液保护桧柏，防止锈病侵染。②喷药保护。花前、花后各喷洒1次50%甲基硫菌灵可湿性粉剂600～700倍液或12.5%烯唑醇可湿性粉剂900～1000倍液、20%三唑酮乳油1000倍液、50%硫黄悬浮剂200倍液、70%代森锰锌可湿性粉剂1000倍液等，10～15天1次，连防2～3次。

⑬　苹果裂果病（图1-13-1）

症状诊断　果实生长后期果面发生不同方式、不同深浅的裂缝，有的裂缝可深达1厘米。有些品种在贮藏期也可发生裂果。

病因　生理性病害。主要是夏季高温，导致果皮老化，在果实接近成熟时果皮又变薄，加之土壤水分供应不均衡，如遇连日阴雨突然转晴天，容易引起裂果；也可能与缺钙有关。裂果后降低商品价值，并易被其他病菌感染而染病，也易被鸟食害。

防治方法

农业防治　栽植不易裂果的品种；合理修剪，使果树枝组疏密有度、果园通风透光良好，有利于雨后果实表面迅速干燥；适时灌排水，使果园土壤供水均衡，减少裂果；贮藏期注意控制窖内温、湿度，避免过高或过低。

化学防治　从7月下旬开始结合病虫害防治，每隔10～20天喷洒一次0.03%的氯化钙水溶液，直到采收，可有效缓解裂果的发生。

⑭　苹果斑点落叶病（图1-14-1）

症状诊断　叶片染病，尤以展叶20天内的幼嫩叶片易染病，初现直径2～3毫米褐色圆形病斑，渐扩大为直径5～6毫米的红褐色、边缘紫褐色、中央具一深色小点或同心轮纹状病斑。湿度大时，病部正反面长出墨绿色至黑色霉状物。后期病斑中央灰褐至灰白色，病叶部分或大部变褐、破裂或穿孔，重致全叶干枯。叶柄染病，于夏秋季节叶柄产生长3~5毫米的暗褐色凹陷斑，易自病处折断落叶。枝条染病，在徒长枝或一年生枝上产生直径2~6毫米、灰褐色凹陷坏死斑，芽周变黑。果实染病，初在幼果上现黑色发亮的小斑点或锈斑，渐扩大为直径2~5毫米的褐色病斑，病健交界处易开裂。贮藏期病果易受二次寄生菌侵染致果实腐烂。

病原　为半知菌类苹果链格孢强毒株系。又称褐纹病。危害叶、一年生枝条和果实。

发病规律　病菌以菌丝在芽部越冬。翌春产生分生孢子，随风雨传播，从伤口或直接侵入进行重复侵染。分生孢子1年有两次活动高峰，分别于5月上旬至6月中旬和9月份，因孢子量大侵染春梢和叶片及秋梢致病而大量落叶。在苹果新梢抽生期雨后5天内病斑数明显增多，新梢停止生长期，雨后一般不产生新病斑；春季干旱病害始发期推迟；夏季高温多雨发病重；树势弱、通风透光不良、地势洼、枝细叶嫩等易发病。不同品种抗病性不同。

防治方法

农业防治　①选栽抗病品种。②冬春季彻底剪除病、虫弱枝，清除落叶，集中烧毁或深埋，消灭越冬菌源。③夏季剪除徒长枝，及时灌排水，改善果园通风透光条件；合理施肥，增强树势，提高抗病力。

化学防治　于落花后发病前开始喷洒1：2：200倍式波尔多液或24%唑菌腈悬浮剂2000~2500倍液、70%代森锰锌可湿性粉剂400~600倍液、50%异菌脲可湿性粉剂1000倍液、36%甲基硫菌灵悬浮剂500~600倍液、5%菌毒清可湿性粉剂600倍液、75%百菌清可湿性粉剂800倍液、10%多抗霉素可湿性粉剂1000倍液等。10~20天1次，连防3~4次。

⑮ 苹果灰斑病（图1-15-1）

症状诊断　叶片染病，初呈红褐色，直径2~6毫米，圆形或近圆形，边缘清晰病斑，后期数个小病斑愈合为大的、灰色、不规则形病斑，中央散生小黑点，重致叶片焦枯但不变黄脱落。果实染病，形成灰褐或黄褐色、圆形或不规则形稍凹陷病斑。贮藏期，果实表皮呈白色与果肉脱离，皮下生小黑粒点。枝条染病，多发于树冠内膛弱小枝，一年生枝受害，小枝顶部多枯死；大枝芽四周表皮产生块状或条状坏死斑。

病原　为半知菌类叶点霉菌。危害叶、果、枝和嫩梢。

发病规律　以菌丝体和分生孢子器在落叶上越冬。翌春产生分生孢子，借风雨传播。高温、高湿、降雨多而早的年份发病早且重；秋季发病多而危害重；不同品种抗病性不同。

防治方法

农业防治 ①冬春彻底清除果园落叶，集中深埋或烧毁，消灭越冬菌源。②加强栽培管理，合理修剪，及时灌排水，增施有机肥，增强树势，提高树体抗病力；保持果园通风透光良好，减轻病害发生。

化学防治 重点抓好秋季防治，喷洒1：2：200倍式波尔多液或50%异菌脲可湿性粉剂1000~1500倍液、200倍锌铜石灰液（硫酸锌0.5：硫酸铜0.5：石灰2：水200）、30%碱式硫酸铜胶悬剂300~500倍液、36%甲基硫菌灵悬浮剂500倍液、70%代森锰锌可湿性粉剂500~600倍液、50%甲·硫悬浮剂800倍液、50%多菌灵可湿性粉剂600倍液等。15~20天1次，连防2~3次。

16 苹果花叶病（图1-16-1至图1-16-3）

症状诊断 分5种类型。①斑驳型。自小叶脉始产生鲜黄色、大小不等、边缘清晰病斑。②花叶型。呈现深绿与浅绿相间、边缘不清晰、较大的不规则形病斑。③条斑网纹型。沿叶脉失绿黄化，并延至附近叶肉组织，成网纹状。④环斑型。产生鲜黄色、圆形或椭圆形斑纹，环状或近环状。⑤镶边型。病叶边缘黄化，叶缘锯齿状成一窄的变色镶边，病叶其他部分正常。以上5种类型常混合发生，病株新梢较健株短，节数减少；病果不耐贮藏。

病原 为李属坏死环斑病毒苹果株系。危害叶。

发病规律 主要通过嫁接传染，菟丝子、蚜虫及苹果木虱也可传病。以病穗和根蘖砧木嫁接的病毒潜育期3~27个月，芽接的潜育期8个月以上。染病后病树终生带毒、逐年衰弱，易引起叶斑病发生；高温多雨、肥水充足、树势强，发病轻；气温10~20℃、光照较强、土壤干旱、树势弱，症状较重；幼树、幼叶比成株、老叶易发病；不同品种抗性不同。

防治方法

农业防治 ①选用无病接穗和实生砧木，培育无病苗木，发现病苗及时拔除并集中烧毁；或将带毒苗木和接穗置于37℃恒温下培养28~40天，可获得脱毒苗木；或将芽条在70℃热空气中10分钟，可获得脱毒芽条。②选栽抗病品种。③加强栽培管理，增施有机肥，适时灌排水，增强树势，提高树体抗病力。

化学防治 ①及时防治蚜虫等刺吸式口器害虫，减少带毒侵染源。②发病初期，喷洒24%混脂酸·铜水乳剂600倍液或10%混合脂肪酸水乳剂100倍液、50%烯酰吗啉可湿性粉剂1000倍液、20%盐酸吗啉胍·铜可湿性粉剂1000倍液等，10~15天1次，连防2~3次。

17 苹果腐烂病（图1-17-1至图1-17-2）

症状诊断 枝干染病分2种类型。①溃疡型。春季，病部呈红褐色不规形水溃状病斑，受压流出黄褐色或红褐色汁液；后病部干缩下陷，天气潮湿时，病部涌出橙红色卷须状病菌孢子角；病斑环绕干枝时，病部以上枯死。夏秋季，病部呈红褐色糟烂松软、1至几十厘米、稍湿润溃疡斑，晚秋初冬上覆白色菌丝团，冬季大块树皮腐烂。②枝枯型。春季2~5年生小枝或弱树，迅速失水干枯，病斑环绕枝干时，上部枯死。果实染病，初呈圆形或不规则形、黄褐色与红褐色交替轮纹，病组织软腐，后期病斑中部大而突出果皮的黑色粒点和灰白色菌丝层，湿度大时生橘黄色丝状病菌孢子角。

病原　有性态为子囊菌门苹果黑腐皮壳菌；无性态为半知菌类苹果壳囊孢菌和苹果干腐烂壳蕉孢菌。主要危害10年以上结果树的主干、主枝，也危害小枝、幼树和果实。

发病规律　病菌以菌丝体在病部或残枝干上越冬，翌春产生分生孢子，随风雨传播，从伤口或死伤组织侵染。3~4月和8~9月有2个发病高峰，春季重于秋季；树势弱、大小年幅度大、蛀干害虫危害重、有机肥缺乏或追施氮肥失调、果园渍害、土壤瘠薄，发病重；冻害易引起病害大流行；树势健壮不发病或发病轻。

防治方法

农业防治　①加强栽培管理，增强树势是防治此病的关键。配方施肥，合理修剪；疏花疏果负载适宜；防止果园渍害；及时防治其他病虫害；冬季树干涂白防冻害，涂白剂配方：生石灰6：20波美度石硫合剂1：食盐1：清水18：动物油0.1。②冬春季认真刮除树干老皮，清除各种病变组织和侵染点；剪除的病枝、病皮及田间残留病果，集中烧毁或深埋。③春季于病斑上抹泥土3厘米厚，并用塑料布包扎，可使病菌失去活性。

化学防治　早春将病斑坏死组织彻底刮除，深达木质部，并刮掉病皮四周的一些好皮，刮后涂抹25%双胍辛胺水剂300倍液或5%菌毒清水剂100倍液、2%农抗120水剂20倍液、腐必清原液、70%甲基硫菌灵可湿性粉剂30倍液、2.2%腐植酸·铜水剂原液等，此法要连续进行3~5年。

⑱ 苹果枝溃疡病（图1-18-1）

症状诊断　以2~3年枝条受害重，初生红褐色圆形小斑点，渐扩大为梭形、中央凹陷、边缘隆起病斑。空气潮湿时，病斑裂缝四周产生白色霉状物。后期病皮脱落，木质部裸露，四周产生隆起的愈伤组织。翌春病疤又扩大一圈，逐年扩展成同心轮纹状，病枝易折断。

病原　有性态为子囊菌门产疣丛赤壳或仁果干癌丛赤壳菌；无性态为半知菌类苹果柱孢或仁果干癌柱孢霉菌。危害枝条。

发病规律　以菌丝体在病组织中越冬，翌春产生分生孢子，借风雨、昆虫传播,从伤口侵入。秋季和初冬落叶前后是主要侵染期,常伴随锈病流行发生多。低洼潮湿、土壤黏重、偏施氮肥、树体生长过旺,发病重。不同品种抗病性不同。

防治方法

农业防治 加强栽培管理,旱浇涝排,配方施肥,科学修剪,减少伤口,合理负载避免大小年,壮树抗病。冬季树干涂白防冻害,涂白剂配方:生石灰6:20波美度石硫合剂1:食盐1:清水18:动物油0.1。

化学防治 刮治病疤。早春将病斑坏死组织彻底刮除,深达木质部,并刮掉病皮四周的一些好皮,刮后涂抹70%甲基硫菌灵可湿性粉剂30倍液或5%菌毒清水剂100倍液、25%双胍辛胺水剂300倍液、腐必清原液、2%农抗120水剂20倍液、2.2%腐植酸铜水剂原液、30%甲基硫菌灵糊剂等。

19 苹果干枯病 (图1-19-1)

症状诊断 春季在上年生病梢上形成2~8厘米长椭圆形、基部深褐色、上部红褐色病斑,病斑边缘卷起,病皮坏死脱落,病斑绕新梢一周枝梢枯死,病斑上产生黑色小粒点,湿度大时涌出黄褐色丝状孢子角。

病原 为半知菌类茎生拟茎点霉菌。危害主干或桠杈处。

发病规律 病菌以菌丝体在枝条病部越冬,翌春借雨水释放出分生孢子,传播蔓延。树势弱、枝条受冻害,易发病;不同品种抗病性不同。

防治方法

农业防治 ①加强综合栽培管理,培养壮树;冬季枝干涂白,防冻害及日灼。②冬春剪除带病枝条,减少越冬病源。③选栽抗病品种。

化学防治 发芽后枝干喷洒40%多菌灵可湿性粉剂或36%甲基硫菌灵悬浮剂500倍液,或50%甲·硫悬浮剂800倍液、50%异菌脲可湿性粉剂1500倍液、25%溴菌腈可湿性粉剂800倍液等。10~15天1次,连防2~3次。

20 苹果木腐病 (图1-20-1)

症状诊断 病部形成大型长条溃疡斑,渐腐朽脱落,露出木质部,病部表面长出大小不等、形状不一、群生或散生的灰白色病菌子实体;夏季遇雨质软水分多,灰白色;秋天子实体干后较坚硬。

病原 为担子菌门普通裂褶菌。危害枝干。

发病规律 病原菌以菌丝体和子实体在病部越冬,翌年春条件适宜时产生担孢子借风雨传播,从伤口侵入。老龄、弱树、伤口多、管理粗放、病虫发生重的果园发病重。果园郁闭、湿度大,利于病菌子实体的产生和孢子的传播。

防治方法

农业防治 ①发现病死或衰老树，及早挖除烧毁；加强管理，增强树势，提高树体抗病能力。②修剪及其他管理尽量减少伤口，修剪造成的伤口削平后，用杀菌剂涂之，并涂白漆以防雨水和病菌自伤口入侵。③积极防治其他害虫。

化学防治 彻底清除病菌子实体，刮干净感病的木质部，伤口涂抹25%多菌灵可湿性粉剂500倍液或50%甲基硫菌灵可湿性粉剂400倍液、80%代森锌可湿性粉剂600倍液、30%王铜悬浮剂300倍液、1%硫酸铜等杀菌消毒。

21 苹果根朽病（图1-21-1至图1-21-3）

症状诊断 发光假蜜环菌致小根、主侧根及根颈部染病，病斑沿根颈或主根向上下蔓延，根颈部呈紫褐色、环割水渍状，有的溢有褐色液体，有时可见蜜黄色病菌子实体。以小蜜环菌引起的病症最常见，树基部现黑褐色蜜环状物，在木质部和树皮间出现白色扇形菌丛团。染病树势弱，叶变黄，重时部分枝条或整株死亡。

病原 分别为担子菌门的发光假蜜环菌和小蜜环菌。危害根系。

发病规律 以菌丝体在病根上越冬。通过病根或病残体与健根接触传染。病原菌可在残根上长期存活，从伤口侵入，引致新果园发病；树势弱、土壤黏重、排水不良、老果园，发病重。

防治方法

农业防治 加强果园综合管理，及时灌排水；增施有机肥，改良土壤透气性，增强树势，提高抗病力。

化学防治 ①清除病根。果树休眠期扒开根部土壤，对于整条烂根，从根基部锯除，并彻底挖除所有病根清理出园，同时刮除根颈病斑上的病皮；根系部分发病，刮除发病点病皮后用1%~2%硫酸铜液及其他高浓度杀菌剂涂抹或喷布消毒保护，注意保护健根不再受伤。用常用杀菌剂1份对新土40~50份，混匀后处理病部土壤，株用药土0.25千克。②在早春、夏末、秋季及果树休眠期，在树干基部挖3~5条辐射状沟，浇灌50%甲·硫悬浮剂800倍液或25%多·环乳油800倍液、50%甲基硫菌灵可湿性粉剂1000倍液等。

22 苹果缺铁黄化症（图1-22-1至图1-22-6）

症状诊断 新梢顶端旺盛生长期叶片症状明显，新生叶主脉、中脉保持绿色，其余全变为黄白或黄绿色，致叶片呈绿色网纹状；渐致枝条下部叶全部变黄失绿，新梢顶端枯死；易受冻害或染其他病，导致早衰。

病因 生理病害，土壤中缺少可吸收铁引起。又称黄化病、白叶病。

发生条件　盐碱性土壤或含锰、锌过多的酸性土壤，铁离子沉淀，不能被吸收利用，而导致植株缺铁黄化。土壤黏重、排水差、地下水位高的低洼地，春季多雨、入夏后高温干旱、土壤缺磷、新栽幼树等易发生缺铁黄化症；不同砧木及不同品种发病程度不同。

防治方法

农业防治　选用抗病品种和砧木。加强栽培管理，增施有机肥，灌淤压沙，改良土壤；低洼积水果园，注意开沟排水。

喷施铁肥　重症果园，发芽前喷施0.3%~0.5%硫酸亚铁溶液，或硫酸铜250克∶硫酸亚铁250克∶石灰625克∶水80千克；或在生长季节显症初期喷施0.1%~0.2%的硫酸亚铁溶液或黄腐酸二胺铁200倍液、0.1%硫酸亚铁液+0.3%尿素、0.25%硫酸亚铁+0.05%柠檬酸铁+0.1%尿素液，20天1次。

根施铁肥　结合冬前施基肥或春季萌芽前，将硫酸亚铁1份与5份腐熟有机肥混合或用TP有机铁肥120~180倍液+0.3%尿素混合，挖沟施入根际。

树干注射　用强力注射器将0.05%~0.08%的硫酸亚铁溶液或0.05%~0.08%的柠檬酸铁溶液注射到枝干中。

树干挂瓶引注　生长季节取装入0.1%~0.3%硫酸亚铁液的小瓶挂在距地面20厘米的树干两侧，将用棉花做成的棉芯，一端浸入瓶内药液中，另一端伸入树干上事先打好的深达形成层的孔内，并用塑料薄膜包裹棉芯，使树体通过棉芯吸收肥液。

㉓　苹果花腐病（图1-23-1至图1-23-3）

症状诊断　叶片染病，沿叶片中脉两侧形成红褐色不规则形病斑，从上向下蔓延至病叶基部，重致叶片腐烂，遇雨或空气湿度大时，病斑上产生灰霉。花染病，花梗先变褐或腐烂，致病花或花蕾萎垂形成花腐。果实染病，果实豆粒大小时，病果面现水浸状溢有褐色黏液的褐斑，重致幼果果肉变褐腐烂，造成果腐，失水后形成僵果。新梢染病，产生褐色溃疡斑，病斑绕枝一周致病部以上枝条枯死，造成枝腐。

病原　为子囊菌门苹果链核盘菌。危害花、叶、幼果及嫩梢。

发病规律　以菌核在落地病果、病叶和病枝上越冬。翌春产生子囊孢子，随风传播侵染嫩叶和花器，引起叶腐和花腐，孢子再侵染引起果腐，后引起枝腐。菌核在病僵果中落地越冬。春季苹果萌芽展叶时若多雨低温，连续保持30%~40%土壤含水量和5℃以下气温，易发生叶腐和花腐。海拔高的山地果园较平地果园、土壤黏重、排水不良的果园发病重。苹果各品种间感病性存在差异。

防治方法

农业防治　①加强栽培管理，增施有机肥增强树势，提高抗病力；科学整形

修剪，保持果园通风良好；大型果园避免栽植单一品种。②秋末冬初，彻底清除树上树下病果、病枝及病叶，集中深埋或烧毁。冬前深翻园地，或于春季苹果树萌芽时地面喷洒消石灰，每亩（约667平方米）100千克，抑制初侵染源的形成。

化学防治　于萌芽期喷洒45%晶体石硫合剂30倍液；初花期喷洒45%晶体石硫合剂300倍液或70%代森锰锌可湿性粉剂500倍液、64%杀毒矾可湿性粉剂400~500倍液、50%代森锌水剂700~800倍液、53.8%氢氧化铜干悬浮剂300倍液等。

㉔ 苹果轮斑病（图1-24-1）

症状诊断　叶片染病，病斑多集中在嫩叶叶缘。病斑初为褐色至黑褐色圆形小斑点；渐扩大，叶缘的病斑呈半圆形，叶片中部的病斑呈直径0.5~1.5厘米的圆形或近圆形、淡褐色轮纹状病斑；老病斑中央部分呈灰褐至灰白色，其上散生黑色小粒点，病斑常破裂或穿孔。高温潮湿时，病斑背面长出黑色霉状物。果实染病，病斑黑色，病部软化。

病原　为半知菌类苹果链格孢菌原始菌系。危害叶、果。

发病规律　以菌丝或分生孢子在落叶上越冬，翌春菌丝产生分生孢子，经各种伤口侵入叶片进行初侵染。连续阴雨、果园郁闭，发病重。不同品种抗病性不同。

防治方法

农业防治　①加强栽培管理，合理修剪，及时灌排水，增施有机肥，增强树势，提高树体抗病力。保持果园通风透光良好，减轻病害发生。②冬春彻底清除果园落叶，集中深埋或烧毁，消灭越冬菌源。

化学防治　发病初期开始喷洒1∶2~3∶240倍式波尔多液或50%异菌脲可湿性粉剂1000倍液、200倍锌铜石灰液（硫酸锌0.5∶硫酸铜0.5∶石灰2∶水200）、30%碱式硫酸铜胶悬剂300~500倍液、36%甲基硫菌灵悬浮剂500倍液、70%代森锰锌可湿性粉剂500~600倍液、50%甲·硫悬浮剂500~600倍液、50%多菌灵可湿性粉剂600倍液等。15~20天1次，连防3~4次。

㉕ 苹果霉心病（图1-25-1）

症状诊断　显著特征是果心霉变和霉烂。病初果心产生褐色点状或条状坏死点，渐变为褐色斑块，果心充满粉红色霉状物，果肉发黄腐烂，直至全果腐烂。还有一种长有灰褐色至褐色霉层，病部多限于果心，病果尚有食用价值。树上病果一般症状不明显，受害严重的果实多为畸形果，从果梗至萼洼烂通。在贮藏期，胴部出现褐色水渍状、不规则病斑，斑块彼此相连成片，最后全果腐烂。

病原 由多种半知菌类病菌混合侵染引起。主要有产生黑色菌丝体的链格孢菌，产生红色或粉红色霉层的粉红单端孢菌，产生灰色菌丝体的头孢霉菌、串珠镰孢菌、青霉和拟青霉。又称霉腐病、红腐病、果腐病。危害果实，引起果实心腐或早期脱落，果实外观表现正常。

发病规律 以菌丝体在病僵果或坏死组织内或以孢子潜藏于芽的鳞片间越冬。翌春产生孢子，借风雨在花期从萼筒进入心室，6月始病果脱落，以果实生长后期居多。有些病果到贮藏期才表现症状，引起霉烂。降雨早而多、果园地势低洼、郁闭、通风不良，利于发病；果实萼口大、萼筒长与果心相连的易染病。

防治方法

农业防治 ①选栽抗病品种。②加强栽培管理，科学修剪，合理增施有机肥，注意排涝，保持树冠通风透光。③秋末冬初彻底清除病僵果和病枝，集中烧毁。④果实套袋，套袋前喷洒1：2：200倍式波尔多液防病。⑤加强贮藏期管理。保持适宜湿度，最适温度为1~2℃。发展气调贮藏或冷藏。

化学防治 ①于冬前或早春树冠喷洒3~5波美度石硫合剂加0.3%五氯酚钠，消灭越冬菌源。②于花前、花后及幼果期每15~20天喷1次护果药，药剂可选用1：2：200倍式波尔多液或50%异菌脲可湿性粉剂1000倍液、50%甲·硫悬浮剂800倍液、25%乙霉威可湿性粉剂1000倍液、5%菌毒清水剂500倍液、10%多抗霉素可湿性粉剂1000~1500倍液、15%三唑酮可湿性粉剂1000倍液等。

㉖ 苹果缺钙症（图1-26-1，图1-26-2）

症状诊断

地上部症状 在新梢长出数寸或一尺多长时，顶芽停止生长，顶端嫩叶出现褪绿斑，叶尖及叶缘向下卷曲，1~2天后褪绿部分变暗褐色形成枯斑，并不断向下部叶片扩展。

根部症状 初期当地上部还无明显症状时，根部生长已受到影响，幼根根尖生长停止，而皮层继续加厚，在近根尖处长出很多新根，严重时幼根死亡，典型症状是在死根附近长出短粗且多分枝的根群。

果实缺钙 易发生苦痘病，皮下果肉先开始发生病变，逐渐在果面上出现圆形、凹陷变色斑（绿色或黄色果面变浓绿色，红色果面变暗红色），切开果肉可见果皮下5~8毫米深果肉出现许多大小为2~5毫米海绵状褐色斑点，果肉逐渐干缩，表皮坏死，呈凹陷褐色病斑。

病因 生理病害。由于树体缺钙引起。诊断指标：叶片钙含量低于0.5%~0.75%时表现缺钙症状。

发病规律 由多种原因引起，一是土壤中缺少可吸收钙引起；二是氮、磷、钾、镁较多时，阻碍了对钙的吸收；三是土壤干旱，土壤溶液浓度大，阻碍对钙的吸收；四是酸性土壤中，钙易流失，造成土壤缺钙。

防治方法

农业防治　改良土壤，保持土壤适宜的酸碱度。增施有机肥，增加土壤中可吸收钙。保持适度的水分供应。

化学防治　生长期叶面喷洒0.3%~0.5%氯化钙水浸液或0.5%~1.5%硝酸钙水浸液，年喷3次。

27 苹果日灼病（图1-27-1至图1-27-3）

又称日烧病、太阳果病。

症状诊断　①果实染病。树冠上部、南面无枝叶遮蔽的果实向阳面受害重，果实被害部位初呈黄色、绿色或浅白色（红色果），圆形或不定形，后变褐色坏死斑块，有时周围具红色晕或凹陷，果肉木栓化，日灼病仅发生在果实皮层，病斑内部果肉不变色，易形成畸形果。②枝干染病。主干、大枝都可能发生，向阳面呈不规则焦糊斑块，易遭腐烂病菌侵染，引致腐烂或削弱树势。

病因　生理性病害，夏季高温、低湿引起。

发病规律　夏季强光直接照射果面或树干，致局部蒸腾作用加剧，温度升高或灼伤。苹果幼果膨大期，如出现日照和温度剧变的气候条件，极易导致果实日灼病。红色耐贮品种发病轻，不耐贮品种发病重。

防治方法

农业防治　①日灼病发生严重地区，选栽抗日灼病品种。②科学修剪，保持良好的树形，提高防日灼果能力；夏季修剪时，果实附近适当增加留叶遮盖果实，防止烈日暴晒。③树干涂白。利用白色反光原理，降低向阳面温度，缩小昼夜温差以减轻夏季高温灼伤。涂白时，避免涂白剂滴落在小枝上灼伤嫩芽。涂白剂的配制：生石灰10~12千克、食盐2~2.5千克、豆浆0.5千克、豆油0.2~0.3千克、水36千克。配制时，先将石灰化开，加水成石灰乳，除去渣滓，再将其他原料加入其中，充分搅拌即成。④合理施用氮肥，防止枝叶徒长，夺取果实中水分。⑤加强灌水及土壤耕作，促根系活动，保证树体水分的需要。

物理防治　果实套袋。疏果后半月进行，各果园根据病虫害发生程度的不同，因地制宜选用不同果袋，兼防其他病虫害。

28 苹果白纹羽病（图1-28-1，图1-28-2）

症状诊断　根系发病后，先从细根开始霉烂，渐扩展到侧根和主根，病根表面缠绕许多白色或灰白色丝状物，即菌索；后期变为白色或灰褐色；根部皮层内柔软组织腐烂，皮层极易剥落，在木质部上产生深褐色圆形颗粒状物，即菌核。在潮湿地区，菌丝可蔓延至地表呈白色蛛网状；菌丝体中具羽状分布的纤细菌索。染病树树势极度衰弱，树体发芽迟缓，半边叶片变黄或早落、枝条枯萎，严重时整株枯死。

病原 菌原有两种，称褐座坚壳菌，属子囊菌门真菌；无性态，称白纹羽束丝菌，属半知菌类真菌，老熟菌丝可形成厚垣孢子。无性时期形成孢囊孢子，但常在寄主组织完全腐烂时才产生。危害根系。

发病规律 主要以残留在病根上的菌丝、根状菌索或菌核在土壤中越冬。条件适宜时菌核或根状菌索长出营养菌丝从根部表皮侵入，病菌先侵染新根的柔软组织，后逐渐蔓延至大根，被害细根霉烂甚至消失。病菌通过病健部接触或通过带病苗木远距离传播。该病多在7~9月盛发。

该病的发生与土壤湿度、酸碱度有关，尤以湿度影响最大，果园或苗圃低洼潮湿、排水不良，发病重；栽植过密、定植太深、培土过厚、耕作时伤根、管理不善，等易造成树势衰弱；土壤有机质缺乏、酸性强等，可导致该病发生重。

防治方法

选栽无病苗木 为避免苗木可能带病造成带病栽植，栽前可用10%硫酸铜溶液或20%石灰水、70%甲基硫菌灵可湿性粉剂500倍液浸1小时再栽植；也可用47℃恒温水浸40分钟或45℃恒温水浸渍1小时，以杀死苗木根部带的病菌。

挖沟隔离 在病株或病区外挖1米以上的深沟进行封锁，防止病害向四周漫延。

加强栽培管理，增强树势，提高抗病能力 采用配方施肥技术，合理搭配氮、磷、钾及微量元素施肥比例，培养壮树；科学管理，使树体载果量合理；合理修剪，防止大小年现象；及时防治病虫害。

病树治疗 发现病树，先挖至主根基部，扒开根部土壤，寻找根部病斑，如一条根发病，要将整条根锯除，如大部分根系发病，要彻底清除所有病根，在清除病根过程中，要注意保护健根。对清除病根后的伤口处理，须用高浓度杀菌剂涂抹或喷布消毒，再涂以波尔多液浆等保护；还可用40%五氯硝基苯粉剂1份对新土40~50份，充分混匀后施于根部，5年生以上大树，株施药土0.3千克；或将病树根部土壤在不太伤根的情况下挖出运走，再用生石灰处理，然后换上经过杀菌处理的新土。

29 苹果干腐病（图1-29-1，图1-29-2）

症状诊断 幼树染病，多在定植后缓苗期，先在嫁接口处产生红褐色或黑褐色病斑，沿树干向上扩展，重致幼树枯死；树干上部发病，初生暗褐色、不规则形带状病斑，当病斑绕干一周时，幼树死亡。大树染病，初在树干上形成红褐色、不规则形湿润病斑，病部溢出茶褐色黏液；后病斑扩大为黑褐色凹陷干斑，重则整个枝干干缩死亡；有时仅在枝干一侧形成凹陷条状病斑，树干缓慢枯死；老弱树多在上部枝条发病而致全枝枯死。果实染病，初呈黄褐色小斑，渐扩大成同心轮纹状，与轮纹病斑较难区别，条件适宜时，数天内致全果腐烂。

病原　有性态为子囊菌门贝氏葡萄座腔菌和葡萄座腔菌；无性态为 *Dothiorella* 和 *Macrophoma*。又称胴腐病。主要危害主、侧枝，也危害主干、小枝和果。

发病规律　病菌以菌丝体在病树皮内越冬，翌春直接以菌丝沿病部扩展危害，或产生分生孢子借风雨传播，从伤口或皮孔侵入。幼树定植后管理不善、老弱树易发病；遇伏旱或暴雨多，严重影响树势时，易造成病害流行；干旱发病重，果园低洼积水、盐碱重、树体生长不良、伤口多、结果多，利于病害发生；不同品种抗病性不同。6~8月和10月病害多发。

防治方法

农业防治　①选栽抗病品种。②加强栽培管理，防止冻害，科学防治病虫害，增施有机肥，及时灌排水，增强树势；尽量减少树体伤口，对伤口涂1%硫酸铜液保护；苗木定植以嫁接口与地面相平为宜，避免过深，加强定植后管理缩短缓苗期。

化学防治　①刮治病斑。刮去上层病皮用5%晶体石硫合剂30倍液或70%甲基硫菌灵可湿性粉剂100倍液、40%氟哇唑乳油1000倍液等杀菌保护。②喷药保护。大树在发芽前、6~8月、10月各喷洒1~2次1∶2∶240倍式波尔多液或70%代森锰锌可湿性粉剂500~600倍液、50%甲·硫悬浮剂800倍液、50%多菌灵可湿性粉剂600倍液等。

㉚ 苹果膏药病（图1-30-1）

又名苹果灰色膏药病。

症状诊断　在树枝上形成圆形或不规则形菌膜；如膏药贴伏在树皮上，外观灰白色至暗灰色，表面柔软、光滑，老化后变成紫褐色至黑色，较硬。

病原　属担子菌门隔担耳菌。病菌常表生于介壳虫体上。该菌的寄主有苹果、李、樱桃等果树。

发病规律　病原以菌膜在被害枝干上越冬，通过风、雨和昆虫传播。病菌生长期常以介壳虫的分泌物为原料，故介壳虫发生重的果园，该病发生也重。

防治方法

农业防治　科学整枝修剪，保持果园通风透光良好；增施肥料，促使树体生长健旺，增强抗病能力。

灭除介壳虫　这是预防膏药病的重要措施。常用的药剂为5~15倍的柴油乳剂（柴油1千克、肥皂25克、水0.5千克），1~3波美度的石硫合剂、20%石灰乳等，施药方法为涂刷和喷雾，并以前者效果最好。

化学防治 及时刮除菌膜，并将菌膜携出园外深埋或烧毁，然后在病部涂抹20倍石灰乳或3~5波美度石硫合剂或其他广谱性杀菌剂；也可以直接在菌膜上涂抹4~5波美石硫合剂。

㉛ 苹果根癌病（图1-31-1）

又称根肿病。

症状诊断 主要发生在根颈部，也可在根的其他部位发生，初在病部形成大小不一的灰白色瘤状物，其内部组织松软，外表粗糙不平，随着树体生长和病情扩展，瘤状物不断增大，表面逐渐变为褐色或暗褐色，内部木质化，表层细胞枯死，有的在癌瘤表面或四周生长细根。瘤体大小不一，2年生苗木上，小的如核桃，大的直径可达5~6厘米，病树根系发育受到抑制，地上部朽住不长或矮小瘦弱，严重的植株干枯死亡。

病原 为根癌土壤杆菌，属细菌。菌体杆状，大小0.4~0.8微米×1.0~3.0微米，无芽孢，具荚膜，鞭毛1~4根侧生，革兰氏染色阴性。好气性，在肉汁胨琼脂平面培养基上菌落小，圆形白色，表面光滑有光泽，边缘整齐。在肉汁胨液中培养生长快，混浊，有薄菌膜。细菌发育适宜温度22℃，最高34℃，最低10℃，51℃经10分钟致死。适宜pH5.7~9.2，最适pH 7.3左右。

发病规律 该菌在自然条件下可长期在土壤中存活，因此带菌土壤是该病重要侵染源。病原细菌可由嫁接伤口、虫伤或机械造成伤口侵入，潜育期2~3个月。病菌侵入后开始刺激寄主细胞增生膨大而形成瘤状物。研究表明：土壤杆菌有3个生物型，其生化反应和致病性不同，其中生物Ⅰ型、Ⅱ型寄主广，可侵染苹果、梨、桃等多种果树；生物Ⅲ型细菌则只危害葡萄，此外还发现放射土壤杆菌K84对根癌土壤杆菌生物Ⅰ、Ⅱ型有较强抑制作用，可用于防治本病。发生与土壤结构和土壤pH有关：一般疏松的偏碱性土壤及湿度高的条件下发病重。

防治方法

农业防治 ①采用芽接法育苗，不用劈接法，减少发病。②苗圃地及时防治地老虎、蝼蛄、金针虫等地下害虫，减少虫伤。③育苗及果园管理尽量减少机械伤。

培育和栽植无病苗木 苗圃地发现病苗立即挖除烧毁；出圃苗木发现病苗要剔除烧毁；对可疑病苗用1%硫酸铜液浸根10分钟或72%链霉素可湿性粉剂200倍液浸根20~30分钟；或30%石灰乳浸根1小时后清水冲净，杀菌消毒。在根癌病多发区，用放射土壤杆菌K84浸根后定植。

病树治疗　发现病树后扒开病树根颈部土壤，把病瘤切掉刮净后用抗菌剂401乳油50倍液或抗菌剂402乳油100倍液、或二硝基邻甲酚钠20份与木醇80份混合后涂抹消毒，再用石硫合剂渣子或波尔多液保护。

㉜ 苹果细菌毛根病（图1-32-1）

症状诊断　多发生在苗期，初生浅色肿瘤，当产生畸形根以后，正常的新鲜根脱落，产生的畸形根迅速增厚，在肿瘤基部长出次生毛根，毛根上又长出毛根呈毛团状。

病原　菌原发根土壤杆菌。该菌发育最适温度22℃，最适 pH 7.3左右。

发病规律　病菌从伤口或害虫造成的伤口侵入，整个生长季节都可危害。该菌在土壤中活动，土温28℃、土壤湿度达75%左右时最易产生此病。

防治方法

农业防治　①苗圃育苗忌长期连作。②发病苗圃提倡采用芽接法，选用根系完好的砧木。③科学管理，减少根部伤口，及时防治地下害虫，促使根系健壮生长。④出圃苗木严格检查，所有病苗必须淘汰，健苗要用3~5波美度的石硫合剂浸根消毒。

㉝ 苹果紫纹羽病（图1-33-1）

症状诊断　主要危害根系，细根先发病，后逐渐扩展到侧根和主根，直至树干基部。发病初期根部现黄褐色不定形斑块，外表颜色变深，皮层组织变褐，病部表面缠绕许多淡紫色棉絮状物，即病菌菌丝和菌索，形状似羽毛，逐渐变成暗紫色绒毛状菌丝层，包被整个病根，并能延伸到根外的土面上。后期在病根上产生紫红色半球状菌核，大小1~2毫米，病根皮层腐烂易脱落，后木质部腐朽。6~7月，菌丝体上产生微薄白粉状子实层。病株地上部生长衰弱，叶片变小，色淡，枝条节间缩短或部分枝条干枯，感病品种叶柄和中脉变红。该病扩展缓慢，经数年才逐渐衰弱死亡。

病原　属担子菌门，桑卷担菌和紫卷担菌。病根上着生的紫黑绒状物是菌丝层，由五层组成，外层为子实层，其上生有担子。担子圆筒状无色，由4个细胞组成，大小25~40微米×6~7微米，向一方弯曲。再从各胞伸出小梗，小梗无色，圆锥形，大小5~15微米×3~4.5微米。小梗上着担孢子，担孢子无色、单胞，卵圆形，顶端圆，基部尖，大小16~19微米×6~6.4微米，多在雨季形成。寄主有苹果、梨、桃、葡萄等果树。

发病规律　以菌丝体、根状菌索和菌核在病根上或土壤中越冬。条件适宜，根状菌索和菌核产生菌丝体。菌丝体集结形成菌丝束，在土表或土里延伸，接触寄主根系后直接侵入为害。一般病菌先侵染新根的柔软组织，后蔓延到大根。病根与健根互相接触是该病扩展、蔓延的重要途径。病菌虽能产生孢子但寿命短。萌发后侵染机会少，所以病菌孢子在病害传播中作用不大。病害发生盛期多在7~9月。低洼潮湿积水的果园发病重。带病刺槐是该病的主要传播媒介，靠近带病刺槐的苹果树、树龄较大的老果园发病重。

防治方法

农业防治 ①选用抗病、抗虫、高产无病虫的苹果树苗建园。②加强栽培管理，增强树势，提高树体抗病能力是防病的根本措施，为防止幼树发病，需加强对苗圃的管理，以培育壮苗。③加强综合管理，减少菌源，提高树体抗病水平。合理修剪，保持果园通风透光、树体营养合理分布；冬春彻底清除果园内的杂草、落叶、病枝、落果以及修剪的树枝；刮除病斑，病斑刮除处喷施硫酸铜或福美胂或石硫合剂等保护性药剂。④果树落叶后或发芽前结合对其他病虫防治，喷40%福美胂可湿性粉剂100倍液或波美3~5度石硫合剂保护树干。⑤当发现果园内个别植株地上部分出现异常症状时，应挖根检查，确认为该病后，将根部周围土壤挖出，晾1~2天，切除病根，同时进行药剂消毒，并把挖出的土运出园外，再用无病新土回填。

化学防治 生长期发病，可用25%丙环唑乳油2500倍液、或30%恶霉灵可湿性粉剂1000倍液或12.5%烯唑醇可湿性粉剂1000倍液浇灌，用药前若土壤潮湿，应晾晒后再灌透。

㉞ 苹果心腐病（图1-34-1）

又称苹果果腐病。全国各苹果产区均有发生，以辽宁、四川、山东、河南、山西等地的果区受害重。

症状诊断 病害先由心室开始发病，逐渐向外扩展，果肉变褐、霉烂。果心充满白色或粉红色或灰绿色或黑色霉状物。严重时果面可见到形状不规则湿腐斑块。由于引发病菌不同，有的仅局限心室变褐，产生霉状物形成霉心，有的导致果肉不同程度腐烂。病果易早期落果。

病原 由多种病原菌引起，均属半知菌类，主要有链格孢菌（黑色菌丝体）、粉红聚端菌（红色或粉红色霉层）、镰刀菌（白色桃红色霉状物）、棒盘孢菌（白色稀疏霉状物）、茎点霉菌（灰色菌丝体）。

发病规律 不同品种感病程度不同，金冠、国光、富士等品种较易感病。地势低洼积水、土壤瘠薄及管理粗放的果树及衰老树易发病；偏施氮肥，树体生长过旺发病重；管理不善、果园通光不良发病重。

防治方法

农业防治 ①选用抗病、抗虫、高产、优质品种，在地势高燥、排灌方便的田块建园。②加强栽培管理，增强树势，提高树体抗病能力是防病的根本措施。③秋季落叶后及春季发芽前，树体喷洒一次3~5波美度石硫合剂；果实采收后彻底清除果园内的杂草、落叶、病枝、落果以及修剪的树枝。科学修剪，保持果园通风透光良好。

物理防治　果实套袋。以白色木浆纸袋或白色无纺布袋为好。

化学防治　作好预防工作，在发病前适时喷洒50%退菌特可湿性粉剂800倍液、50%多菌灵可湿性粉剂500~800倍液、80%炭疽福美可湿性粉剂800倍液、70%代森锰锌可湿性粉剂400倍液、1：200波尔多液、5%菌毒清水剂50~100倍液、70%甲基硫菌灵可湿性粉剂1000倍液等。

㉟ 苹果疫腐病（图1-35-1，图1-35-2）

又称颈腐病、实腐病。

症状诊断　果实染病，果面形成不规则、深浅不匀的褐斑，边缘不清晰，呈水渍状，致果皮果肉分离，果肉褐变腐烂，湿度大时病部生有白色绵毛状菌丝体，病果初呈皮球状，有弹性，后失水干缩脱落。苗木或成树根颈部染病，皮层出现暗褐色腐烂，多不规则，严重的烂至木质部，致病部以上枝条发育缓慢，叶色淡、叶小，秋后叶片提前变红紫色，落叶早，当病斑绕树干一周时，全树叶片凋萎或干枯。叶片染病，初呈水渍状，后形成灰色或暗褐色不规则病斑，湿度大时全叶腐烂。

病原　为鞭毛菌门恶疫霉菌。无性阶段产生游动孢子和厚垣孢子，有性阶段形成卵孢子。病菌发育最适温度25℃，最高32℃，最低2℃，游动孢子囊发芽温限5~15℃，10℃最适宜。主要危害果实、树的根颈部及叶片。

发病规律　病菌主要以卵孢子、厚垣孢子及菌丝随病组织在土壤中越冬，第二年遇有降雨或灌溉时，形成游动孢子囊，产生游动孢子，随雨滴或流水传播蔓延，果实在整个生育期均可染病，每次降雨后，都会出现侵染发病小高峰，因此，雨多、降雨量大的年份发病早且重。尤以距地面1.5米的树冠下层及近地面果实先发病，且病果率高。生产上，地势低洼或积水、果园周边杂草丛生，树冠下垂枝多、局部潮湿发病重。不同品种抗病性不同。

防治方法

农业防治　①选栽抗病品种。②加强栽培管理，疏除过密枝条，改善通风透光条件；及时疏果，摘除病果及病叶，集中深埋或烧毁。③树冠下覆盖地膜或覆草，防止土壤中的病菌溅射到果实上。

化学防治　①及时刮治果疤，对根颈部发病的，在春季扒土晾晒病组织，在病部涂抹2.2%腐植酸·铜水剂原液或70%乙膦铝·锰锌可湿性粉剂500倍液等。②发病重的果园在落花后浇灌或喷洒10%霜脲氰可湿性粉剂600~800倍液或50%

代森锰锌可湿性粉剂600倍液、50%腐霉利可湿性粉剂700倍液等，7～10天1次，连防2～3次。

36 苹果缺硼症（图1-36-1至图1-36-3）

症状诊断

根部 根尖生长明显受到抑制，根系生长速率降低。

枝叶 表现有枝枯型、丛枝型和簇叶型。①枝枯型。初夏，当年生新梢上部叶片淡黄色，叶柄、叶脉淡红色，微扭曲，叶尖和叶边缘出现不规则坏死斑，新梢自顶端向下枯死。新梢顶部的韧皮部和形成层组织内产生褐色坏死斑点。②丛枝型。春季发芽时，叶芽不能萌发，或发出纤细枝，不久回枯死亡。在死亡部位以下，又发出很多新枝或丛生枝，这些新生枝条也往往回枯死亡。③簇叶型。春、夏季，新梢节间缩短，叶片狭小，质脆，肥厚，簇生，常与枝枯型同时发生。

花 严重缺硼时花蕾不开放，变黄脱落，或开花后花发育不良，大量落花。

果实 果实症状有几种类型。①干斑型。落花后半月的幼果开始发病，以每年的6月份发病较多。初期在幼果背阴面产生圆形红褐色斑点，病部皮下果肉呈水渍状、半透明，病斑一面溢出黄褐色黏液。后期果肉坏死变为褐色至暗褐色，病斑干缩凹陷裂开。轻病果仍可继续生长。②木栓型。以生长后期的果实发生较多。初期果实内部的果肉呈水渍状、褐色，果肉松软呈海渍状，不久病变组织木栓化。病果表面凹凸不平，果肉呈海绵状，手握有松软感，木栓化部分味苦，不堪食用。③锈斑型。沿果柄周围的果面发生褐色细密横形条纹锈斑，以后锈斑干裂。但果肉无坏死病斑，只表现肉质松软。

病因 生理病害。由于树体缺硼引起。

发病规律 从4、5月份开始发生。土壤中含硼量不足，土壤有效硼含量的临界值小于0.5毫克/千克时表现为缺硼；瘠薄的砂质土壤有机质含量少，易出现缺硼症状；果园土壤湿度过大或花期干旱、土壤水分失调时易发生缺硼症；栽培管理不当，单施化学肥料比有机肥料施用多的苹果园容易发生缺硼症；如过多施用氮、磷肥，会影响各元素的均衡吸收，包括对硼的吸收；另外，不及时疏花、疏果，挂果量过多，会因硼的供应量不足而引发缺硼症。

防治方法

扩穴改土，增施有机肥 改善土壤的理化性状，提高土壤供硼能力。

注意保持园土水分均衡供应 苹果适宜的土壤含水量应控制在80%左右，旱浇涝排。

土壤补硼 秋季落叶后或早春发芽前，结合果树施肥采用轮状沟或放射状沟施入硼砂或硼酸。施后充分灌水。

树上喷硼　　在碱性较强土壤里，硼素易被固定，土壤施硼防治效果不大，可采用叶面喷硼法。在开花前、开花期和开花后各喷洒1次0.3%硼砂水溶液，见效快，效果良好。需要注意的是，硼砂难溶于冷水，应先用60~70℃的少量热水溶化后再稀释到需要浓度使用。肥效可维持1年。

第2章

苹果害虫诊断与防治

01 苹小食心虫 (图2-1-1，图2-1-2)

属鳞翅目卷蛾科。又名东北小食心虫、苹果小蛀蛾，简称"苹小"。

分布与寄主

分布 东北、华北、西北产区。

寄主 苹果、梨、山楂等果树。

危害特点 幼虫从果实胴部蛀入，在皮下浅层危害，初蛀孔周围红色，俗称"红眼圈"；后被害部渐扩大干枯凹陷呈褐至黑褐色，俗称"干疤"，疤上具小虫孔数个，并附有少量虫粪，致幼果畸形。

形态诊断 成虫：体长4.4~4.8毫米，翅展10~11毫米；体暗褐色，前翅前缘具7~9组白色短斜纹，端部具白色鳞片形成的白色斑纹；后翅灰褐色。卵：椭圆形，淡黄色。幼虫：体长6.5~9毫米，头黄褐色，臀板浅黄褐色；腹部背面各节具前粗后细桃红色横纹两条。蛹：长4.5~5.6毫米，黄褐色。

发生规律 1年发生2代，以老熟幼虫在树皮缝隙、剪锯口、贮果筐箱等隐蔽处结薄茧越冬。翌年6月上旬越冬代成虫产卵，卵期5~7天，孵出幼虫即蛀果危害，幼虫期20天左右，7月下旬至8月上旬幼虫老熟后脱果化蛹；8月上中旬第一代成虫羽化产2代卵于果面，孵化后蛀入危害，8月下旬后陆续老熟脱果越冬。成虫昼伏晚出，对醋、糖、蜜、茴香油、樟油有趋性。天敌有赤眼蜂等。

防治方法

农业防治 冬春季刮除干、枝上的翘皮，同时清除果园中的枯枝落叶，集中烧掉或深埋，消灭越冬幼虫。

生物防治 于第2代卵期每亩果园隔行或隔株释放赤眼蜂12万头。

物理防治 利用糖醋液或黑光灯诱杀成虫。将糖醋液水碗（盆）置于距地面高约1.5米处，注意补足糖醋液。

化学防治 于各代幼虫孵化前后，及时喷洒50%杀螟硫磷乳油或80%敌敌畏乳油或90%晶体敌百虫1000倍液，25%灭幼脲悬浮剂1500倍液，48%毒死蜱乳油或30%菊·马乳油2000倍液，2.5%溴氰菊酯乳油2500倍液，10%氯氰菊酯乳油或20%杀螟硫磷乳油2000倍液，20%甲氰菊酯乳油3000倍液等。

02 苹果蠹蛾 (图2-2-1至图2-2-6)

属鳞翅目小卷叶蛾科。又名食心虫。

分布与寄主

分布 新疆和甘肃敦煌。

寄主 桃、杏、苹果等果树。是对内对外重要检疫对象。

危害特点 幼虫蛀食果实，多从果实胴部蛀入，深达果心食害种子，也蛀食果肉，虫粪排至果外，有时成串挂在果上，造成大量落果。

形态诊断 成虫：体长约8毫米，翅展19～20毫米，全体灰褐色，略带紫色金属光泽；前翅臀角大斑深褐色、具3条青铜色条纹，翅基部褐色、略呈三角形、杂有颜色较深的波状斜行纹，翅中部淡褐色、杂有褐色斜纹。卵：椭圆形，直径1.2毫米左右。幼虫：体长14～18毫米，淡红色或红色。蛹：长7～10毫米。

发生规律 1年发生2～3代，以老熟幼虫作茧在树皮缝隙、分枝处和各种包装材料上越冬。在伊宁地区各代成虫发生期为；越冬代为5～6月；第一代为7～8月；第二代为9月。成虫昼伏夜出，有趋光性。成虫羽化后不久即可产卵，卵多散产于果树上层果实及叶片上，卵期5～25天。初孵幼虫多从果实梗洼处蛀入，苹果多从萼筒处、香梨从萼洼处蛀入，幼虫期30天左右，幼虫可转果危害。天敌有广赤眼蜂等。

防治方法

农业防治 对新疆的桃、杏、苹果、梨等果实及包装物，严格检疫，严防该虫传播。保持果园清洁，随时清理地下落果；冬春季刮刷老树皮，并用石灰水涂干，消灭越冬幼虫；树干基部束草把或破布，诱集幼虫入内化蛹捕杀之。

化学防治 在卵临近孵化时，喷洒2.5%溴氰菊酯乳油3000倍液或20%氰戊菊酯乳油3000倍液、10%氯氰菊酯乳油2000倍液、20%中西除虫菊酯乳油2000倍液等。

03 桃小食心虫（图2-3-1至图2-3-7）

鳞翅目蛀果蛾科。又名桃蛀果蛾、桃小实虫、桃蛀虫、桃小食蛾、桃姬食心虫。简称桃小，俗称"豆沙馅""枣蛆"。

分布与寄主

分布 我国各苹果产区。

寄主 桃、石榴、苹果、枣、花红、海棠、梨、山楂、李、杏、木瓜等。

危害特点 幼虫从果实萼筒或果实胴部蛀入，蛀孔流出泪珠状果胶，不久干涸，蛀孔愈合成一小黑点略凹陷。幼虫入果后在果内乱窜，排粪其中，俗称"豆沙馅"，遇雨极易造成烂果，使果实失去食用价值。

形态诊断 成虫：体灰褐或灰白色。雌虫体长7～8毫米，翅展16～18毫米。雄虫体长5～6毫米，翅展13～15毫米。前翅近前缘中部处有一近三角形的黑色大斑，缘毛灰褐色。后翅灰色，缘毛长，浅灰色。雌雄很易区别，雄虫触角每节腹面两侧有纤毛，雌虫则无；雄虫下唇须短，向上翘，雌虫则长而直。卵：深红色，竖椭圆形或筒形，以底部黏附在果实上。卵壳上具有不规则略呈椭圆形刻纹，端部1/4处环生2～3圈"Y"形生长物。幼虫：老熟幼虫体长13～16毫米，全体桃红色；幼龄幼虫体色淡，黄白或白色。无臀栉。蛹：离蛹，体长6.5～8.6毫米，淡黄白色至黄褐色。茧：有两种，一为扁圆的越冬茧，由幼虫吐丝缀合土粒而成，十分紧密；另一种为纺锤形的"蛹化茧"，亦称"夏茧"，亦由幼虫吐丝缀合细土粒而成，质地疏松，一端留有准备成虫羽化的孔。

发生规律 桃小食心虫在黄淮产区1年发生1代，部分个体发生2代；以老熟幼虫在土内作扁圆形"冬茧"越冬。翌年5月上中旬越冬幼虫开始出土。幼虫出土后，在地面黏结土粒作茧化蛹，蛹期14天左右。6～7月出现越冬成虫，7月上中旬为羽化盛期。成虫无趋光性和趋化性，白天静附于树叶上，夜间交尾，主产卵于萼筒内，其次是果实的其他部位。每头雌虫产卵数十粒至百粒，卵期8天左右。初孵幼虫蛀入果内危害，第一代幼虫危害期为6月下旬至8月，其盛期在7月中下旬。7月下旬至8月上旬，幼虫老熟后，咬一个圆孔，爬出孔口直接落地，结茧化蛹继续发生第二代或入土结茧越冬，也有一部分未老熟幼虫在果中越冬。桃小食心虫幼虫具有背光的习性，在平地果园，如树盘内土壤细而平整、无杂草及间作物，脱果幼虫多集中于树冠下，距树干0.3～1米的土层内结成冬茧越冬，而以树干基部背阴面虫数最多。如树冠下土块、石块多，杂草多或间作其他作物，脱果幼虫即就地入土结茧越冬，冬茧多分散在树冠外围土里。山地果园地形复杂，冬茧在土层内分布的深度，一般为3～12厘米，其中以3厘米左右深的土层虫数最多，约占80%。

防治方法

物理防治 应用桃小性信息素橡胶芯载体，制成水碗式诱捕器悬挂在石榴园内，诱杀雄蛾。一个诱捕器，夜诱捕蛾量可达100头以上。

农业防治 在越冬幼虫出土前，可选用以下方法防治。

①培土。利用幼虫在树下土层中越冬和第一代脱果幼虫在根茎周围土壤内作茧的习性，于5月前在树干周围1米范围内培以30厘米厚的土并踩实，将越冬幼虫和羽化成虫闷死于土内，雨季及时扒去培土，以防烂根。②覆盖农膜。在树干周围1米范围内覆盖农膜，用土将周围压紧，将越冬幼虫闷死于膜下。③绑缚草绳。用草绳在树干基部缠绕数圈，诱集出土幼虫入内化蛹，定期检查捕杀。④筛茧。在树干周围1米范围内，挖取5厘米厚的表土，筛茧烧毁。另外，在幼虫蛀果期间，特别是第一代幼虫前期蛀果阶段，及时摘除虫果深埋，每隔10天进行一次。

化学防治 ①地面药剂防治。于幼虫出土期和盛期，在距树干1米范围内施药防治出土幼虫。每亩用50%辛硫磷颗粒剂5～7.5千克或50%辛硫磷乳剂0.5千克与50千克细沙土混合均匀撒入树冠下，或50%辛硫磷乳剂800倍液对树冠下土壤喷雾。施用后，需将地面用齿耙或锄来回搂耙几次，深5～10厘米，使药土混合，提高防治效果。山地、丘陵果园还应对石块、土堰等隐蔽场所喷洒（撒施）药剂。②树上药剂防治。在卵临近孵化时，喷施2.5%溴氰菊酯乳油3000倍液；

25%灭幼脲悬浮剂1500倍液；10%氯氰菊酯乳油2000倍液；20%啶虫脒可湿性粉剂2000倍液等。

04 苹果小卷蛾（图2-4-1至图2-4-6）

属鳞翅目卷蛾科。又名苹果小卷叶蛾、棉褐带卷蛾、苹卷蛾、棉卷蛾。

分布与寄主

分布　全国除西藏未见报道外，其他各产区均有分布。

寄主　苹果、山楂、桃、杏、李、樱桃、梨等果树和林木。

危害特点　幼虫吐丝将2~3片叶连缀一起，并在其中危害，将叶片吃成缺刻或网状；被害果表面呈现形状不规则的小坑洼，尤其果、叶相贴时，受害较多。

形态诊断　成虫：体长6~8毫米，翅展13~23毫米，淡棕色或黄褐色；前翅自前缘向后缘有2条深褐色斜纹；后翅淡灰色；雄虫较雌虫体小，体色较淡，前翅基部有前缘褶。卵：椭圆形，淡黄色。幼虫：体长13~15毫米，头和前胸背板淡黄色，老龄幼虫翠绿色。蛹：长9~11毫米，黄褐色。

发生规律　1年发生3~4代，以2龄幼虫结白色薄茧在剪锯口、树皮裂缝、翘皮下越冬。翌年果树发芽后出蛰，取食嫩芽、幼叶，稍大吐丝缀叶，潜伏其中危害，幼虫极活泼，遇惊扰急剧扭动身体吐丝下垂。成虫发生盛期在6月中旬，昼伏夜出，有较强的趋化性和微弱的趋光性，对糖醋液或果醋趋性甚烈。卵产于叶面或果面较光滑处，数十粒排列成鱼磷状卵块，卵期7天左右。第一代幼虫发生期在7月中下旬，第二代幼虫发生期在8月下旬至9月上旬，第三代幼虫于9月上旬至10月上旬危害一段时间后越冬。天敌有赤眼蜂等。

防治方法

农业防治　冬春季刮除树干上剪、锯口等处的翘皮，消灭越冬幼虫。生长季节，发现卷叶后及时用手捏死其中的幼虫。

生物防治　在产卵盛期释放赤眼蜂于果园，消灭虫卵。

化学防治　①冬春季用80%敌敌畏乳油200倍液涂抹剪、锯口，消灭越冬幼虫。②在越冬幼虫出蛰期和各代幼虫发生初期，喷洒50%辛硫磷乳油1500倍液或50%杀螟硫磷乳油1000倍液、48%毒死蜱乳油或52.25%蜱·氯乳油2000倍液、2.5%溴氰菊酯乳油3000倍液等。

05 苹梢鹰夜蛾（图2-5-1至图2-5-6）

属鳞翅目夜蛾科。又名苹梢夜蛾。

分布与寄主

分布　全国各产区。

寄主 苹果、柿、梨等果树。

危害特点 以幼虫危害新梢，吐丝把嫩梢新叶纵卷居内取食叶肉，受害植株呈多头和残叶枯梢。少量幼虫还蛀食危害幼果。

形态诊断 成虫：体长14~18毫米，翅展34~38毫米；下唇须发达，斜向下伸，状似鸟嘴而得名；触角丝状。一类成虫前翅紫褐色，外横线、内横线棕色波浪状；后翅棕黑色，上生3个橙黄色小斑和1个黄色回形大斑；另一类成虫前翅中部深棕色，前缘近顶角处生一半月形浅褐色斑，后缘具浅褐色波形宽带，后翅同上。卵：半球形，直径0.6~0.7毫米，污白色，卵面生一棕色环。幼虫：体长30~35毫米，体色有3种类型：黑色纵带型，头部黑色，背线绿色，体侧有1条黑色纵带和2条白色纵线；淡绿型，头及体色浅绿，黑色纵带消失，仅存4条白色纵线；黑褐型，全体黑褐色，仅存2条白色纵线。蛹：长14~17毫米，红褐色。

发生规律 北方1年发生1代，陕西关中地区2代，广西6代，以老熟幼虫入土化蛹越冬。2代区，越冬代成虫于5月中旬至6月上中旬羽化，卵产于新梢芽苞和叶片背面；5月下旬至6月下旬第一代幼虫危害，幼虫老熟后入土约10厘米深处化蛹，一代成虫发生在7月下旬至9月上旬。第二代幼虫出现在8月上旬至9月中旬。成虫昼伏夜出，有弱趋光性。幼虫行动敏捷，受惊吐丝下垂。蛹在土壤中耐干旱不耐潮湿，蛹期土壤过湿，易致蛹室窒息而死；园地管理粗放、杂草多虫害发生重。

防治方法

农业防治 冬春季耕翻园地，利用低温和鸟食消灭越冬蛹；幼虫发生期及时剪除虫害新梢；一代蛹期及时果园灌水，既防旱又可致一部分地下蛹室窒息而死。

化学防治 幼虫发生期及时喷洒40%辛硫磷乳油1000倍液或52.25%蜱·氯乳油1500倍液、20%杀螟硫磷乳油2000倍液、48%毒死蜱乳油1500倍液等。

(06) **苹毒蛾**（图2-6-1至图2-6-8）

属鳞翅目毒蛾科。又名茸毒蛾、苹红尾蛾、纵纹毒蛾。

分布与寄主

分布 全国各产区。

寄主 柿、桃、杏、草莓、苹果、石榴、李、山楂、枇杷等果树和林木。

危害特点 幼虫食量大，危害时间长，食叶成缺刻或孔洞。局部地区易大发生，危害重。

形态诊断 成虫：雄蛾翅展35~45毫米，雌蛾45~60毫米；头、胸部灰褐色；触角栉齿状；腹部灰白色；雄蛾前翅灰白色，有黑色及褐色鳞片；后翅白色带黑褐色鳞片和毛。卵：扁圆形，浅褐色。幼虫：体长45～52毫米，体浅黄色至淡紫红色；体腹面浅黑色；体背各节生有黄色毛瘤，上面簇生浅黄色长毛；第一至四腹节背面各具1簇黄色刷状毛；第一、二腹节背面的节间有一深黑色大斑；第八腹节背面有1束向后斜伸的棕黄色至紫红色毛；幼虫具假死性。蛹：浅褐色。

发生规律　1年发生1～3代，以蛹越冬。翌年4月下旬羽化，一代幼虫5至6月上旬发生，二代幼虫6月下旬至8月上旬发生，三代幼虫8月中旬至11月中旬发生，越冬代蛹期约6个月。黄淮产区二、三代发生重。卵块产在叶片和枝干上，每块卵20～300粒。幼虫历期20～50天，老熟幼虫将叶卷起结茧。天敌主要有毒蛾黑瘤姬蜂、蚂蚁、食虫蝽类等。

防治方法

农业防治　冬春清园内枯枝落叶集中销毁，消灭越冬虫源。

化学防治　卵孵化盛期至低龄幼虫期，叶面喷洒25%灭幼脲悬浮剂2000倍液或90%晶体敌百虫1000倍液、25%溴氰菊酯乳油2000倍液、20%戊菊酯乳油1500～2000倍液。

07　苹掌舟蛾（图2-7-1至图2-7-6）

属鳞翅目舟蛾科。又名舟形毛虫、苹果天社蛾、黑纹天社蛾、举尾毛虫、举肢毛虫、秋黏虫、苹天社蛾、苹黄天社蛾等。

分布与寄主

分布　全国各产区。

寄主　苹果、山楂、核桃、樱桃、梨、杏、桃、李、板栗、枇杷等果树和林木。

危害特点　初龄幼虫啃食叶肉，仅留表皮，呈箩底状，稍大后把叶食成缺刻或仅残留叶柄，严重时把叶片吃光，造成二次开花。

形态诊断　成虫：体长22～25毫米，翅展49～52毫米，头胸部淡黄白色，腹背雄蛾浅黄褐色，雌蛾土黄色，末端均淡黄色；触角丝状；前翅银白色，在近基部生1个长圆形斑，外缘有6个椭圆形斑，横列成带状，各斑内端灰黑色，外端茶褐色，中间有黄色弧线隔开；翅中部有淡黄色波浪状线4条；后翅浅黄白色，近外缘处生一褐色横带。卵：球形，直径约1毫米，初淡绿渐变灰色。幼虫：体长55毫米左右，被灰黄长毛；头、前胸、臀板、足均黑色，胴部紫黑色，体侧具3条紫红色线，并具多个淡黄色的长毛簇。蛹：长20～23毫米，暗红褐色至黑紫色，腹末有臀棘6根。

发生规律　1年发生1代，以蛹在树冠下土中越冬，翌年7月上旬至下旬羽化，成虫昼伏夜出，趋光性强。卵多产在树体东北面的中下部枝条的叶背，数十粒或百余粒密集成块。卵期6~13天。低龄幼虫傍晚至早晨或阴天群集叶面，头向叶缘排列成行，由叶缘向内啃食。低龄幼虫遇惊扰或震动时，成群吐丝下垂。稍大后分散取食，白天多栖息在叶柄或枝条上，头尾翘起，状似小舟，故称舟形毛虫。幼虫期31天左右，成龄后食量大，常把叶片吃光。幼虫老熟后下树入土化蛹越冬。

防治方法

农业防治　冬春季翻耕树盘，利用低温和鸟食消灭越冬蛹；在幼虫分散危害前，及时剪除幼虫群居的枝叶并烧毁；利用幼虫吐丝下垂的习性，人工震落捕杀幼虫。

生物防治　在卵发生期的7月中下旬释放松毛虫赤眼蜂，卵被寄生率可达95%以上，灭卵效果好。也可在幼虫期喷洒每克含300亿孢子的青虫菌粉剂1000倍液。

物理防治　成虫发生期利用黑光灯诱杀成虫。

化学防治　卵孵化前后和幼虫分散危害前是树上施药的关键期。可喷洒48%毒死蜱乳油或40%乙酰甲胺磷乳油、50%杀螟硫磷乳油1000~1200倍液；90%晶体敌百虫800倍液、20%戊菊酯乳油1500~2000倍液、10%醚菊酯乳油800~1000倍液；25%灭幼脲悬浮剂1500倍液、3%啶虫脒乳油2000倍液等。

08　苹果剑纹夜蛾（图2-8-1至图2-8-4）

属鳞翅目夜蛾科。又名桃剑纹夜蛾。

分布与寄主

分布　全国各产区。

寄主　苹果、桃、樱桃、杏、山楂、梨、李、核桃等果树。

危害特点　幼龄幼虫群集叶背危害，取食上表皮和叶肉，仅留下表皮和叶脉，受害叶呈网状，幼虫稍大后将叶片食成缺刻或孔洞，并啃食果皮，果面上出现不规则的坑洼。

形态诊断　成虫：体长17~22毫米，翅展40~48毫米，体表被较长的鳞毛，体、翅灰褐色；前翅有3条与翅脉平行的黑色剑状纹，基部的1条呈树枝状，端部2条平行，外缘有1列黑点；触角丝状暗褐色；后翅灰白色，翅脉淡褐色；腹面灰白色，雄腹末分叉，雌较尖。卵：半球形，直径1.2毫米，白至污白色。幼虫：老熟幼虫体长38~40毫米，头红棕色布黑色斑纹，其余部分灰色略带粉红；体背有1条橙黄色纵带，纵带两侧每节各有2个黑色毛瘤，其上着生黑褐色长毛，毛端黄白稍弯；第一腹节背面中央有1黑色柱状突起；胸足黑色，腹足俱全暗灰褐色。蛹：长约20毫米，棕褐色有光泽。

发生规律　1年发生2代，以茧蛹在土中或树皮缝中越冬。成虫于翌年5~6月间羽化。成虫昼伏夜出，有趋光性和趋化性，产卵于叶面。5月中下旬发生第一代幼虫，危害至6月下旬，吐丝缀叶，在其中结白色薄茧化蛹，第一代成虫于7月下旬至8月下旬发生。第二代幼虫于7月下旬至8月上中旬发生，9月中旬后化蛹越冬。天敌有桥夜蛾绒茧蜂等。

防治方法

农业防治　冬春翻树盘，消灭在土中越冬的蛹。

物理防治　成虫发生期设置糖醋液盆和黑光灯，诱杀成虫。

化学防治　幼虫发生期喷洒90%晶体敌百虫1000倍液或20%杀螟硫磷乳油2000倍液、20%甲氰菊酯乳油2000倍液、2.5%溴氰菊酯乳油3000倍液等。

09　果剑纹夜蛾（图2-9-1，图2-9-2）

属鳞翅目夜蛾科。又名樱桃剑纹夜蛾。

分布与寄主

分布　全国各产区。

寄主　樱桃、苹果、山楂、杏、梨、桃、李等果树。

危害特点　初龄幼虫食叶的表皮和叶肉，仅留下表皮，似纱网状；3龄后把叶吃成长圆形孔洞或缺刻，也啃食幼果果皮。

形态诊断　成虫：体长11~22毫米，翅展37~41毫米；头部和胸部暗灰色，腹部背面灰褐色；前翅灰黑色，黑色基剑纹、中剑纹、端剑纹明显；后翅淡褐色；足黄灰黑色。卵：白色透明似馒头形，直径0.8~1.2毫米。幼虫：体长25~30毫米，绿色或红褐色，头部褐色具深斑纹；背线红褐色，亚背线赤褐色，气门上线黄色，中胸、腹部第二、三、九节背部各具黑色毛瘤1对，腹部第一、四至八节各具黑色毛瘤2对，生有黑长毛。蛹：长11.2~15.5毫米，纺锤形，深红褐色。茧：长16~19毫米，纺锤形，丝质薄茧外多黏附碎叶或土粒。

发生规律　1年发生2~3代，以茧蛹在地上草丛、土中或树皮裂缝中越冬。越冬成虫于4月下旬至5月中旬羽化；第一代成虫于6月下旬至7月下旬羽化；第二代于8月上旬至9月上旬羽化。成虫昼伏夜出，具趋光性和趋化性；羽化后短时间即交配产卵，卵期4~8天。幼虫期第一代19~35天，第二代22~31天，第三代23~43天。天敌有夜蛾绒茧蜂等。

防治方法

物理防治　成虫发生期利用糖醋液或黑光灯、高压汞灯诱杀成虫。

农业防治　秋末深翻树盘消灭越冬虫蛹。

化学防治　各代卵孵化盛期喷洒50%杀螟硫磷乳油或52.25%蜱·氯乳油1500倍液、20%甲氰菊酯乳油2000倍液、2.5%溴氰菊酯乳油或20%氰戊菊酯乳油3000~3500倍液、10%联苯菊酯乳油4000~5000倍液等。

10　铜绿丽金龟（图2-10-1至图2-10-4）

属鞘翅目丽金龟科。又名铜绿金龟、淡绿金龟子、青金龟子，俗称铜克螂、金克螂、瞎碰等。

分布与寄主

分布　全国除新疆、西藏、青海等少数产区未见报道外，其他产区均有分布。

寄主　梨、山楂、核桃、樱桃、板栗、杏、石榴、苹果、葡萄、柑橘等果树。

危害特点　成虫食害叶、芽及花器，食叶成孔洞或缺刻，顶芽被害后，主茎停止生长；花器受害易脱落。幼虫危害地下组织。

形态诊断　成虫：体长15~18毫米，宽8~10毫米，体铜绿色；头部较大，深铜绿色；触角9节鳃片状；前胸背板发达闪光绿色；鞘翅为黄铜绿色，有光泽，并有不甚明显隆起带；胸部腹板黄褐色有细毛；腹部米黄色，雌虫腹面乳白色。卵：椭圆形，2.3毫米×2.2毫米，乳白色。幼虫：体长32毫米左右，头黄褐色，体乳白色，通称"蛴螬"。蛹：体长22~25毫米，淡黄色。

发生规律　1年发生1代，以幼虫在土内越冬。翌春3月上到表土层，5月化蛹，6月上旬至7月中旬成虫危害盛期，危害期40天左右。6月下旬至7月中旬产卵，卵多散产在4~14厘米土层中，卵期7~13天，6月中旬至7月下旬幼虫孵化，危害至深秋下移至深土层越冬。成虫昼伏夜出，飞翔力强，有较强的趋光性和假死性，晚上交尾产卵食叶危害，白天潜伏土中，喜欢栖息在深度7厘米左右疏松潮湿的土壤里。幼虫在土壤中钻蛀，危害地下根部。

防治方法

农业防治　冬前耕翻园地，利用冰冻、日晒、鸟食消灭越冬幼虫。成虫发生期于傍晚摇动树枝，下铺布单或塑料薄膜震落成虫捕杀之。

物理防治　用黑光灯诱杀。

化学防治　基肥里全面喷洒50%辛硫磷乳油或20%辛·阿乳油、20%甲氰菊酯乳油1000~1500倍液等，搅拌混匀，触杀幼虫。成虫发生危害期，叶面喷洒15%辛·阿乳油或90%晶体敌百虫800~1000倍液、10%氯氰菊酯乳油1500~2000倍液、5%顺式氰戊菊酯乳油2000~3000倍液等触杀成虫。

11　黑绒金龟（图2-11-1至图2-11-3）

属鞘翅目金龟科。又名东方金龟子、天鹅绒金龟子、姬天鹅绒金龟子、黑绒鳃金龟。

分布与寄主

分布　除西藏未见报道外，其他各产区均有分布。

寄主　山楂、桃、杨、苹果等近150种植物。

危害特点　成虫食害寄主的嫩叶、芽及花；幼虫危害地下根系。

形态诊断　成虫：体长7~8毫米，宽4.5~5毫米；雄虫略小于雌虫，体卵圆形，前狭后宽；体褐色至黑色；体表具丝绒般光泽，故称天鹅绒金龟子；触角鳃叶状；前胸背板宽为长的2倍。卵：椭圆形，长1.2毫米，乳白色。幼虫：体长14~16毫米，头部黄褐色，体黄白。蛹：长8毫米，黄褐色。

发生规律　1年发生1代，以成虫在土中越冬。4月中下旬出土，5月初6月上旬为发生盛期。成虫夜间和上午潜伏在地势高燥的草荒地中，下午出土，群集危害，喜食寄主的幼嫩部分。有趋光性和假死性，飞翔力较强。6月为产卵盛期，卵散产于植物根际10~20厘米深的表土层中。卵期5~10天，6月中旬幼虫孵化食害根系。8月中下旬老熟幼虫潜入地下20~30厘米处作土室化蛹，并在其中羽化越冬。

防治方法

农业防治　冬春季深翻园地，利用低温和鸟食消灭地下越冬成虫。利用其假死性，震落扑杀成虫。

物理防治　用黑光灯诱杀成虫。

化学防治　用10%辛硫磷颗粒剂处理土壤，杀灭土壤中的幼虫。在成虫发生期于16：00后，叶面喷洒10%氯氰菊酯乳油2000倍液或2.5%溴氰菊酯乳油2500~3000倍液、5%顺式氰戊菊酯乳油2000~4000倍液；2%杀螟硫磷可湿性粉剂或5%氟啶脲乳油1000~1200倍液等。

⑫　黄褐天幕毛虫（图2-12-1至图2-12-8）

属鳞翅目枯叶蛾科。又名梅毛虫、天幕枯叶蛾、天幕毛虫、带枯叶蛾。

分布与寄主

分布　全国各产区。

寄主　苹果、山楂、樱桃、桃、杏、梨、梅等果树。

危害特点　刚孵化幼虫群集于一枝，吐丝结成网幕，食害嫩芽、叶片，随生长渐下移至粗枝上结网巢，白天群栖巢上，夜出取食，严重时将全树叶片吃光。

形态诊断　成虫：雌体长18~22毫米，翅展37~43毫米，黄褐色；触角栉齿状；前翅中部有一条赤褐色宽横带，其两侧有淡黄色细线；雄体略小，触角双栉齿状，前翅中部有2条深褐色横线，两线间色稍深。卵：圆筒形，灰白色，200~300粒卵环结于小枝上黏结成一圈，呈"顶针"状。幼虫：体长50~55毫米，头蓝色，有2个黑斑，体上有十多条黄、蓝、白、黑相间的条纹。蛹：椭圆形，体上有淡褐色短毛。茧：黄白色，表面附有灰黄粉。

发生规律 1年发生1代，以幼虫在卵壳中越冬，翌年树芽膨大，日均温达11℃时幼虫钻出，先在卵附近的芽及嫩叶上危害，后转到枝杈上吐丝结网成天幕，于夜间出来取食。4龄后分散全树，暴食叶片。幼虫期45天左右，成虫有趋光性。成虫产卵于小枝上。天敌主要有赤眼蜂、姬蜂、绒茧蜂等。

防治方法

农业防治 冬春季彻底剪除枝梢上越冬卵块。幼虫发生期发现幼虫群集天幕及时消灭。

生物防治 为保护卵寄生蜂，将卵块放天敌保护器中，使卵寄生蜂羽化飞回果园。

化学防治 幼虫初孵期施药是关键，可喷洒52.25%蝉·氯乳油2000倍液；50%杀螟硫磷乳油或50%马拉硫磷乳油1000倍液；2.5%氯氟氰菊酯乳油或2.5%溴氰菊酯乳油3000倍液，10%联苯菊酯乳油4000倍液等。

⑬ 绿尾大蚕蛾（图2-13-1至图2-13-11）

属鳞翅目大蚕蛾科。又名燕尾水青蛾、水青蛾、长尾月蛾、绿翅天蚕蛾。

分布与寄主

分布 除新疆、西藏、甘肃等地未见报道外，其他各苹果产区均有分布。

寄主 石榴、核桃、枣、苹果、梨、葡萄、沙果、海棠、板栗、樱桃以及柳、枫、杨、木槿、乌桕等。

危害特点 幼虫食叶，低龄幼虫食叶成缺刻或空洞，稍大吃光全叶仅留叶柄。由于虫体大，食量大，发生严重时，吃光全树叶片。

形态诊断 成虫：雄成虫体长35~40毫米，翅展100~110毫米；雌成虫体长40~45毫米，翅展120~130毫米。体粗大，体被浓厚白色绒毛；体腹面色浅近褐色。头部、胸部、肩板基部前缘有暗紫色横切带。触角黄色羽状。复眼大，球形黑色。雌翅粉绿色，雄翅色较浅，泛米黄色，基部有白色绒毛；前翅前缘具白、紫、棕黑三色组成的纵带一条，与胸部紫色横带相接，混杂有白色鳞毛；翅的外缘黄褐色；前后翅中室末端各具椭圆形眼斑1个，斑中部有一透明横带，从斑内侧向透明带依次由黑、白、红、黄四色构成；翅脉较明显，灰黄色。后翅臀角长尾状突出，长40毫米左右。足紫红色。卵：球形稍扁，直径约2毫米。灰白色，上有胶状物将卵黏成堆，近孵化时紫褐色。每堆有卵少者几粒，多者二三十粒。幼虫：1~2龄幼虫黑色，第二、三胸节及第五、六腹节橘黄色。3龄幼虫全体橘黄色。4龄开始渐变嫩绿色。老熟幼虫体长80~110毫米，头部绿褐色，头较小，宽约8毫米；体绿色粗壮，近结茧化蛹时体变为茶褐色。体节近六角形，着生肉状突毛瘤，前胸5个，中、后胸各8个，腹部每节6个，毛瘤上具白色刚毛和褐色短刺；中、后胸及第八腹节背毛瘤大，顶黄基黑，其他处毛瘤端部红色基部棕黑色。气门线以下至腹面浓绿色，腹面黑色。胸足褐色，腹足棕褐色。茧：灰白色，丝质粗糙；长卵圆形，长径50~55毫米，短径25~30毫米，茧外常有寄主叶裹着。蛹：长45~50毫米，紫褐色，额区有1个浅黄色三角斑。

发生规律　在辽宁、河北、河南、山东等北方果产区1年发生2代，在江西南昌可发生3代，在广东、广西、云南发生4代，在树上作茧蛹越冬。北方果产区越冬蛹4月中旬至5月上旬羽化并产卵，卵历期10~15天。第一代幼虫5月上中旬孵化；幼虫共5龄，历期36~44天；老熟幼虫6月上旬开始结茧，中旬达盛期，蛹历期15~20天。第一代成虫6月下旬至7月初羽化产卵，卵历期8~9天。第二代幼虫7月上旬孵化，至9月底老熟幼虫结茧化蛹，越冬蛹期6个月。成虫昼伏夜出，有趋光性，一般中午前后至傍晚羽化，羽化前分泌棕色液体溶解茧丝，然后从上端钻出，当天20：00~21：00至翌日2：00~3：00交尾，交尾历时2~3小时。翌日夜晚开始产卵，产卵历期6~9天。单雌产卵260粒左右。雄成虫寿命平均6~7天，雌成虫10~12天，虫体大笨拙，但飞翔力强。1、2龄幼虫有集群性，较活跃；3龄以后逐渐分散，食量增大，行动迟钝。幼虫老熟后贴枝吐丝缀结多片叶在其内结茧化蛹。第一代茧多数在树枝上结茧，少数在树干下部；而越冬茧基本在树干下部分杈处。天敌有赤眼蜂等，主寄生卵。

防治方法

　农业防治　冬春季清除果园枯枝落叶和杂草，摘除越冬虫茧销毁；生长季节人工捕杀幼虫。

　物理防治　设置黑光灯诱杀成虫。

　生物防治　保护利用天敌，赤眼蜂在室内对卵的寄生率达84%~88%。

　化学防治　幼虫3龄前喷药防治效果最佳，4龄后由于虫体增大用药效果差。常用杀虫剂有50%二嗪磷乳油1500倍液、50%辛硫磷乳油2000倍液、25%除虫脲胶悬剂1000倍液或菊酯类杀虫剂等。

⑭　大袋蛾（图2-14-1至图2-14-4）

属鳞翅目袋蛾科。又名蓑衣蛾、大蓑蛾、避债蛾、布袋蛾、大背袋虫、大窠蓑蛾。

分布与寄主

　分布　全国除新疆未见报道外，其他各产区均有发生。

　寄主　石榴、梨、苹果、桃、李、杏、梅、葡萄、柑橘、枇杷、龙眼、茶、无花果等65种以上果木。

危害特点　幼虫食叶。幼虫吐丝缀叶成囊，隐藏其中，头伸出囊外取食叶片及嫩芽，啃食叶肉留下表皮，重者成孔洞、缺刻，直至将叶片吃光。

形态诊断 成虫：雌蛾无翅，体长12~16毫米，蛆状，头甚小，褐色，胸腹部黄白色；胸部弯曲，各节背部有背板，腹部大，在第四至七腹节周围有黄色绒毛。雄蛾有翅，体长11~15毫米，翅展22~30毫米，体和翅深褐色，胸部和腹部密被鳞毛；触角羽状；前翅翅脉两侧色深，在近翅尖处沿外缘有近方形透明斑1个，外缘近中央处又有长方形透明斑1个。卵：椭圆形，长约0.8毫米，豆黄色。幼虫：老熟幼虫体长16~26毫米。头黄褐色，具黑褐色斑纹，胸腹部肉黄色，背面中央色较深，略带紫褐色。胸部背面有褐色纵纹2条，每节纵纹两侧各有褐斑1个。腹部各节背面有黑色突起4个，排列成"八"字形。蛹：雌蛹体长14~18毫米，纺锤形，褐色；雄蛹体长约13毫米，褐色，腹末稍弯曲。护囊：枯枝色，橄榄形，成长幼虫的护囊，雌虫的长约30毫米，雄的长约25毫米，囊系以丝缀结叶片、枝皮碎片及长短不一的枝梗而成，枝梗不整齐地纵列于囊的最外层。

发生规律 黄淮产区1年发生1代，以幼虫在护囊内悬挂于枝上越冬。4月20日至5月25日为越冬幼虫化蛹高峰，5月30日至6月3日为成虫羽化盛期，从成虫羽化到产卵需2~3天，卵历期15~18天，卵孵化盛期在6月20~25日。幼虫孵化后从旧囊内爬出再结新囊，爬行时护囊挂在腹部末端，头胸露在外取食叶片，直至越冬。

防治方法

生物防治 应用大袋蛾多角体病毒（NPV）和苏云金杆菌（Bt）喷洒防治，30天内累计死亡率分别达77.6%~96.7%及82.7%~91%。保护利用天敌大腿小蜂、脊腿姬蜂和寄生蝇等。

农业防治 在幼虫越冬期摘除虫袋，碾压或烧毁。

化学防治 在7月5~20日，幼虫2~3龄期，虫囊长1厘米左右，采用90%晶体敌百虫或50%丙硫磷乳油1000倍液喷雾，防治效果达95%以上。

⑮ 黄刺蛾（图2-15-1至图2-15-8）

属鳞翅目刺蛾科。又名刺蛾、洋辣子、八角虫、八角罐、羊蜡罐、白刺毛等。

分布与寄主

分布 全国各苹果产区。

寄主 柿、桃、杏、石榴、苹果等果树。

危害特点 低龄幼虫群集叶背面啃食叶肉，稍大把叶食成网状，随虫龄增大则分散取食，将叶片吃成缺刻，仅留叶柄和叶脉，重者吃光全树叶片。

形态诊断 成虫：体长13~16毫米，翅展30~34毫米；头和胸部黄色，腹背黄褐色；前翅内半部黄色，外半部为褐色，有两条暗褐色斜线，在翅尖上汇合于一点，呈倒"V"字形，内面一条伸到中室下角，为黄色与褐色的分界线。卵：椭圆形，黄绿色。幼虫：体长16~25毫米，头小，胸腹部肥大，呈长方形，似幼儿的娃娃鞋，黄绿色；体背有一两端粗中间细的哑铃形紫褐色大斑，和许多突起枝刺。蛹：椭圆形，长12毫米，黄褐色。茧：灰白色，质地坚硬，茧壳上有几道褐色长短不一的纵纹，形似雀蛋。

发生规律　1年发生2代，以老熟幼虫在树枝上结茧越冬。翌年5月上旬化蛹，5月中下旬至6月上旬羽化，成虫趋光性强，产卵于叶背面，数十粒连成一片；6月中下旬幼虫孵化，初孵幼虫喜群集危害，数头幼虫白天头向内形成环状静伏于叶背。6月下旬至7月上中旬幼虫老熟后，固贴在枝条上，作茧化蛹。7月下旬出现第二代幼虫，危害至9月初结茧越冬。天敌主要有上海青蜂和黑小蜂等。

防治方法

农业防治　冬春季剪除冬茧集中烧毁，消灭越冬幼虫。

生物防治　摘除冬茧时，识别青蜂（冬茧上端有一被寄生蜂产卵时留下的小孔）选出保存，翌年放入果园天然繁殖寄杀虫茧。低龄幼虫期每亩用每克含孢子100亿的白僵菌粉0.5~1千克，在雨湿条件下喷雾防治效果好。

化学防治　卵孵化盛期至幼虫危害初期喷洒90%晶体敌百虫或40%马拉硫磷乳油1200倍液、25%灭幼脲悬浮剂1500倍液、20%除虫脲悬浮剂3000~4000倍液、1.8%阿维菌素2000~3000倍液、20%抑食肼可湿性粉剂800~1000倍液、20%虫酰肼悬浮剂1000~1500倍液、2.5%溴氰菊酯乳油3000~4000倍液、10%乙氰菊酯乳油2000倍液等。

(16) **白眉刺蛾**（图2-16-1至图2-16-6）

属鳞翅目刺蛾科。又名杨梅刺蛾。

分布与寄主

分布　全国多数苹果产区。

寄主　柿、桃、杏、苹果、石榴、核桃、枣等果树。

危害特点　幼虫危害叶片，低龄幼虫啃食叶肉，稍大把叶片食成缺刻或孔洞，重者仅留主脉。

形态诊断　成虫：体长8毫米，翅展16毫米左右，前翅乳白色，端部具浅褐色浓淡不均的云状斑。幼虫：体长7毫米左右，扁椭圆形，绿色，体背部隆起呈龟甲状，头褐色，很小，缩于胸前，体上无明显刺毛，体背生2条黄绿色纵带纹，纹上具小红点。蛹：长4.5毫米，近椭圆形。茧：长5毫米，圆筒形，灰褐色。

发生规律　1年发生2~3代，以老熟幼虫在树杈或叶背结茧越冬。翌年4~5

月化蛹，5~6月成虫羽化，7~8月进入幼虫危害期，成虫昼伏夜出，有趋光性。卵块产于叶背，每块有卵8粒左右，卵期7天，低龄幼虫在叶背取食，留下半透明的上表皮，随虫龄增大，把叶食成缺刻或孔洞，重者食完全叶。8月下旬幼虫老熟，结茧越冬。

防治方法 参照黄刺蛾防治方法。

17 绿刺蛾（图2-17-1至图2-17-7）

属鳞翅目刺蛾科。又名丽绿刺蛾。

分布与寄主

分布 全国各产区。

寄主 柿、桃、杏、石榴、苹果、梨、山楂、柑橘等果树。

危害特点 以幼虫蚕食叶片，低龄幼虫群集叶背食叶成网状，重者食净叶肉，仅剩叶柄。

形态诊断 成虫：体长10~17毫米，翅展35~40毫米，触角雄蛾双栉齿状、雌蛾基部丝状；头顶、胸背绿色，腹部灰黄色；前翅绿色，肩角处有1块深褐色尖刀形基斑，外缘具深棕色宽带；后翅浅黄色，外缘带褐色。卵：扁平，椭圆形，长约1.5毫米，浅黄绿色。幼虫：体长25~27毫米，初龄时黄色，稍大转为粉绿色；从中胸至第八腹节各有4个瘤状突起，上生有黄色刺毛丛，第一腹节背面的毛瘤各有3~6根红色刺毛；腹部末端有4丛球状黑色刺毛；背中央具暗绿色带3条；两侧有浓蓝色点线。蛹：椭圆形，长约13毫米，黄褐色。茧：椭圆形，长约15毫米，暗褐色坚硬。

发生规律 1年发生2代，以老熟幼虫在树干上结茧越冬。翌年4月下旬至5月上旬化蛹，第一代成虫于5月末至6月上旬羽化，第一代幼虫于6~7月发生；第二代成虫8月中下旬羽化，第二代幼虫于8月下旬至9月发生，至10月上旬在树干上结茧越冬。成虫有强趋光性，卵产于叶背，数十粒成块。初孵幼虫常7~8头群集取食，稍大后分散危害。幼虫体上的刺毛丛含有毒腺，人体皮肤接触后，常因毒液进入皮下而肿胀奇痛，故有"洋辣子"之称。天敌有爪哇刺蛾寄蝇等。

防治方法

农业防治 冬春季清洁果园消灭树枝上的越冬茧。及时摘除初孵幼虫群集危害的叶片消灭之，注意勿使虫体接触皮肤。

化学防治 卵孵化盛期至幼虫危害初期叶面喷洒90%晶体敌百虫或40%马拉硫磷乳油1200倍液、25%灭幼脲悬浮剂1500倍液、20%除虫脲悬浮剂3000~4000倍液、1.8%阿维菌素2000~3000倍液、20%抑食肼可湿性粉剂800~1000倍液、20%虫酰肼悬浮剂1000~1500倍液、2.5%溴氰菊酯乳油3000~4000倍液、10%乙氰菊酯乳油2000倍液等。

18 扁刺蛾（图2-18-1至图2-18-8）

属鳞翅目刺蛾科。又名黑点刺蛾、黑刺蛾。

分布与寄主

分布　全国各苹果产区。

寄主　柿、桃、杏、石榴、苹果、柑橘等果树。

危害特点　初孵幼虫群集叶背啃食叶肉，使叶片仅留透明的上表皮。随虫龄增大，食叶成空洞和缺刻，重者食光叶片。

形态诊断　成虫：体长13~18毫米，翅展28~35毫米；体暗灰褐色，腹面及足色较深；触角雌丝状，雄羽状；前翅灰褐稍带紫色，中室外侧有1条明显的暗斜纹，自前缘近顶角处向后缘斜伸；雄蛾中室上角有1个黑点；后翅暗灰褐色。卵：扁平，椭圆形，长1.1毫米，淡黄绿至灰褐色。幼虫：体长21~26毫米，宽16毫米，体扁，椭圆形，背部稍隆起，形似龟背；全体绿色、黄绿色或淡黄色，背线白色；体边缘有10个瘤状突起，其上生有长刺毛，第四节背面两侧各有1个红点。蛹：长10~15毫米，近椭圆形，乳白至黄褐色。茧：椭圆形，长12~16毫米，紫褐色。

发生规律　1年发生1~3代，以老熟幼虫在树下3~6厘米土层内结茧以前蛹越冬。1代区6月上旬羽化、产卵，6月中旬至9月上中旬幼虫发生危害。2~3代区5月中旬至6月上旬羽化；第一代幼虫5月下旬至7月中旬发生；第二代幼虫7月下旬至9月中旬发生；第三代幼虫9月上旬至10月发生，均以老熟幼虫入土结茧越冬。卵多散产于叶面上，卵期7天左右。低龄幼虫啃食叶肉，留下一层表皮，大龄幼虫取食全叶，虫量多时，常从枝的下部叶片吃至上部，每枝仅存顶端几片嫩叶。

防治方法

农业防治　冬春季耕翻树盘，利用低温和鸟食消灭土中越冬的虫茧。

生物防治　喷洒青虫菌6号悬浮剂1000倍液，杀虫保叶。

化学防治　卵孵化盛期和低龄幼虫期喷洒30%杀虫双水剂1500~2000倍液或80%杀螟丹可溶性粉剂2000倍液，50%辛硫磷乳油或45%马拉硫磷乳油1000倍液、5%顺式氰戊菊酯乳油2000倍液等。

19 金毛虫（图2-19-1至图2-19-4）

属鳞翅目毒蛾科。又名桑斑褐毒蛾、纹白毒蛾、桑毒蛾、黄尾毒蛾、黄尾白毒蛾等。

分布与寄主

分布　全国产区。

寄主　柿、山楂、桃、杏、苹果、石榴、樱桃等果树。

危害特点　初孵幼虫群集叶背面取食叶肉，仅留透明的上表皮，稍大后分散危害，将叶片吃成大的缺刻，重者仅剩叶脉，并啃食幼果和果皮。

形态诊断　成虫：雌体长14~18毫米，翅展36~40毫米；雄体长12~14毫米，翅展28~32毫米；全体及足白色；触角双栉齿状；雌、雄蛾前翅近臀角处有褐色斑纹，雄蛾前翅在内缘近基角处还有一个褐色斑纹。卵：直径0.6~0.7毫米，淡黄色，上有黄色绒毛。幼虫：体长26~40毫米，头黑褐色，体黄色，背线红色；体背面有一橙黄色带，带中央贯穿一红褐间断的线；前胸背面两侧各有一红色瘤，其余各节背瘤黑色，瘤上生黑色长毛束和白色短毛。蛹：长9~11.5毫米。茧：长13~18毫米，椭圆形，淡褐色。

发生规律　1年发生2~6代，以幼虫结灰白色薄茧在枯叶、树杈、树干缝隙及落叶中越冬。2代区翌年4月开始危害春芽及叶片。一、二、三代幼虫危害高峰期主要在6月中旬、8月上中旬和9月上中旬，10月上旬前后开始结茧越冬。成虫昼伏夜出，产卵于叶背，形成长条形卵块，卵期4~7天。每代幼虫历期20~37天。幼虫有假死性。天敌主要有黑卵蜂、矮饰苔寄蝇、桑毛虫绒茧蜂等。

防治方法

　农业防治　冬春季刮刷老树皮，清除园内外枯叶杂草，消灭越冬幼虫。在低龄幼虫集中危害时，摘虫叶灭虫。

　生物防治　掌握在2龄幼虫高峰期，喷洒多角体病毒，每毫升含15000颗粒的悬浮液，每亩喷洒20升。

　化学防治　幼虫分散危害前，及时喷洒2.5%溴氰菊酯乳油或20%氰戊菊酯乳油3000倍液、10%联苯菊酯乳油4000~5000倍液、52.25%蟀·氯乳油2000倍液、50%辛硫磷乳油1000倍液、10%吡虫啉可湿性粉剂2500倍液。

⑳　茶翅蝽（图2-20-1至图2-20-3）

属半翅目蝽科。又名臭木椿象、臭木蝽、茶色蝽。

分布与寄主

　分布　除新疆、青海未见报道外，其他各产区均有分布。

　寄主　山楂、樱桃、柿、枣、梨、苹果、柑橘等果树。

危害特点　成虫、若虫刺吸叶、嫩梢及果实汁液，致植株生长变弱，果实表面出现黑色斑点。

形态诊断　成虫：体长12~16毫米，宽6.5~9毫米，扁椭圆形，淡黄褐至茶褐色，略带紫红色，前胸背板、小盾片和前翅革质部有黑褐色刻点，前胸背板前缘横列4个黄褐色小点，小盾片基部横列5个小黄点；腹部侧接缘为黑黄相间。卵：圆筒形，直径约0.7毫米，初灰白渐至黑褐色。若虫：初孵体长1.5毫米左右，近圆形；腹部淡橙黄色，各腹节两侧节间各有1长方形黑斑，共8对；腹部第三、五、七节背面中部各有1个较大的长方形黑斑；老熟若虫与成虫相似，无翅。

发生规律　1年发生1代，以成虫在空房、屋角、檐下、树洞、土缝、石缝及草堆等处越冬。5月上旬陆续出蛰活动，6月上旬至8月产卵，多块产于叶背，每块20~30粒。卵期10~15天，6月中下旬为卵孵化盛期，7月上旬出现若虫，8月中旬至9月下旬为成虫盛期。成虫和若虫受到惊扰或触动时，即分泌臭液逃逸。天敌有椿象黑卵蜂、稻蝽小黑卵蜂等。

防治方法

生物防治　保护利用天敌。①5~7月为该虫寄生蜂成虫羽化和产卵期，果园应避免使用触杀性杀虫剂。②果园外围栽榆树作为防护林，可保护椿象黑卵蜂到林带内椿象卵上繁殖。

农业防治　冬春季捕杀越冬成虫。发生期随时摘除卵块，及时捕杀初孵群集若虫。

化学防治　于成虫产卵期和低龄若虫期喷洒48%毒死蜱乳油2000倍液或20%杀螟硫磷乳油3000倍液、50%丙硫磷乳油1000倍液、5%氟虫脲乳油1000~1500倍液等。

㉑　绿盲蝽（图2-21-1至图2-21-3）

属半翅目盲蝽科。又名花叶虫、小臭虫、棉青盲蝽、青色盲蝽、破叶疯、天狗蝇等。

分布与寄主

分布　全国各苹果产区。

寄主　葡萄、石榴、桃、草莓、桑、棉花、麻类、苹果、梨、杏、李、梅、山楂等。

危害特点　成虫、若虫刺吸寄主汁液，受害初期叶面呈现黄白色斑点，渐扩大成片，成黑色枯死斑，造成大量破孔、皱缩不平的"破叶疯"。孔边有一圈黑纹，叶缘残缺破烂，叶卷缩畸形，叶早落。严重时腋芽、生长点受害，造成腋芽丛生。

形态诊断　成虫：体长5毫米，宽2.2毫米，绿色，密被短毛。头部三角形，黄绿色，复眼黑色突出，无单眼，触角4节丝状，较短，约为体长2/3，第二节长等于三、四节之和，向端部颜色渐深，第一节黄绿色，第四节黑褐色。前胸背板黄绿色，布许多小黑点，前缘宽。小盾片三角形微突，黄绿色，中央具1浅纵纹。前翅膜片半透明暗灰色，余绿色。足黄绿色，胫节末端、跗节色较深，后足腿节末端具褐色环斑，雌虫后足腿节较雄虫短，不超腹部末端，跗节3节，末端黑色。卵：长1毫米，黄绿色，长口袋形，卵盖奶黄色，中央凹陷，两端突起，边缘无附属物。若虫：共5龄，与成虫相似。初孵时绿色，复眼桃红色；2龄黄褐色；3龄出现翅芽；4龄翅芽超过第一腹节；5龄后全体鲜绿色，密被黑色细毛，触角淡黄色，端部色渐深。

发生规律　北方1年发生3~5代，山西运城4代，陕西、河南5代，江西6~7代，以卵在树皮裂缝、树洞、枝杈处及近树干土中越冬。翌春3~4月，旬均温高于10℃或连续日均温达11℃，相对湿度高于70%，卵开始孵化。成虫寿命长，产卵期30~40天，发生期不整齐。成虫飞行力强，喜食花蜜，羽化后6~7天开始产卵。非越冬代卵多散产在嫩叶、茎、叶柄、叶脉、嫩蕾等组织内，外露黄色卵盖，卵期7~9天。以春、秋两季受害重。主要天敌有寄生蜂、草蛉、捕食性蜘蛛等。

防治方法

农业防治　冬春清理园中枯枝落叶和杂草，刮刷树皮、树洞，消除寄主上的越冬卵。

化学防治　于3月下旬至4月上旬越冬卵孵化期，4月中下旬若虫盛发期及5月上中旬初花期3个关键期喷洒20%氰戊菊酯乳油2500倍液或48%哒嗪硫磷乳油1500倍液、52.25%蜱·氯乳油2000倍液。

22　点蜂缘蝽（图2-22-1至图2-22-3）

属半翅目缘蝽科。又名棒蜂缘蝽、细蜂缘蝽。

分布与寄主

分布　全国各产区。

寄主　山楂、杏、苹果、葡萄、柑橘等果树。

危害特点　成虫、若虫刺吸嫩茎、嫩叶和果实汁液。叶片和嫩茎被害后，出现黄褐色斑点，叶脉、叶肉变成暗黑色，重者导致叶片提早脱落、嫩茎枯死；果实被害，果面呈现黑色麻点。

形态诊断　成虫：体长15~17毫米，宽3.5~4.5毫米；体形狭长，黄褐至黑褐色，被白色细绒毛；头在复眼前部成三角形，后部细缩如颈；触角4节；前胸背板及胸侧板具许多不规则的黑色颗粒；小盾片三角形，前翅膜片淡棕褐色，稍长于腹末；足与体同色，后足腿节粗大，有黄斑。卵：半卵圆形，1.3毫米×1毫米。若虫：共5龄，1~4龄体似蚂蚁，5龄与成虫相似仅翅较短。

发生规律　1年发生2~3代，以成虫在枯枝落叶和草中越冬。翌年3月开始出蛰活动，4月下旬产卵。第一代若虫于5月上旬至6月中旬孵化，6月中旬至8月中旬羽化为成虫并产卵；第二代若虫于6月下旬至8月下旬孵化，7月中旬至10月下旬羽化为成虫并产卵；第三代发生期为8月中旬至11月中旬，以成虫越冬。卵散产于叶背、嫩梢上，若虫孵化后先群集，后分散危害。成虫和若虫极活跃，早、晚温度低时稍迟钝。

防治方法

农业防治　冬春清除果园及园周围枯枝落叶杂草，消灭越冬成虫。

化学防治　若虫孵化盛期，喷洒90%晶体敌百虫1000倍液或2.5%联苯菊酯乳油3000倍液、5%顺式氰戊菊酯乳油2000倍液、20%杀螟硫磷乳油1500～2000倍液、40%辛硫磷乳油1200倍液等。

㉓ 美国白蛾（图2-23-1至图2-23-8）

属鳞翅目灯蛾科。国内外重要的检疫对象。

分布与寄主

分布　全国许多产区有发生。

寄主　柿、桃、核桃、枣、杏、苹果、山楂、李、石榴、梨等200多种植物。

危害特点　以幼虫群集结网，并在网内食害叶肉，残留表皮。网幕随幼虫龄期增长而扩大，长的可达1.5米以上。幼虫5龄后出网分散危害，严重时整株叶片被吃光。

形态诊断　成虫：体长12～17毫米，白色；雄虫触角双栉齿状，黑色；越冬代成虫前翅上有较多的黑色斑点，第一代成虫翅面上的斑点较少；雌虫触角锯齿状，前翅翅面很少有斑点。卵：近球形，直径0.57毫米，灰褐色。幼虫：体长28～35毫米；头黑色具光泽，体色黄绿色至灰黑色，变化较大，背部两侧线之间有1条灰褐色宽纵带；背部毛瘤黑色，体侧毛瘤橙黄色，毛瘤上生有灰白色长毛。蛹：长8～15毫米，暗红色。

发生规律　1年发生2代，以蛹于茧内在枯枝落叶中、墙缝、表土层、树洞等处越冬。翌年5月上旬出现成虫。第一代幼虫发生期6月上旬至7月下旬，第二代幼虫发生期8月中旬至9月中旬。成虫常300～500粒成块产卵于叶片背面，单层排列，卵期约7天，幼虫孵化后短时间即吐丝结网，群集网内危害，4龄后分散危害，幼虫期35～42天；幼虫老熟后下树寻找适宜场所结薄茧化蛹越冬。

防治方法

农业防治　①加强检疫工作，防止白蛾由疫区传入，做到早投入、早准备、早报告、早除治。②人工剪除网幕。在美国白蛾网幕期，人工剪除网幕，并就地销毁，是一项无公害、效果好的防治方法。③人工挖蛹。美国白蛾化蛹时，采取人工挖蛹的措施，可以取得较好防治效果。④草把诱集。根据老熟幼虫下树化蛹的特性，于老熟幼虫下树前，在树干处，用谷草、稻草等织成草帘围成下紧上松的草把，诱集老熟幼虫集中化蛹，虫口密度大时每隔1周换1次，解下草把连同老熟幼虫集中销毁。

物理防治　灯光诱杀成虫。在各代成虫期，利用美国白蛾成虫趋光性，悬挂杀虫灯诱杀成虫。

生物防治　①利用美国白蛾的天敌周氏啮小蜂防治，最佳时期是白蛾老熟幼虫至化蛹期，选择晴朗天气的10：00～16：00放蜂，间隔7～10天再放第二次，防治效果最好。②用性信息激素防治。当虫株率低于5%时，在美国白蛾成虫期，按50米距离和2.5～3.5米高度，设置性信息素诱捕器，诱杀美国白蛾雄蛾。

化学防治　防治的关键时期是第一代幼虫发生期和其他各代幼虫发生初期。可喷洒50%杀螟硫磷乳油1000倍液或90%晶体敌百虫1000～1500倍液、20%氰戊菊酯乳油3000倍液、20%辛·阿维乳油1000倍液、20%除虫脲悬浮剂4000～5000倍液，25%灭幼脲悬浮剂1500～2500倍液等。

㉔　桃天蛾（图2-24-1至图2-24-3）

属鳞翅目天蛾科。又名枣豆虫、枣桃六点天蛾。

分布与寄主

分布　全国多数产区有分布。

寄主　苹果、枣、桃、杏、樱桃、李等果树。

危害特点　幼龄幼虫将叶片吃成孔洞或缺刻，随虫龄增大常将叶片吃掉大半甚至吃光。

症形诊断　成虫：体长36～46毫米，翅展82～120毫米。体、翅黄褐色至灰褐色；前胸背板棕黄色，腹部各节间有棕色横环；前翅有4条深褐色波状横带，后缘近后角处有1个黑斑，其前方有1个小黑点；后翅枯黄至粉红色，近臀角处有2个黑斑；前翅腹面粉红色，后翅腹面灰褐色。卵：椭圆形，长约1.6毫米，绿色有光泽。幼虫：体长80～84毫米，绿色或黄褐色；头部三角形，青绿色，每节两侧各有1条黄白色斜条纹，第8腹节背面后缘有1个很长的斜向后方的尾角。蛹：长约45毫米，黑褐色。

发生规律　在东北和华北部分地区1年发生1代，黄淮地区发生2代，以蛹在土中越冬。1代区，成虫于6月羽化，7月上旬出现幼虫，危害至9月份，老熟入土化蛹越冬。2代区，5月中旬至6月中旬羽化，第一代幼虫5月下旬至7月发生，第一代成虫7月发生。第二代幼虫7月下旬发生，危害至9月，入土化蛹越冬。成虫昼伏夜出，有趋光性。卵多产于树皮裂缝中。幼虫体大食量也大，暴食叶片。老熟幼虫多在树冠下疏松土中4～7厘米处做土室化蛹。幼虫天敌有寄生蜂等。

防治方法

农业防治　冬春深翻树盘，利用低温或鸟食消灭土中越冬蛹。幼虫发生期经常检查，发现危害及时捕捉消灭。

物理防治　成虫发生期设置黑光灯诱杀成虫。

化学防治　在幼虫初孵期及时喷洒48%哒嗪硫磷乳油或50%杀螟硫磷乳油、70%马拉硫磷乳油1000倍液，或20%氰戊菊酯乳油3000~3500倍液、52.25%蜱·氯乳油1500倍液等。

25 红缘灯蛾（图2-25-1至图2-25-4）

属鳞翅目灯蛾科。又名红袖灯蛾、红边灯蛾。

分布与寄主

分布　全国各产区。

寄主　苹果、梨、白菜、玉米等110余种植物。

危害特点　幼虫啃食叶、花、果实，致叶成孔洞或缺刻，花脱落，果皮受伤。

形态诊断　成虫：体长20~31毫米，翅展56~71毫米；体翅白色，前翅前缘及颈板端缘呈1条红边，前后翅中室端各有1黑点，腹部背面基节和肛毛簇白色，其余黄色并间有黑带。幼虫：体长45~55毫米，头黄褐色，胴部深赭色或黑色，全身密被红褐色或黑色长毛，每节有12个毛瘤，胸足黑色，腹足红色。卵：扁圆形，直径约0.7毫米。蛹：长约26毫米，黑棕色，形似橄榄。茧：椭圆形，灰黄色，外有幼虫黑色体毛。

发生规律　河北年发生1代，南京3代，以蛹越冬。5~6月羽化，成虫昼伏夜出，有趋光性，卵块产数百粒于叶背，卵期6~8天。幼虫孵化后群集危害，3龄后分散，行动敏捷，幼虫期27~28天。老熟后入浅土或于落叶等被覆盖物内结茧化蛹。

防治方法

农业防治　秋后或早春耕翻园地，冬季彻底清除园内外落叶杂草集中处理。

物理防治　成虫发生期利用黑光灯诱杀成虫。

化学防治　卵孵化前后及低龄幼虫期，叶面喷洒20%杀螟硫磷乳油或2.5%溴氰菊酯乳油2000倍液；90%晶体敌百虫或50%辛硫磷乳油1000~1200倍液等。

26 折带黄毒蛾（图2-26-1至图2-26-7）

属鳞翅目毒蛾科。又名柿黄毒蛾、黄毒蛾、杉皮毒蛾。

分布与寄主

分布 黑龙江、辽宁、河南、河北、山东、江苏、安徽、浙江、江西、福建、湖北、湖南、广西、广东、陕西、四川等地。

寄主 柿、石榴、苹果、海棠、梨、山楂、樱桃、桃、李、梅、枇杷、板栗、榛、茶、蔷薇等。

危害特点 幼虫食芽、叶,将叶吃成缺刻或孔洞,严重的将叶片吃光,并啃食枝条的皮。

形态诊断 成虫:雌体长15~18毫米,翅展35~42毫米;雄略小;体黄色或浅橙黄色。触角栉齿状,雄较雌发达;复眼黑色;下唇须橙黄色。前翅黄色,中部具棕褐色宽横带1条,从前缘外斜至中室后缘,折角内斜止于后缘,形成折带,故称折带黄毒蛾。带两侧为浅黄色线镶边,翅顶区具棕褐色圆点2个,位于近外缘顶角处及中部偏前。后翅无斑纹,基部色浅,外缘色深。缘毛浅黄色。卵:半圆形或扁圆形,直径0.5~0.6毫米,淡黄色,数十粒至数百粒成块,排列为2~4层,卵块长椭圆形,并覆有黄色绒毛。幼虫:体长30~40毫米,头黑褐色,上具细毛。体黄色或橙黄色,胸部和第五至十腹节背面两侧各具黑色纵带1条,其胸部者前宽后窄,前胸下侧与腹线相接,五至十腹节者则前窄后宽,至第八腹节两线相接合于背面。臀板黑色,第八节至腹末背面为黑色。第一、二腹节背面具长椭圆形黑斑,毛瘤长在黑斑上。各体节上毛瘤暗黄色或暗黄褐色,其中一、二、八腹节背面毛瘤大而黑色,毛瘤上有黄褐色或浅黑褐色长毛。腹线为1条黑色纵带。胸足褐色,具光泽,腹足发达,淡黑色,疏生淡褐色毛。背线橙黄色,较细,但在中、后胸节处较宽,中断于体背黑斑上。气门下线淡橙黄色,气门黑褐色近圆形。腹足、臀足趾钩单纵行,趾钩39~40个。蛹:长12~18毫米,黄褐色,臀棘长,末端有钩。茧:长25~30毫米,椭圆形,灰褐色。

发生规律 1年发生2代,以3~4龄幼虫在树洞或树干基部树皮缝隙、杂草、落叶等杂物下结网群集越冬。翌春上树危害芽叶。老熟幼虫5月底结茧化蛹,蛹期约15天。6月中下旬越冬代成虫出现,并交尾产卵,卵期14天左右。第一代幼虫7月初孵化,危害到8月底老熟化蛹,蛹期约10天。第一代成虫9月发生后交尾产卵,9月下旬出现第二代幼虫,危害到秋末。以3~4龄幼虫越冬。幼虫孵化后多群集叶背危害,并吐丝网群居枝上,老龄时多至树干基部、各种缝隙吐丝群集,多于早晨及黄昏取食。成虫昼伏夜出,卵多产在叶背,每雌产卵600~700粒。该虫寄生性天敌有寄生蝇等20多种。

防治方法

农业防治 冬春季清除园内及四周落叶杂草,刮树皮,杀灭越冬幼虫。及时摘除卵块,捕杀群集幼虫。

化学防治 低龄幼虫危害期叶面喷洒80%丙硫磷乳油或48%哒嗪硫磷乳油、

50%二嗪磷乳油、50%马拉硫磷乳油1000倍液、2.5%溴氰菊酯乳油3000~3500倍液、10%联苯菊酯乳油4000倍液等。

27 苹果全爪螨（图2-27-1，图2-27-2）

属真螨目叶螨科。又名苹果红蜘蛛。

分布与寄主

分布　全国各产区。

寄主　苹果、梨、桃、樱桃、杏、李等果树。

危害特点　幼螨、若螨、雄成螨多在叶片背面活动取食，而雌成螨则多在叶片正面危害，一般不拉丝结网。被害叶背面不易识别，正面失绿斑点明显，受害重致叶脱落。

形态诊断　成螨：体长0.3~0.5毫米，宽0.3毫米左右，体圆形深红色，背部略隆起生有白色。卵：扁圆葱头状，夏卵橘红色，越冬卵深红色。若螨：具4对足，前期若螨体色深，与成螨相似。

发生规律　北方果区年发生6~9代，以卵在枝条的粗糙处越冬。翌年苹果花蕾膨大时，越冬卵孵化；苹果花后一周第一代夏卵孵化，此后各世代重叠；7~8月发生危害盛期，8月下旬至9月中下旬出现冬卵。营两性生殖和孤雌生殖，完成1代平均为10~14天。夏卵多产在叶正、背面主脉附近和近叶柄处。早春干旱利其繁殖。天敌有小黑瓢虫、草蛉、食虫椿象等。

防治方法

农业防治　冬春季刮除树干上的老翘皮，消灭越冬卵。

生物防治　减少喷药次数，利用天敌控制害螨发生。

化学防治　苹果花前、花后是防治的关键期。①发芽前，喷洒3~5波美度的石硫合剂或含油3%~5%的柴油乳剂。②花前期，喷洒50%硫黄悬浮剂200~400倍液或5%噻螨酮乳油1500倍液、15%哒螨灵乳油2000~3000倍液等。③花后及7、8月高温干旱喷洒20%四螨嗪悬浮剂或73%炔螨特乳油3000倍液、1.8%阿维菌素乳油4000倍液等。

28 苹果黄蚜（图2-28-1至图2-28-5）

属同翅目蚜科。又名绣线菊蚜、苹叶蚜虫。

分布与寄主

分布　全国各产区。

寄主　苹果、山楂、梨、李、杏、柑橘、木瓜等果树和林木。

危害特点　以成虫、若虫刺吸叶和嫩梢汁液，被害叶尖向背弯曲或横卷，不能再恢复正常生长，重致落叶。

形态诊断　成虫：无翅胎生雌蚜长卵圆形，体长1.6~1.7毫米，宽0.94毫米，多为黄色，有时黄绿色或绿色；头浅黑色；体表具网状纹。有翅胎生雌蚜近纺锤形，体长1.5毫米左右，翅展4.5毫米左右；头胸部、腹管尾片黑色，腹部绿色或淡绿至黄绿色；第二至四腹节两侧具大型黑缘斑。若虫：鲜黄色，无翅若蚜体肥大，有翅若蚜胸部较发达，具翅芽。卵：椭圆形，长0.5毫米，初淡黄渐至黄褐色。

发生规律　1年发生10多代，以卵在枝杈、芽旁及皮缝处越冬。翌年4月下旬越冬卵孵化，于芽、嫩梢顶端、新生叶的背面危害，10余天即发育成熟，开始进行孤雌生殖直到秋末。春季繁殖慢，多产生无翅孤雌胎生蚜；5月下旬开始出现有翅孤雌胎生蚜，并迁飞扩散；6~7月繁殖最快，虫口密度大时枝梢、叶柄、叶背布满蚜虫，危害最重，致叶片向叶背横卷，叶尖向叶背、叶柄方向弯曲。8~9月虫口密度下降，10~11月产生有性蚜交尾产卵。天敌有瓢虫、草蛉、食蚜蝇、蚜茧蜂等。

防治方法

农业防治　冬春季用硬刷子刮刷树皮裂缝，并用石灰水涂干，既消灭越冬卵，又防冻。发生初期，结合修剪剪除被害枝梢。

生物防治　保护利用天敌。

化学防治　①早春发芽前喷洒5%柴油乳剂或黏土柴油乳剂杀卵。②越冬卵孵化后及危害期，及时喷洒1%阿维菌素3000~4000倍液或52.25%蜱·氯乳油2000倍液、48%毒死蜱乳油1500倍液、50%抗蚜威可湿性粉剂2000~2500倍液、10%氯氰菊酯乳油3000倍液、43%辛·氟乳油1500倍液、2.5%氯氟氰菊酯乳油3000倍液等。③提倡使用 EB-82灭蚜菌或 Ec.t-107杀蚜霉素200倍液，掌握在蚜虫发生高峰前选晴天均匀喷洒。

㉙ 苹果瘤蚜（图2-29-1至图2-29-4）

属同翅目蚜科。又名苹果卷叶蚜、苹叶蚜虫等。

分布与寄主

分布　全国各产区。

寄主　苹果、山楂等果树。

危害特点　成虫、若虫群集芽、叶和果实上刺吸汁液，致受害幼叶现红斑，叶缘向背面纵卷皱缩，变黑褐干枯。被害幼果面出现红凹斑，重致畸形。

形态诊断　成虫：有翅胎生雌蚜体长1.5毫米左右，翅展4毫米，头胸部黑色，额瘤明显，腹部暗绿色，翅透明；无翅胎生雌蚜体暗绿色，长1.4~1.6毫米，头淡黑，额瘤明显。卵：长椭圆形黑绿色，长约0.5毫米。若虫：淡绿色，似无翅胎生雌蚜。

发生规律　1年发生10余代，以卵在1年生枝条的芽旁或剪锯口处越冬，翌年寄主发芽时开始孵化群集芽叶危害，5~6月最重，因产生有翅蚜数量少而扩散缓慢，多致有虫株虫口密度大而受害重，11月产生有性蚜交配产卵越冬。天敌有多种瓢虫、草蛉、食蚜蝇、寄生蜂及螨类。

防治方法

生物防治　保护利用天敌治蚜。

农业防治　冬前用石灰水涂干，特别注意涂抹剪锯伤口；树体喷洒2~3波美度石硫合剂或含油量5%的矿物油乳剂，具有杀卵和防病防冻双重效果。

化学防治　果树发芽前后即越冬卵孵化期，及时喷洒48%毒死蜱乳油或40%辛硫磷乳油1000~1200倍液；或50%抗蚜威可湿性粉剂2000~2500倍液、25%仲丁威乳油1000~1500倍液、10%醚菊酯乳油800~1000倍液、20%戊菊酯乳油1000~1200倍液等。5~6月大发生期根据情况用上述药剂再防治1~2次。

㉚ 梨网蝽（图2-30-1至图2-30-3）

属半翅目网蝽科。又名梨花网蝽、梨军配虫。

分布与寄主

分布　全国各产区。

寄主　梨、山楂、樱桃、柿、李、杏、苹果、核桃等。

危害特点　以成虫、若虫在寄主叶片背面刺吸危害，被害叶正面形成苍白斑点，叶片背面因虫所排出的粪便呈黑色油浸状斑。受害严重时全树叶片变黑褐色枯落，影响树势和产量，并诱发煤污病发生。

形态诊断　成虫：体长约3.5毫米，扁平，暗褐色；触角丝状；前胸背板中央纵向隆起，向后延伸如扁板状，盖住小盾片，两侧向外突出呈翼片状；前翅略呈长方形，具黑褐色斑纹，静止时两翅叠起黑褐色斑纹呈"X"状；前翅背板与前胸均半透明，具褐色细网纹。卵：长椭圆形，长约0.6毫米，初产淡绿渐变淡黄色。若虫：共5龄。初孵若虫乳白色，近透明，渐变成深褐色；3龄后有明显的翅芽；老熟若虫头、胸、腹部两侧均有黄褐色刺状突起。

发生规律　北方1年发生3~4代，长江流域1年发生4~5代。均以成虫在枯枝落叶、树皮裂缝、杂草及土、石缝中越冬。翌年4月上旬开始取食危害。产卵于叶片背面靠主脉两侧的叶肉内。卵期约15天，第一代若虫于4月下旬孵化，有群集性，若虫期约15天。成虫、若虫喜群集叶背主脉附近，被害叶面呈现黄白色斑点，叶背和下边叶面上常落有黑褐色带黏性的分泌物和粪便。5月中旬后各虫态同时出现，世代重叠。一年中以7~8月危害最重。高温干旱利其发生。10月中下旬以后，成虫寻找适当处所越冬。

防治方法

农业防治　冬季清除果园内枯枝、落叶、杂草，集中烧毁或深埋，以消灭越冬成虫。

化学防治　重点抓好第一代若虫孵化盛期（4月下旬）的防治，叶面喷洒40%毒死蜱乳油或40%辛硫磷乳油1000倍液；20%氰戊菊酯乳油2500倍液、2.5%氯氟氰菊酯乳油3000倍液、20%抑食肼可湿性粉剂1500~2000倍液、2%阿维菌素乳油4000~6000倍液等。

㉛　山楂红蜘蛛（图2-31-1至图2-31-5）

属蜱螨目叶螨科。又名山楂叶螨。

分布与寄主

分布　全国各产区。

寄主　梨、苹果、山楂、樱桃、桃、杏、李等果树。

危害特点　以幼螨、若螨、成螨危害芽、叶、果，常群集在叶片背面的叶脉两侧拉丝结网，在网下刺吸叶片的汁液。被害叶片出现失绿斑点，渐变成黄褐色或红褐色、枯焦乃至脱落。

形态诊断　成螨：雌成螨椭圆形，0.45毫米×0.28毫米，深红色；体背前端稍隆起，后部有横向的表皮纹；刚毛较长；足4对，淡黄色；冬型雌成螨鲜红色，夏型雌成螨深红色。雄成螨体长0.43毫米，末端尖削，浅黄绿至浅绿色，体背两侧各有1个大黑斑。卵：圆球形，浅黄白至橙黄色。幼螨：3对足，体圆形，初黄白色渐变为浅绿色，体背两侧具深绿色斑纹。若螨：4对足，淡绿至浅橙黄色，体背出现刚毛、两侧有黑绿色斑纹，后期可区分雌雄。

发生规律　1年发生6~10代，以受精雌成螨在树皮缝隙内越冬。果树萌芽期，越冬雌成螨开始出蛰，爬到花芽上取食危害，果树落花后，成螨在叶片背面危害，这一代发生期比较整齐，以后各世代重叠。6~7月份高温干旱季节适于叶螨发生，为全年危害高峰期。进入8月份，雨量增多，湿度增大，加上害螨天敌的影响，危害减轻。8月下旬后越冬型雌成螨陆续发生，10月害螨全部越冬。天敌有捕食螨等。

防治方法

农业防治　冬春季刮除树干上的老翘皮，消灭越冬雌成螨。

生物防治　果园内自然天敌种类很多，应尽量减少喷药次数，利用天敌控制害螨发生。

化学防治　防治的关键期在果树萌芽期和第一代若螨发生期（果树落花后）。①发芽前，喷洒3~5波美度的石硫合剂或含油3%~5%的柴油乳剂等。②果树萌芽期，喷洒50%硫黄悬浮剂200~400倍液或5%噻螨酮乳油1500倍液等。③若螨发生期喷洒20%四螨嗪悬浮剂或15%哒螨灵乳油2000倍液、1.8%阿维菌素乳油4000倍液等。

32 大青叶蝉（图2-32-1至图2-32-5）

属鞘翅目象甲科。又名青叶跳蝉、青叶蝉、大绿浮尘子、桑浮尘子。

分布与寄主

分布 全国各产区。

寄主 柿、核桃、苹果、桃、葡萄、枣、板栗、樱桃、山楂、柑橘等果树。

危害特点 以成虫和若虫刺吸芽、叶汁液，致叶褪色、畸形、卷缩甚至枯死，并可传播病毒病。

形态诊断 成虫：体长7～10毫米，雄较雌略小，青绿色；头橙黄色，左右各具一小黑斑，眼红色；前翅革质绿色微带青蓝，端部色淡近半透明；前翅反面、后翅和腹背均黑色，腹部两侧和腹面橙黄色。卵：长卵圆形，长约1.6毫米，乳白至黄白色。若虫：与成虫相似，共5龄，初龄灰白色；2龄淡灰微带黄绿色；3龄灰黄绿色，胸腹背面有4条褐色纵纹，出现翅芽；4、5龄同3龄，老熟时体长6～8毫米。

发生规律 北方1年发生3代，以卵在树木枝条表皮下越冬。4月孵化，于杂草、农作物及花卉上危害，若虫期30～50天。各代发生期大体为：第一代4月上旬至7月上旬，成虫5月下旬出现；第二代6月上旬至8月中旬，成虫7月出现；第三代7月中旬至11月中旬，成虫9月出现。世代重叠严重。成虫夏季趋光性强，晚秋不明显。产卵于茎秆、叶柄、主脉、枝条等组织内，每处产卵6～12粒，排列整齐，表皮成肾形凸起。非越冬期9～15天，越冬卵期5个月以上。春季主要危害花卉及杂草等植物，9、10月则集中于秋季花卉及其他植物上危害，10月中下旬第三代成虫陆续转移到果树、木本花卉和林木上危害并产卵于枝条内，直至秋后，以卵越冬。

防治方法

农业防治 彻底清除园内外杂草，减少叶蝉生活场所；发现产卵虫枝及时剪除销毁；夏季灯光诱杀第二代成虫，减少三代的发生。

化学防治 成虫、若虫危害期，喷洒90%晶体敌百虫1000倍液或2.5%溴氰菊酯乳油2000～3000倍液、10%吡虫啉可湿性粉剂3000倍液、52.25%蝉·氯乳油1500倍液；2%异丙威粉剂每亩2千克等。

33 斑衣蜡蝉（图2-33-1至图2-33-11）

属同翅目蜡蝉科。又名椿皮蜡蝉、斑衣、樗鸡、红娘子等。

分布与寄主

分布　全国多数苹果产区。

寄主　苹果、柿、桃、杏、石榴、枣、核桃、香椿等果树、林木。

危害特点　成虫、若虫刺吸枝、叶汁液，排泄物常诱发煤污病，削弱树势，严重时引起茎皮枯裂，甚至死亡。

形态诊断　成虫：体长15~20毫米，翅展39~56毫米，雄较雌小，基色暗灰泛红，体背上常覆白蜡粉；头顶向上翘起呈短角状，触角刚毛状红色；前翅革质，基部2/3淡灰褐色，散生20余个黑点，端部1/3暗褐色，脉纹纵向整齐；后翅基部1/3红色，上有6~10个黑褐斑点，中部白色半透明，端部黑色。卵：长椭圆形，长3毫米左右，状似麦粒。若虫：体扁平，头尖长，足长；1~3龄体黑色，布许多白色斑点；4龄体背面红色，布黑色斑纹和白点；末龄体长6.5~7毫米。

发生规律　1年发生1代，以卵块于枝干上越冬。翌年4~5月孵化。若虫喜群集嫩茎和叶背危害，若虫期约90天，6月下旬至7月羽化。9月交尾产卵，多产在枝杈处的阴面，每块有卵数十粒，卵粒排列成行，上覆灰色土状分泌物。成虫、若虫均有群集性，较活泼、善跳跃，受惊扰即跳离，成虫则以跳助飞。白天活动危害。成虫寿命达4个月，危害至10月下旬陆续死亡。

防治方法

农业防治　冬春季卵块极好辨认，用硬物挤压卵块消灭。

化学防治　可喷洒无公害生产允许使用的菊酯类、有机磷等及其复配药剂，常用浓度均有较好效果。由于若虫被有蜡粉，所用药液中混用含油量0.3%~0.4%的柴油乳剂或黏土柴油乳剂，可显著提高防效。

---

(34) **黑蝉**（图2-34-1至图2-34-7）

属同翅目蝉科。又名蚱蝉，俗名蚂吱嘹、知了、蜘蟟。

分布与寄主

分布　全国各产区。

寄主　山楂、柿、枣、桃、梨、杏、石榴、苹果、核桃、板栗、柑橘等上百种果树和林木。

危害特点　成虫刺吸枝条汁液，并产卵于一年生枝条木质部内，造成枝条枯萎而死。若虫生活在土中，刺吸根部汁液，削弱树势。

形态诊断　成虫：雌体长40~44毫米，翅展122~125毫米；雄体长43~48毫米，翅展120~130毫米；体黑色有光泽，被金色绒毛；中胸背板宽大，中间高并具有"×"形隆起；翅透明；雄虫腹部有鸣器，作"吱"声长鸣，雌虫则无，但有听器。卵：长椭圆形，2.5毫米×0.5毫米，白色。若虫：初孵乳白色，渐至黄褐色，体长30~37毫米；前足开掘式，能爬行。

发生规律　经4~5年完成1代，以卵于被害树枝内及若虫于土中越冬。越冬卵于翌年春孵化，若虫孵化后，潜入土壤中50~80厘米深处，吸食树木根部汁液，在土中生活12~13年。若虫老熟后于6~8月出土羽化，羽化盛期为7月。若虫于夜间出土，高峰时间为20：00~24：00，出土后不久即羽化为成虫。成虫寿命60~70天，栖息于树枝上，夜间有趋光扑火的习性，白天"吱、吱"鸣叫之声不绝于耳。产卵于当年生嫩梢木质部内，产卵带长达30厘米左右，产卵伤口深及木质部，受害枝条干缩翘裂并枯萎。

防治方法

农业防治　利用若虫出土附在树干上羽化的习性和若虫可食的特点，发动群众于夜晚捕捉食用。成虫发生期于夜间在园内、外堆草点火，同时摇动树干诱使成虫扑火自焚。在雌虫产卵期，及时剪除产卵萎蔫枝梢，集中烧毁。

化学防治　产卵后入土前，喷洒40%辛硫磷乳油或45%马拉硫磷乳油、50%丙硫磷乳油1000倍液、2.5%溴氰菊酯乳油或10%氯菊酯乳油2000倍液等。

㉟　草履蚧（图2-35-1至图2-35-6）

属同翅目绵蚧科。又名柿草履蚧、草履硕蚧、草鞋介壳虫。

分布与寄主

分布　全国各产区。

寄主　山楂、柿、桃、樱桃、杏、石榴、苹果、柑橘等果树。

危害特点　若虫和雌成虫刺吸嫩枝芽、叶、枝干和根的汁液，削弱树势，重者致树枯死。

形态诊断　成虫：雌体长10毫米，扁平椭圆形，背面隆起似草鞋，体背淡灰紫色，周缘淡黄，体被白蜡粉和许多微毛，触角黑色丝状，腹部8节，腹部有横皱褶和纵沟；雄体长5~6毫米，翅展9~11毫米，头胸黑色，腹部深紫红色，触角黑色念珠状；前翅紫黑至黑色，后翅特化为平衡棒。卵：椭圆形，长1~1.2毫米，淡黄褐色，卵囊长椭圆形，白色绵状。若虫：体形与雌成虫相似，体小色深。雄蛹：褐色，圆筒形，长5~6毫米。

发生规律　1年发生1代，以卵和若虫在土缝、石块下或10~12厘米土层中越冬。卵于2月至3月上旬孵化为若虫并出土上树，初多于嫩枝、幼芽上危害，行动迟缓，喜于皮缝、枝权等隐蔽处群栖，稍大喜于较粗的枝条阴面群集危害；雌若虫5月中旬至6月上旬羽化，危害至6月陆续下树入土分泌卵囊，产卵于其中，以卵越夏越冬。天敌有红环瓢虫、暗红瓢虫等。

防治方法

农业防治　雌成虫下树产卵前，在树干基部挖坑、内放杂草等诱集产卵，后集中处理。阻止初龄若虫上树。若虫上树前将树干老翘皮刮除10厘米宽1周，上涂胶或废机油，隔10～15天涂1次，涂2～3次，注意及时清除环下的若虫。树干光滑者可直接涂。

生物防治 保护利用自然天敌。

化学防治 若虫发生期喷洒48%哒嗪硫磷乳油1500倍液或50%辛硫磷乳油1000倍液、2.5%溴氰菊酯乳油2000倍液、5%顺式氰戊菊酯乳油2000～3000倍液。隔7～10天1次，连续防治3～4次。

36 苹果球蚧（图2-36-1，图2-36-2）

属同翅目蜡蚧科。又名西府球蜡蚧、沙里院球蚧、沙里院褐球蚧。

分布与寄主

分布 辽宁、河北、山东、河南、宁夏等地及周边产区。

寄主 苹果、山楂、梨、桃、樱桃等果树。

危害特点 若虫和雌成虫刺吸枝、叶汁液，排泄物易诱发煤污病发生，影响光合作用，削弱树势，重致枝叶枯死。

形态诊断 成虫：雌体长4.5～7毫米，宽4.2～4.8毫米，高3.5～5毫米，产卵前体呈卵圆形，赭红色；产卵后体呈褐色球形，表皮硬化而光亮。雄体长2毫米，翅展5.5毫米，淡棕红色；前翅发达乳白色半透明，后翅退化为平衡棒；腹末具2条白色细长蜡丝。卵：圆形，0.5毫米×0.3毫米，淡橘红色被白蜡粉。若虫：初孵体长0.5～0.6毫米，橘红或淡血红色；固着后渐分泌出淡黄半透明的蜡壳，扁平椭圆形，长1毫米，宽0.5毫米，壳面有9条横隆线；越冬后雌体成卵圆形栗褐色，雄体长椭圆形暗褐色，表面被白色蜡粉。雄蛹：长卵形，长2毫米，淡褐色。茧：长椭圆形，长3毫米，表面有绵毛状白蜡丝。

发生规律 1年发生1代，以若虫在1～2年生枝上及芽旁、皮缝固着越冬。翌春果树萌芽期开始危害，4月下旬至5月上中旬羽化并产卵于体下。5月下旬卵孵化后分散到嫩枝或叶背固着危害，发育极缓慢，直到10月落叶前转移到枝上固着越冬。行孤雌生殖和两性生殖。天敌有瓢虫和寄生蜂等。

防治方法

农业防治 加强检疫，不从疫区调苗，防止传播蔓延。发生初期常呈点片分布，要及时剪除有虫枝烧毁或用手捋抹有虫枝，以铲除虫源。

生物防治 注意保护和引放利用天敌防治。

化学防治 ①发芽前枝干上喷洒3～5波美度石硫合剂或45%晶体石硫合剂200倍液、94%机油乳剂100倍液、含油量4%～5%的柴油乳剂或黏土柴油乳剂。只要喷洒周到均匀杀虫效果极好，不需采用其他措施。②如果发芽期防治不及时可于5月下旬卵孵化前后叶面喷洒50%甲萘威可湿性粉剂400～500倍液或50%

敌敌畏乳油1000倍液、20%甲氰菊酯乳油2500～3000倍液、10%联苯菊酯乳油2000～2500倍液等。

37 豹纹木蠹蛾（图2-37-1至图2-37-3）

属鳞翅目木蠹蛾科。

分布与寄主

分布　广东、广西、河南、安徽、江苏、浙江等地。

寄主　木麻黄、柚木、南岭黄檀、石榴、核桃、龙眼、荔枝、柑橘、枇杷、苹果、番石榴等多种林木、果树。

危害特点　幼虫钻蛀枝干，造成枯枝、断枝，严重影响生长。

形态诊断　成虫：雌虫体长27～35毫米，翅展50～60毫米。雄虫体长20～25毫米，翅展44～50毫米。全体被白色鳞片，在翅脉间、翅缘和少数翅脉上有许多比较规则的蓝黑色斑，后翅除外缘有蓝黑色斑外，其他部分斑颜色较浅。头部和前胸鳞片疏松，前胸有排成两行的6个蓝黑斑点。腹部每节均有8个大小不等的蓝黑色斑，成环状排列。雌虫触角丝状，雄虫触角基半部羽毛状，端部丝状。卵：椭圆形，淡黄色，少数为橘红色。幼虫：体长40～60毫米。老熟幼虫黄白色，每体节有黑色毛瘤，瘤上有毛1～2根；前胸背板上有黑斑，中央有一条纵走的黄色细线，后缘有一黑褐色突，上密布小刻点。尾板也较硬化，少数有一大黑斑。蛹：黄褐色。头部顶端有一大齿突。每腹节有两圈横行排列的齿突。

发生规律　1年发生1代，以老熟幼虫在树干内越冬。翌年春季枝条萌发后，再转移到新梢继续蛀食危害。化蛹盛期为4月上中旬。4月下旬至5月上旬羽化。成虫有趋光性，不太活跃，雄虫飞翔力较雌虫强。夜间交尾。产卵期可延续3～5天，每雌产卵300～800粒，卵期15～20天。1龄幼虫黑色，迁移能力较强，有转枝危害习性。幼虫无论在枝条或主干危害，蛀入后先在皮层与木质部间绕干蛀食木质部一周，因此极易从此处引起风折。幼虫再蛀入髓部，沿髓部向上蛀纵直隧道，虫道较长，隔不远处向外开一圆形排粪孔，并经常把粪便排出孔外，往往有多个排粪孔。5～6月，老熟幼虫在隧道内吐丝缀连碎屑，堵塞两端，并向外咬蛀羽化孔，构成蛹室，即行化蛹。化蛹部位多在羽化孔上方，头部向下。蛹期19～23天。成虫羽化后，蛹壳一半露出孔外，长久不掉。成虫产卵于嫩枝、芽腋或叶上，单粒散产或数粒一起。幼虫孵化后，先从嫩梢上部叶腋蛀入危害，被害嫩梢3～5天内即枯萎，这时幼虫钻出再向下移不远处重新蛀入，这样经过多次转移蛀食，当年新生枝梢可全部枯死。幼虫危害至秋末冬初，在被害枝基部隧道内越冬。

防治方法

农业防治　在园地和周围的一些此虫寄主林、果树风折枝中，常有大量幼虫和蛹存在，要及时清除烧毁。

化学防治　在成虫产卵和幼虫孵化期喷洒20%氟丙菊酯乳油2000倍液、90%晶体敌百虫1000倍液、50%杀螟硫磷乳油1500倍液，消灭卵和幼虫。

38　六星吉丁虫（图2-38-1至图2-38-4）

属鞘翅目吉丁虫科。又名六星金蛀甲、六斑吉丁虫、溜皮虫、串皮虫。

分布与寄主

分布　除西藏、新疆未见报道外，其他各地均有分布。

寄主　枣、苹果、桃、樱桃、枇杷等果树。

危害特点　幼虫蛀食枝干皮层及木质部，在枝干皮层内盘旋，使木质部与韧皮部内外分离。被害部表皮变成褐色，稍凹陷，常流出红褐色树液，皮层干裂枯死。严重时整株枯死。成虫食叶成缺刻或孔洞。

形态诊断　成虫：体长11~14毫米，宽约5毫米，头、前胸背板、鞘翅赤铜色具紫红色闪光；触角11节；小盾片三角形；鞘翅上有4条光洁的纵脊，鞘缝隆起光洁；翅基、翅中央约2/3处各有一凹陷的金斑，具赤铜色闪光；鞘翅端钝圆，侧缘2/5处至端部呈不规则的锯齿状，腹面绿色至赤铜色。卵：乳白色，椭圆形。幼虫：体长16~26毫米，体扁头小，腹部白色，第一节特别膨大，中央有黄褐色"人"形纹，第三、四节短小，以后各节比三、四节大。蛹：乳白色。

发生规律　1年发生1代，以幼虫在木质部内越冬。5月中下旬羽化，中午觅偶交尾。卵多产在主干分杈和树皮裂缝中，卵期20天左右。6月下旬至7月初幼虫孵化，幼虫蛀食树干韧皮部，至8月下旬进入木质部约15毫米深，幼虫期270天左右。成虫也咬食枝叶，补充营养。天敌有啄木鸟、寄生蜂等。

防治方法

农业防治　加强综合管理，增强树势，避免产生伤口和日灼；成虫羽化前及时清除死树、枯枝消灭其中虫体，减少虫源；成虫发生期于清晨在树下铺塑料膜，震落成虫集中捕杀之，隔3~5天震一次效果较好。

生物防治　保护利用天敌。

化学防治　成虫羽化初期枝干上涂刷辛硫磷乳油、马拉硫磷乳油或菊酯类药剂或其复配药剂200~300倍液，触杀效果良好，隔15天涂1次，连涂2~3次。成虫出树后产卵前喷洒48%毒死蜱乳油或50%杀螟硫磷乳油1000倍液、10%氯氰菊酯乳油或52.25%蜱·氯乳油1500倍液等。

39　光肩星天牛（图2-39-1至图2-39-5）

属鞘翅目天牛科。又名光肩天牛、柳星天牛、花牛等。

分布与寄主

分布　全国各产区。

寄主　樱桃、杏、苹果、梨、李、梅等果树。

危害特点　成虫食叶、芽和嫩枝的皮；幼虫于枝干的皮层和木质部内向上蛀食，隧道内有粪屑，削弱树势，重者致干或枝枯死。

形态诊断　成虫：体长17.5~39毫米，宽5.5~12毫米，体黑色略带紫铜色金属光泽；触角丝状，呈黑、淡蓝相间的花纹；鞘翅基部光滑，表面各具20多个大小不等的白色毛斑；头部和体腹面被银灰和蓝灰色细毛。卵：长椭圆形，长5.5~7毫米，淡黄色。幼虫：体长50~60毫米，头大部分缩入前胸内，外露部分深褐色，体乳白至淡黄白色。蛹：长20~40毫米，黄褐色。

发生规律　南方1年发生1代，北方2~3年1代。均以幼虫于虫道内越冬，寄主萌动后开始危害。幼虫老熟后于5月下旬在隧道内化蛹，6月上中旬成虫羽化。成虫多产卵于直径4~5厘米的枝干上，产卵前先咬一圆形刻槽，产卵于刻槽上方1厘米处的木质部和韧皮部之间。卵期16天左右，初孵幼虫就近蛀食。8月中旬开始蛀入木质部，向上蛀食隧道，由排粪孔排出大量白色粪屑并有树汁流出。10月下旬后于隧道内越冬。成虫发生期6~10月，寿命1~2个月，白天活动。

防治方法

农业防治　①捕杀成虫，于4月下旬至6月下旬，在果园中捕杀成虫。②铲除卵及初孵幼虫，于5~6月产卵盛期，在树干基部10厘米范围内检查"T"形或"┌"形产卵痕，用螺丝刀刮除卵粒或初孵幼虫。

化学防治　①消灭低龄幼虫。于7~8月，用20%辛·阿维乳油50~100倍液或50%辛·溴乳油100~150倍液等涂抹树干基部，可杀灭在树皮蛀食的低龄幼虫。②毒杀高龄幼虫。对已蛀入木质部的幼虫，可向虫孔注入药液或用棉球蘸药塞入所有虫孔毒杀，药剂可用2%阿维菌素乳油或40%毒死蜱乳油、40%辛硫磷乳油、20%氰戊菊酯乳油50~100倍液等，注（塞）药后用泥封好蛀孔。

㊵　粒肩天牛（图2-40-1至图2-40-4）

属鞘翅目天牛科。又名桑天牛、桑黑天牛等。

分布与寄主

分布　全国各产区。

寄主　苹果、山楂、核桃、梨、李、柑橘、杏、无花果等果树。

危害特点　成虫食害嫩枝皮和叶；幼虫于枝干的皮下和木质部内蛀食，削弱树势，重者致树枯死。

形态诊断　成虫：体长26~51毫米，宽8~16毫米，黄褐色至浅褐色，密被青棕或棕黄色绒毛；触角丝状；前胸背板具不规则的横皱，侧刺突粗壮；鞘翅基部密布黑色光亮的颗粒状突起，约占全翅长的1/4～1/3，翅端内、外角均呈刺状突出。卵：长椭圆形，长6～7毫米，初乳白渐变淡褐色。幼虫：体长60～80毫米，圆筒形，乳白色；头黄褐色，大部缩在前胸内；腹部13节，无足，背板上密生黄褐色刚毛，后半部生赤褐色颗粒状小点并有"小"字形凹纹。蛹：长30～50毫米，纺锤形，初淡黄渐变黄褐色。

发生规律 北方2～3年1代，广东1年1代，以幼虫在枝干内越冬，寄主萌动后开始危害，落叶后休眠越冬。北方地区，幼虫经过2～3个冬天，于6～7月间老熟后在隧道内化蛹，7～8月间羽化后从羽化孔钻出。成虫昼伏晚出，卵多产于2～4年生、直径10～20毫米枝条的中下部的上方，产卵前先将表皮咬成"U"形伤口，然后产卵于其中。单雌产卵期达40余天。卵期10～15天，孵化后先于韧皮部和木质部间蛀食，然后蛀入木质部内向下蛀食并至髓部。隔一定距离向外蛀一通气排粪屑孔，排出大量粪屑，低龄幼虫粪便红褐色细绳状，大龄幼虫的粪便为锯屑状。幼虫一生蛀隧道长达2米左右，隧道内无粪便与木屑。

防治方法

农业防治 冬春季彻底剪除虫枝，集中处理；成虫发生期及时捕杀成虫，消灭在产卵之前；成虫产卵盛期后于产卵伤口处挖卵和初龄幼虫；用细铁丝从新鲜排粪孔处插入刺杀虫道内的幼虫。

化学防治 卵孵化盛期和初龄幼虫期为施药关键期，①药剂涂产卵槽。用90%晶体敌百虫或80%敌敌畏乳油、50%杀螟硫磷乳油、20%甲氰菊酯乳油、50%吡虫啉乳油等30～50倍液，涂抹产卵刻槽杀虫效果很好。②虫孔注药液。用50%辛硫磷乳油10～20倍液或上述药液从新鲜排粪孔注入，毒杀新蛀入幼虫，每孔最多注10毫升，然后用湿泥封孔。③树冠喷药。成虫发生期喷洒20%醚菊酯乳油1000倍液及上述药液，使用浓度严格按标定要求进行，注意枝干上要全部着药。

㊶ 苹枝天牛（图2-41-1至图2-41-3）

属鞘翅目天牛科。又名顶斑筒天牛、顶斑瘤筒天牛。

分布与寄主

分布 全国各产区。

寄主 苹果、桃、梨、李、杏等果树。

危害特点 以幼虫在细枝髓部向下蛀食，被害枝中空成筒状，幼虫蛀入处易折断，被害枝叶黄，枝梢多枯死。

形态诊断 成虫：体长15～18毫米，体宽2～4毫米，雄成虫较小；体橙黄色，密生黄绒毛；鞘翅、复眼、口器和足均为黑色；触角第四至第六节基部橙黄色，端部黑色；鞘翅有成行刻点。卵：椭圆形，长约2毫米，黄白色。幼虫：体长28～30毫米，体橙黄色，头部褐色；前胸背板淡黄色，两侧各有1斜向倒"八"字沟纹。蛹：淡黄色，长11～17毫米，头顶有1对突起。

发生规律　1年发生1代，以老熟幼虫在被害枝条内越冬。翌年6月出现成虫，产卵前将当年新梢皮部咬一环沟，卵产于沟旁皮层内，幼虫孵化后先蛀食幼嫩的木质部，不久即蛀入髓部向下蛀食，每隔一定距离咬一圆形排粪孔，排出细短棒状粪便，造成枝干中空，蛀食至10月越冬，蛀道长70～80厘米。

防治方法

农业防治　6月份及时捕捉成虫；7～8月及时剪除被害枝梢，消灭枝内幼虫；冬春季将洞口塞有虫粪和梢头已折断的枝条剪除销毁（此时幼虫均在断口下20厘米的枝条内）。

化学防治　成虫活动和幼虫初孵期的6月份，喷洒50%辛·溴乳油1000～1500倍液或20%菊·杀乳油1000倍液、25%灭幼脲悬浮剂1500倍液、40%辛硫磷乳油800倍液等。

㊷　棉铃虫（图2-42-1至图2-42-4）

属鳞翅目夜蛾科。又名棉桃虫、钻心虫、青虫、棉铃实夜蛾等。

分布与寄主

分布　全国各产区。

寄主　石榴、苹果、枣、梨、桃、柑橘等多种果树、林木和农作物、花、果和嫩梢、叶，为杂食性害虫。

危害特点　初孵幼虫先危害嫩叶尖并蛀食蕾花，稍大后蛀食果实成孔洞，致枣果脱落；幼虫也取食嫩梢和叶片，造成缺刻和孔洞。

形态诊断　成虫：体长14～18毫米，翅展30～38毫米；头、胸腹部淡灰褐色，前翅灰褐色，肾形纹及环状纹褐色，肾形纹外缘有褐色宽横带，外缘各脉间有小黑点；后翅淡褐色至黄白色，外缘有一褐色宽带，宽带中部有2个淡色斑。卵：半球形，0.44～0.48毫米，乳白至深紫色。幼虫：老熟幼虫体长30～42毫米，体色因食物及环境不同而变化，有淡绿、淡红至红褐或黑紫色等，以绿色和红褐色较为常见。绿色型，体绿色，背线和亚背线深绿色，气门线浅黄色；红褐色型，体红褐或淡红色，背线和亚背线淡褐色，气门线白色；腹部各节背面有许多小毛瘤，上生褐色或灰色小刺毛。蛹：长17～21毫米，黄褐色。

发生规律　北京、内蒙古、新疆等地1年发生3代，华北4代，长江流域及其以南地区5～7代，以蛹在土中越冬。华北翌年4月中下旬至5月中旬羽化。5月上中旬第一代幼虫发生，主要危害麦类等早春作物。7月至9月上中旬第二、三、四代幼虫发生，世代重叠，均对枣树造成危害。成虫昼伏夜出，对黑光灯、萎蔫的杨树枝把有强烈趋性。卵散产于嫩叶或果实上。每雌产卵持续7~13天，单雌产卵100~1000余粒，卵期3~4天。低龄幼虫取食嫩叶，2龄后蛀果，蛀孔较大，外面常留有虫粪。幼虫期15~22天，老熟后入土，于3~9厘米土层内化蛹。天敌有姬蜂、跳小蜂、胡蜂及多种鸟类。

防治方法

农业防治　冬春季及生长季节勤耕翻园地，消灭地下蛹。果园附近避免种植棉花、玉米等棉铃虫易产卵的作物，以减少着卵量。于早晨或阴天，发现有新鲜虫粪时进行人工捕捉或放养鸡、鸭啄食之。

物理防治　利用黑光灯、杨柳树枝或性诱剂诱杀成虫。利用杨柳树枝诱杀成虫方法简便易行，方法是于傍晚将杨柳枝把，按每亩20束的密度插于苹果园内，早晨检查并杀灭于枝上栖息的成虫，每隔5天换一次杨柳枝把，将旧枝烧掉，以消灭产在上面的卵。

生物防治　用Bt乳油、HD-1苏云金杆菌制剂或棉铃虫核型多角体病毒稀释液喷雾，有较好效果。保护利用天敌防治。

化学防治　关键时期是从卵孵化盛期至2龄幼虫蛀果前。可喷洒90%晶体敌百虫或50%辛硫磷乳油、50%杀螟硫磷乳油1000倍液；5%除虫脲乳油1500~2000倍液、5.7%氟氯氰菊酯乳油4000倍液、2.5%氯氰菊酯乳油3000倍液、2.5%联苯菊酯乳油3000倍液等。注意轮换用药，以免棉铃虫产生抗性降低药效。

43　八点广翅蜡蝉（图2-43-1至图2-43-3）

属同翅目广翅蜡蝉科。又名八点蜡蝉、八点光蝉、八斑蜡蝉、橘八点光蝉、咖啡黑褐蛾蜡蝉、黑羽衣、白雄鸡。

分布与寄主

分布　全国多数产区。

寄主　樱桃、苹果、柿、桃、杏、石榴、柑橘等果树。

危害特点　成虫、若虫刺吸嫩枝、芽、叶汁液；排泄物易引发病害；雌虫产卵时将产卵器刺入嫩枝茎内，破坏枝条组织，被害嫩枝轻则叶枯黄、长势弱，难以形成叶芽和花芽，重则枯死。

形态诊断　成虫：体长6~7毫米，翅展18~27毫米，头胸部黑褐色；触角刚毛状；翅革质密布纵横网状脉纹，前翅宽大，略呈三角形，翅面被稀薄白色蜡粉，翅上具灰白色透明斑5~6个；后翅半透明，翅脉煤褐色明显，中室端有1个白色透明斑。卵：长卵圆形，长1.2~1.4毫米，乳白色。若虫：低龄乳白色；成龄体长5~6毫米，宽3.5~4毫米，体略呈钝菱形，暗黄褐色；腹部末端有4束白色绵毛状蜡丝，呈扇状伸出，中间一对略长；蜡丝覆于体背以保护身体，常可作孔雀开屏状，向上直立或伸向后方。

发生规律 1年发生1代，以卵在当年生枝条里越冬。若虫5月中下旬至6月上中旬孵化，低龄若虫常数头排列于一嫩枝上刺吸汁液危害，4龄后散害于枝梢叶果间，爬行迅速善于跳跃，若虫期40～50天。7月上旬成虫羽化，飞行力较强且迅速，寿命50～70天，危害至10月。成虫产卵期30～40天，卵产于当年生嫩枝木质部内，产卵孔排成一纵列，孔外带出部分木丝并覆白色絮状蜡丝，极易发现与识别。成虫有趋聚产卵的习性，虫量大时被害枝上刺满产卵迹痕。

防治方法

农业防治 冬春剪除被害产卵枝集中烧毁，减少翌年虫源。

化学防治 虫量多时，于6月中旬至7月上旬若虫羽化危害期，喷洒48%哒嗪硫磷乳油1000倍液或10%吡虫啉可湿性粉剂3000～4000倍液、5%氟氯氰菊酯乳油2000～2500倍液等。药液中加入含油量0.3%～0.4%的柴油乳剂或黏土柴油乳剂，可溶解虫体蜡粉显著提高防效。

44 日本龟蜡蚧（图2-44-1至图2-44-4）

属同翅目蜡蚧科。又名枣蜡蚧、枣龟蜡蚧、日本蜡蚧、龟蜡蚧、龟甲蜡蚧。俗称枣虱子。

分布与寄主

分布 全国除新疆、西藏未见报道外，其他各产区均有发生。

寄主 苹果、枣、山楂、柿、桃、杏、石榴、柑橘等果树。

危害特点 若虫固贴在叶面上吸食汁液，排泄物布满枝叶，7～8月雨季易引起大量煤污菌寄生，使叶、枝条、果实布满黑霉，影响光合作用和果实生长。

形态诊断 雌成虫：虫体椭圆形，紫红色，背覆白蜡质介壳，表面有龟状凹纹，体长约3毫米，宽2～2.5毫米；雄成虫：体长1.3毫米，翅展2.2毫米，体棕褐色，头及前胸背板色深，触角丝状；翅1对白色透明。卵：椭圆形，长径约0.3毫米，橙黄至紫红色。若虫：体扁平椭圆形，长0.5毫米，后期虫体周围出现白色蜡壳。蛹：仅雄虫在介壳下化为裸蛹，梭形，棕褐色。

发生规律 1年发生1代，以受精雌虫密集在1～2年生小枝上越冬。越冬雌虫4月初开始取食，5月下旬至7月中旬产卵，卵期10～24天。6月中旬至7月上旬孵化，初孵若虫多爬到嫩枝、叶柄、叶面上固着取食，8月初雌雄开始性分化，8月下旬至10月上旬雄虫羽化，交配后即死亡。雌虫陆续由叶转到枝上固着危害，至秋后越冬。卵孵化期间，空气湿度大，气温正常，卵的孵化率和若虫成活率高。天敌有瓢虫、草蛉、长盾金小蜂、姬小蜂等。

防治方法 防治关键期是雌虫越冬期和夏季若虫前期。

农业防治 从11月至翌年3月刮刷树皮裂缝中的越冬雌成虫，剪除虫枝；冬春季遇雨雪天气，及时敲打树枝震落冰凌，可将越冬雌虫随冰凌震落。

生物防治　保护利用天敌。

化学防治　在6月末7月初，喷洒50%甲萘威可湿性粉剂400~500倍液或20%甲氰菊酯乳油3000~4000倍液、20%啶虫脒可湿性粉剂2000倍液等；秋后或早春喷洒5%的柴油乳剂防效好。

㊺　云斑天牛（图2-45-1至图2-45-4）

属鞘翅目天牛科。又名核桃大天牛、核桃天牛、白条天牛等。

分布与寄主

分布　全国各产区。

寄主　核桃、栗、无花果、苹果、山楂、梨、枇杷等果树。

危害特点　成虫食叶和嫩枝皮；幼虫蛀食枝干皮层和木质部，削弱树势，重者致枝或全树枯死。

症形诊断　成虫：体长57~97毫米，宽17~22毫米，黑褐色；前胸背板有2个肾状白斑，小盾片白色；鞘翅基部1/4处密布黑色颗粒，翅面上具不规则白色云状毛斑，略呈2、3纵行；体腹面两侧从复眼后到腹末具白色纵带1条。卵：长椭圆形，长7~9毫米，白至土褐色。幼虫：体长74~100毫米，稍扁，黄白色；头稍扁平深褐色，长方形，1/2缩入前胸，外露部分近黑色；前胸背板近方形，橙黄色，中后部两侧各具纵凹1条，并具暗褐色颗粒状突起，背板两侧白色，上具橙黄色半月形斑1个；后胸和第一至七腹节背、腹面具"口"形骨化区。蛹：长40~90毫米，初乳白渐变黄褐色。

发生规律　2~3年发生1代，以成虫或幼虫在蛀道中越冬。越冬成虫于5~6月间咬羽化孔钻出树干，交尾后产卵于树干或斜枝下面，尤以距地面2米内的枝干着卵多。产卵时先在枝干上咬一椭圆形蚕豆粒大小的产卵刻槽，产卵后，用细木屑堵住产卵口。成虫寿命1个月左右。卵期10~15天，6月中旬进入孵化盛期，初孵幼虫把皮层蛀成三角形蛀道，木屑和粪便从蛀孔排出，致树皮外胀纵裂，是识别云斑天牛危害的重要特征。后蛀入木质部，在粗大枝干里多斜向上方蛀，在细枝内则横向蛀至髓部再向下蛀，隔一定距离向外蛀一通气排粪孔。幼虫活动范围的隧道里基本无木屑和虫粪，其余部分则充满木屑和粪便。危害至深秋休眠越冬，翌年4月继续活动。8~9月老熟幼虫在肾状蛹室里化蛹。羽化后越冬于蛹室内，第三年5~6月才出树。3年1代者，第四年5~6月成虫出树。

防治方法

农业防治　及时剪除虫枝烧毁；成虫发生期及时捕杀成虫，消灭在产卵之前；成虫产卵盛期后挖卵和初龄幼虫；用细铁丝插入新鲜排粪孔内刺杀幼虫。

化学防治 ①产卵盛期后常检查发现产卵刻槽，可用杀螟硫磷乳油等10～20倍液涂抹，杀卵及初龄幼虫效果好。②蛀入木质部的幼虫可从新鲜排粪孔注入药液，用50%辛硫磷乳油或90%晶体敌百虫、20%甲氰菊酯乳油10～20倍液等，每孔最多注射10毫升，然后用湿泥封孔，杀虫效果很好，注意药液不能注的太多，以能杀死幼虫并被虫体吸收为度，注多了易引起烂干。③成虫发生期喷洒40%毒死蜱乳油或50%辛硫磷乳油、90%晶体敌百虫1000倍液；或5%顺式氰戊菊酯乳油3000～4000倍液、10%醚菊酯乳油800～1000倍液等。

46 白小食心虫 （图2-46-1至图2-46-4）

属鳞翅目卷蛾科。又名桃白小卷蛾等，简称"白小"。

分布与寄主

分布 全国各产区。

寄主 山楂、樱桃、苹果、梨、桃、李、杏等果树。

危害特点 低龄幼虫咬食幼芽、嫩叶，并吐丝把叶片缀连成卷，在卷叶内危害；后期幼虫则从萼洼或梗洼处蛀入果心危害，蛀孔外堆积虫粪，粪中常有蛹壳，用丝连结不易脱落。

形态诊断 成虫：体长6.5毫米，翅展约15毫米，体灰白色；头胸部暗褐色，前翅中部灰白色、端部灰褐色。前缘近顶角处有4或5条黑色棒纹，后缘近臀角处有一暗紫色斑。卵：扁椭圆形，初白色渐变为暗紫色。幼虫：体长10～12毫米，体红褐色，头浅褐色，前胸盾、臀板、胸足黑褐色。蛹：长8毫米，黄褐色。

发生规律 辽宁、山东、河北1年发生2代，以低龄幼虫在干、枝粗皮缝内结茧越冬。翌年山楂萌动后，幼虫取食嫩芽、幼叶，吐丝缀叶成卷，居中危害，幼虫老熟后在卷叶内结茧化蛹，越冬代成虫于6月上旬至7月中旬羽化，早期成虫产卵在桃和樱桃叶背，后期卵产在山楂、苹果等果实上。幼虫孵化后多自萼洼或梗洼处蛀入。老熟后在被害处化蛹、羽化。第一代成虫于7月中旬至9月中旬发生，仍产卵果实上，幼虫危害一段时间脱果潜伏越冬。

防治方法

农业防治 ①冬春季，用硬刷子刮除老树皮、翘皮，集中烧毁或深埋。②春夏季，及时剪除苹果树被蛀梢端萎蔫而未变枯的树梢及时处理。③幼虫脱果越冬前，树干束草诱集幼虫越冬，于来春出蛰前取下束草烧毁。

化学防治 在卵临近孵化时，喷洒2.5%溴氰菊酯乳油或20%氰戊菊酯乳油3000倍液、10%氯氰菊酯乳油或20%中西除虫菊酯乳油2000倍液、50%辛硫磷乳油1000倍液或20%氟啶脲可湿性粉剂2000～2500倍液、5%氟苯脲乳油1500～2000倍液、10%联苯菊酯乳油2000倍液等。

47 白星花金龟（图2-47-1至图2-47-5）

属鞘翅目花金龟科。又名白纹铜花金龟、白星花潜、白星金龟子、铜克螂。

分布与寄主

分布 全国各产区。

寄主 柿、桃、杏、苹果、李、柑橘等果树。

危害特点 成虫主要危害花和果实，食花致花腐烂，果实近成熟时昼夜啃食果实，致果肉腐烂。幼虫俗称"蛴螬"，危害果树根系。

形态诊断 成虫：体长17～24毫米，宽9～12毫米，椭圆形，具古铜或青铜色光泽，体表散布众多不规则白绒斑；触角深褐色；前胸背板具不规则白绒斑；前胸背板后角与鞘翅前缘角之间有一个三角片甚显著；鞘翅宽大，近长方形，白绒斑多为横向波浪形；臀板短宽，每侧有3个白绒斑呈三角形排列。

发生规律 1年发生1代，以幼虫于土中越冬。成虫于5月上旬出现，6～7月为发生盛期，白天活动，有假死性，对酒醋味有趋性，飞翔力强，常群聚危害花、果，产卵于土中。幼虫多以腐败物为食，并危害根系。天敌有多种鸟类、深山虎甲、粗尾拟地甲、寄生蜂、寄生蝇、寄生菌等。

防治方法 此虫虫源来自多方，应以消灭成虫为主。

农业防治 早、晚张单震落成虫；果园施用腐熟有机肥，减少幼虫的发生。

生物防治 保护利用天敌。

物理防治 在距地面1～1.5米高的树枝上挂细口瓶，瓶里放入2～3个白星花金龟，引诱田间白星花金龟飞到瓶口附近爬行，并掉入瓶中，每亩挂瓶40～50个捕杀效果优异。

化学防治 成虫发生期树上喷洒52.25%蚍·氯乳油或50%杀螟硫磷乳油、45%马拉硫磷乳油1500倍液，或48%哒嗪硫磷乳油1200倍液、20%甲氰菊酯乳油2000倍液。

48 斑须蝽（图2-48-1至图2-48-3）

属半翅目蝽科。又名细毛蝽、黄褐蝽、斑角蝽、节须蚁。

分布与寄主

分布 全国各产区。

寄主 樱桃、石榴、苹果、梨、桃、山楂、梅、柑橘、杨梅、枸杞、草莓等。

危害特点 成虫、若虫刺吸寄主植物的嫩叶、嫩茎、果实汁液，造成落蕾、落花，茎叶被害后出现黄褐色小点及黄斑，严重时叶片卷曲，嫩茎凋萎，影响生长发育。

形态诊断　成虫：体长8~13.5毫米，宽5.5~6.5毫米。椭圆形，黄褐或紫色，密被白色绒毛和黑色小刻点。复眼红褐色。触角5节，黑色，第一节、第二至四节基部及末端及第五节基部黄色，形成黄黑相间。喙端黑色，伸至后足基节处。前胸背板前侧缘稍向上卷，呈浅黄色，后部常带暗红。小盾片三角形，末端钝而光滑，黄白色。前翅革片淡红褐或暗红色，膜片黄褐，透明，超过腹部末端。侧接缘外露，黄黑相间。足黄褐至褐色，腿节、胫节密布黑刻点。卵：桶形，长1~1.1毫米，宽0.75~0.8毫米。初时浅黄，后变赭灰黄色。若虫：共5龄。1龄卵圆形，腹部背面中央和侧缘具黑色斑块。2龄第四、五、六腹节背面各具一对臭腺孔。3龄中胸背板后缘中央和后缘向后稍伸出。4龄腹部淡黄褐色至暗灰褐色，小盾片显露。5龄体椭圆形，黄褐至暗灰色，小盾片三角形。

发生规律　吉林1年1代，辽宁、内蒙古、宁夏2代，江西3~4代。以成虫在杂草、枯枝落叶、植物根际、树皮裂缝及屋檐下越冬。内蒙古越冬成虫4月初开始活动，4月中旬交尾产卵，4月末5月初卵孵化。第一代成虫6月初羽化，6月中旬产卵盛期，第二代卵于6月中下旬至7月上旬孵化，8月中旬成虫羽化，10月上旬陆续越冬。江西越冬成虫3月中旬开始活动，3月末4月初交尾产卵，4月初至5月中旬若虫出现，5月下旬至6月下旬第一代成虫出现。第二代若虫期为6月中旬至7月中旬，7月上旬至8月中旬为成虫期。第三代若虫期为7月中下旬至8月上旬，成虫期8月下旬开始。第四代若虫期9月上旬至10月中旬，成虫期10月上旬开始，10月下旬至12月上旬陆续越冬。第一代卵期8~14天；若虫期39~45天；成虫寿命45~63天。第二代卵期3~4天，若虫期18~23天，成虫寿命38~51天，第三代卵期3~4天，若虫期21~27天，成虫寿命52~75天。第四代卵期5~7天，若虫期31~42天，成虫寿命181~237天。成虫一般在羽化后4~11天开始交尾，交尾后5~16天产卵，产卵期25~42天。雌虫产卵于叶背面，20~30粒排成一列。

防治方法

农业防治　清除园内杂草及枯枝落叶并集中烧毁，以消灭越冬成虫。

化学防治　于若虫危害期喷洒50%马拉硫磷乳油或52.25%蜱·氯乳油1500倍液；50%丙硫磷乳油或90%晶体敌百虫800~1000倍液、2.5%溴氰菊酯乳油或20%甲氰菊酯乳油3000倍液。

49　薄翅锯天牛（图2-49-1至图2-49-3）

属鞘翅目天牛科。又名中华薄翅天牛、薄翅天牛、大棕天牛。

分布与寄主

分布　除西北、东北少数地区外，全国其他产区均有分布。

寄主　板栗、苹果、山楂、枣、柿、核桃等果树。

危害特点　幼虫于枝干皮层和木质部内蛀食，隧道走向不规律，内充满粪屑，削弱树势，重者致树枯死。

形态诊断　成虫：体长30~52毫米，宽8.5~14.5毫米，略扁，红褐至暗褐色；头密布颗粒状小点和灰黄细短毛，触角丝状；前胸背板密布刻点、颗粒和灰黄短毛；鞘翅扁平，基部宽于前胸，向后渐狭，鞘翅上各具3条纵隆线；后胸腹板被密毛；雌腹末常伸出很长的伪产卵管。卵：长椭圆形，长约4毫米，乳白色。幼虫：体长约70毫米，乳白至淡黄白色；头黄褐大部缩入前胸内；胴部13节，第一节最宽，背板淡黄，中央生一条淡黄纵线；第二至十节背面和四至十节腹面有小颗粒状突起，具3对极小的胸足。蛹：长35~55毫米，初乳白渐变黄褐色。

发生规律　2~3年1代，以幼虫于隧道内越冬。寄主萌动时开始危害，落叶时休眠越冬。6至8月间成虫出现。成虫喜于衰弱、枯老树上产卵，卵多产于树皮外伤、缝隙和被病虫侵害之处。幼虫孵化后蛀入皮层，斜向蛀入木质部后再向上或下蛀食，隧道较宽不规则，隧道内充满粪便与木屑。幼虫老熟时多蛀到接近树皮处，蛀椭圆形蛹室于内化蛹。羽化后成虫向外咬圆形羽化孔爬出。

防治方法

农业防治　加强综合管理增强树势，及时去掉衰弱枯死枝集中处理，减少树体伤口。注意伤口涂药消毒保护，以减少成虫产卵。产卵后期刮粗翘皮，消灭卵和初孵幼虫，刮皮后应涂消毒保护剂。用细铁丝插入新鲜的排粪孔，刺杀蛀道内幼虫。

化学防治　①成虫产卵前，在干枝上喷洒40%辛硫磷乳油或20%辛·氰乳油、10%吡虫啉乳油、5%氟虫脲乳油80~100倍液等。②用注射器向新鲜排粪孔注射上述药液，每孔最多注10毫升，注后用湿泥封孔。

50　**碧蛾蜡蝉**（图2-50-1至图2-50-3）

属同翅目蛾蜡蝉科。又名碧蜡蝉、黄翅羽衣、橘白蜡虫。

分布与寄主

分布　全国各产区。

寄主　苹果、柿、杏、无花果、柑橘等果树。

危害特点　以成虫、若虫刺吸寄主植物茎、枝、叶的汁液，严重时茎、枝和叶上布满白色蜡质，致使树势衰弱，造成落花落果。

形态诊断　成虫：体长7毫米，翅展21毫米，黄绿色；复眼黑褐色；前胸背板短，背板上有2条褐色纵带；中胸背板长，上有3条平行纵脊及2条淡褐色纵带；腹部浅黄褐色，覆白粉；前翅宽阔，外缘平直，翅脉黄色，红色细纹绕过顶角经外缘伸至后缘爪片末端；后翅灰白色，翅脉淡黄褐色；静息时，翅常纵叠成屋脊状。卵：纺锤形，长1毫米，乳白色。若虫：老熟若虫体长8毫米，体扁平，绿色，全身覆以白色棉絮状蜡粉，腹末附白色长的绵状蜡丝。

发生规律　1年发生1～2代。以卵在枯枝中越冬，翌年5月上中旬孵化，7～8月若虫老熟，羽化为成虫，至9月受精雌成虫产卵于小枯枝表面和木质部。广西等地1年发生2代，以卵越冬，也有以成虫越冬的。第一代成虫6～7月发生，第二代成虫10月下旬至11月发生。一般若虫发生期3～11个月。

防治方法

农业防治　加强果园管理，改善通风透光条件，增强树势。冬春季剪去枯枝，消灭其内越冬卵；幼虫发生期出现白色棉絮状物时，用木杆触动使若虫落地捕杀之。

化学防治　在若虫孵化盛期喷洒50%杀螟硫磷乳油或90%晶体敌百虫、50%辛硫磷乳油、50%马拉硫磷乳油等1000倍液；10%醚菊酯乳油、20%乙氰菊酯乳油2000倍液等。

(51) 茶长卷叶蛾（图2-51-1至图2-51-3）

属鳞翅目卷蛾科。又名茶卷叶蛾、后黄卷叶蛾、褐带长卷蛾、茶淡黄卷叶蛾、柑橘长卷蛾。

分布与寄主

分布　华东、华南、西南各苹果产区。

寄主　柿、板栗、枣、石榴、苹果、柑橘等果树。

危害特点　初孵幼虫缀结叶尖，潜居其中取食上表皮和叶肉，残留下表皮，致卷叶呈枯黄薄膜斑，大龄幼虫食叶成缺刻或孔洞。

形态诊断　成虫：雌体长10毫米，翅展23～30毫米，体浅棕色；触角丝状；前翅近长方形，浅棕色，翅尖深褐色，翅面散生许多深褐色细纹；后翅肉黄色，扇形，前缘、外缘茶褐色。雄体长8毫米，翅展19～23毫米，前翅黄褐色，基部中央、翅尖浓褐色，前缘中央具一黑褐色圆形斑，前缘基部具一浓褐色近椭圆形突出；后翅浅灰褐色。卵：扁平椭圆形，长0. 8毫米，浅黄色。幼虫：体长18～26毫米，体黄绿色，头黄褐色，前胸背板近半圆形，褐色，两侧下方各具2个黑褐色椭圆形小角质点，胸足色暗。蛹：长11～13毫米，深褐色。

发生规律　浙江、安徽1年发生4代，以幼虫蛰伏在卷苞里越冬。翌年4月下旬成虫羽化产卵。第一代卵期4月下旬至5月上旬，幼虫期在5月中旬至5月下旬，成虫期在6月份。二代卵期在6月，幼虫期6月下旬至7月上旬，成虫期在7月中旬。7月中旬至9月上旬发生第三代。9月上旬至翌年4月发生第四代。成虫昼伏夜出，有趋光性、趋化性，卵多产于老叶正面。初孵幼虫在幼嫩芽叶内吐丝缀结叶尖潜居其中取食，老熟后多离开原虫苞重新缀结2片老叶，在其中化蛹。天敌有松毛虫赤眼蜂、小蜂、茧蜂、寄生蝇等。

防治方法

农业防治　冬季剪除虫枝，清除枯枝落叶和杂草，减少虫源。发生期及时摘除卵块和虫果及卷叶团，集中消灭。

生物防治　在第一、二代成虫产卵期释放松毛虫赤眼蜂，每代放蜂3~4次，5~7天1次，每亩每次放蜂量2.5万头。

化学防治　每代卵孵化盛期喷洒青虫菌，每克含100亿孢子1000倍液，可混入0.3%茶枯或0.2%中性洗衣粉提高防效；或喷洒白僵菌300倍液；90%晶体敌百虫或50%杀螟硫磷乳油1000倍液、2.5%三氟氯氰菊酯乳油2000~3000倍液、10%氯菊酯乳油1500倍液等。

52 朝鲜球坚蚧（图2-52-1至图2-52-3）

属同翅目蜡蚧科。又名朝鲜球蚧、朝鲜球坚蜡蚧、朝鲜毛坚蚧、杏球坚蚧、杏毛球坚蚧、桃球坚蚧。

分布与寄主

分布　全国各产区。

寄主　樱桃、杏、桃、李、苹果、梨等果树。

危害特点　以若虫和雌成虫危害枝条为主，初孵若虫也危害叶片和果实，吸食寄主汁液，致被害树生长不良，树势衰弱。

形态诊断　成虫：雌成虫无翅，介壳半球形，质硬，呈红褐色至紫褐色，表面有明显皱纹；横径约4.5毫米，高约3.5毫米；雄成虫有翅1对，透明；头部赤褐色，腹部淡褐色，末端有1对尾毛和1根性刺；介壳长椭圆形，背面有龟甲状隆起。卵：椭圆形，长约0.3毫米，橙黄色。若虫：长椭圆形，初孵化时红色，越冬若虫椭圆形背上有龟甲状纹，浓褐色。蛹：仅雄虫有裸蛹，长约1.8毫米，赤褐色，蛹外包被长椭圆形茧。

发生规律　1年发生1代，以2龄若虫群集在枝条裂缝和芽痕处越冬。翌年3月上旬开始危害，4月中旬，雌雄性别分化，雄虫做茧化蛹，雌虫继续危害。4月下旬至5月上旬雄成虫羽化交尾后死亡。5月中旬雌虫产卵于介壳下面，5月下旬至6月上旬若虫孵化危害，以2年生枝上居多，虫体上常分泌白色蜡质绒毛。10月中旬后，若虫转移到芽痕和大枝的缝隙处，以2龄若虫在其分泌的蜡质物下越冬。

防治方法

农业防治　在成虫产卵前，用抹布或戴上硬质手套将枝条上的雌虫介壳抠掉。

化学防治　①果树发芽前防治越冬若虫，干枝上喷洒5波美度石硫合剂或合成洗衣粉200倍液、5%柴油乳剂或99%绿颖乳油（机油乳剂）50～80倍液。②5月下旬至6月上旬若虫孵化期，喷洒90%晶体敌百虫1000倍液或合成洗衣粉300倍液、48%哒嗪硫磷乳油2000倍液、52.25%蜱·氯乳油2000倍液、25%噻嗪酮可湿性粉剂1000倍液等。

53 春尺蠖（图2-53-1至图2-53-4）

属鳞翅目尺蠖科。又名沙枣尺蠖、桑尺蠖、榆尺蠖、柳尺蠖等。

分布与寄主

分布　北方产区。

寄主　樱桃、杏、李、枣、核桃、苹果等果树。

危害特点　幼虫食害芽、叶，为暴食性害虫，严重时把芽、叶吃光。

形态诊断　成虫：雌蛾体长9～16毫米，灰褐色，无翅；雄蛾体长10～14毫米，翅展29～39毫米；雌雄蛾腹部各节背面均具棕黑色横行刺列。卵：椭圆形，黑紫色。幼虫：体长约35毫米，体色呈黄绿色至墨绿色。蛹：长8～18毫米，棕褐色。

发生规律　1年发生1代，以蛹在土中越冬。新疆于翌年2月下旬至4月中旬羽化，3月中下旬进入产卵高峰期，3月下旬至5月中旬进入幼虫期，4月中下旬是该虫暴食期，4月下旬幼虫入土化蛹，5月10日进入化蛹盛期。盐碱地果园受害重。天敌有麻雀等鸟类。

防治方法

农业防治　加强果园管理，及时翻耕树干四周的土壤，杀灭在土中越夏或越冬的蛹。

阻杀成虫　利用成虫羽化出土后沿树干上爬产卵的习性，将作物秸秆切成30～40厘米，捆扎在树干四周厚5～8厘米，诱集成虫钻入产卵，每日打开捕杀成虫，并在卵尚未孵化前把草束集中烧掉。也可用废报纸绕树干围成倒喇叭口状，把成虫阻于内，每天早晨捕杀一次。

化学防治　在卵孵化前后及时喷洒90%晶体敌百虫800倍液，40%辛硫磷乳油或10%醚菊酯悬浮剂1000倍液、10%氯菊酯乳油1500倍液、48%哒嗪硫磷乳油1200倍液等。

54 大栗鳃金龟（图2-54-1，图2-54-2）

为鞘翅目鳃金龟科。

分布与寄主

分布　黑龙江、吉林、辽宁、内蒙古、山西、河北、甘肃、河南、陕西、四川等地及周边产区。

寄主 苹果、杨等多种果树、林木和玉米、小麦、大麦、马铃薯、油菜、豌豆等农作物。

危害特点 成虫食害嫩芽和叶，幼虫危害根系和幼苗。

形态诊断 成虫：体长25.7~31.5毫米，体宽11.8~15.3毫米。雄体狭长，雌体较短阔。体色黑、黑褐或深褐，常有墨绿色金属光泽。鞘翅、触角及各足跗节以下棕色或褐色，鞘翅边缘黑色。腹部第一至第五腹板侧端有乳白色三角形斑。头阔大，唇基长，略呈矩形，密布具毛刻点；触角10节，鳃片部雄体7节，长大弯曲；雌体6节，短小。前胸背板横阔，中有宽浅纵沟。小盾片半椭圆形。鞘翅纵肋Ⅰ、Ⅱ、Ⅳ高而明显。臀板大，三角形，端部常明显延伸呈柄状，延伸部雄体长而宽狭不一，雌体则细短甚或不见。前足胫节外缘2齿（雄）或3齿（雌）。幼虫：统称"蛴螬"，老熟幼虫体长43~51毫米；头部浅栗色，胸腹部随着虫龄的增长，由乳白色逐渐变成黄白色；前胸两侧各有一个多角形而又不规则的褐色大斑；肛腹板的刺毛列短锥状刺毛较多，每列28~38根，相互平行，排列整齐。蛹大小与成虫相近，初为金黄色，后变为黑褐色，头部弯藏于前胸下。前胸呈梯形，中胸腹板中央有一袋状凹痕，后胸稍突出，翅紧贴于体，前翅上具有纵脊4条，覆盖在后翅上，后翅仅露出翅尖部分，达到腹部第三节。腹部背面可见九节，腹面可见八节，第九节向背面翘起，末端分叉。

发生规律 四川甘孜6年完成1代，幼虫越冬5次，成虫越冬1次，康定5年完成1代。越冬成虫于5月上旬开始出土，5月中旬达盛期。5月下旬开始交配产卵，卵期45~66天，7~8月孵出幼虫。10月份逐渐下移到40厘米以下的土层中越冬，越冬幼虫于次年4月上旬开始上升到表土层取食克危害，如此经过4年，第5年6月下旬幼虫开始老熟，并继续越冬，幼虫期长达58个月。第六年6月中旬至7月上旬，幼虫在土中作土室化蛹，蛹期60~72天。8月上旬到9月中旬羽化为成虫，成虫当年并不出土，10月开始越冬。成虫出土后，飞到苹果和附近树上取食交尾，成虫喜在晴天20：00~21：00出土，飞翔时发出类似于飞机马达的响声，雨天或气温低于12℃时，成虫不出土或很少出土。成虫在果园和林内的分布规律大体是林缘多于腹地，沟边多于背风坡地。有的白天潜伏在枝叶丛中取食，全天都可以见到成虫飞翔，以16：00~22：00最盛，主要是雄虫寻找雌虫交尾，成虫有假死性和趋光性。成虫有多次取食和重复交配的现象。6~7月间，雄雌成虫先后死去，成虫寿命长达10个月左右。雌成虫喜欢在砂壤土中产卵，每雌产卵14~47粒，卵产于13~26厘米的土层中，呈堆状，每堆平均有21粒。土壤含水量在20%左右时，最适于卵的生活和发育。初龄幼虫主要取食腐殖质及植物须根。由于成虫产卵成堆，一年中幼虫有成团危害的现象，苗木受害更严重。在幼虫阶段的5年中，第一年不为害或为害很轻，第二至四年为害果苗和农作物，猖獗危害在第4年，第五年的危害较轻。幼虫生活在土中，因季节气温的变化，垂直移动很明显，10月中旬开始下移，翌年4月中旬以后又开始上升到5~15厘米的土层中活动。幼虫第5次越冬后，在20~30厘米的土层中作土室，土室椭圆形，长2.4~2.7毫米，直径1.9~2.3厘米，老熟幼虫潜伏其中化蛹。成虫严重危害云杉、杉树和桦、苹果、杨等果林，幼虫严重危害大田作物，如小麦、豌豆、马铃薯、玉米、甜菜等以及苗圃中的苗木。

防治方法

农业防治　冬春季耕翻果园，利用低温和鸟食消灭地下幼虫（蛴螬）；随时清除果园杂草、落叶，不在果园内堆放未腐熟的农家肥；春季开花期张单震落成虫捕杀之。

化学防治　必要时叶面喷洒2.5%溴氰菊酯乳油1500倍液或5%顺式氰戊菊酯乳油3000倍液、25%喹硫磷乳油1000倍液、48%哒嗪硫磷乳油1500倍液、50%辛硫磷乳油1000倍液、80%敌百虫可溶性粉剂1000倍液等。

55　二斑叶螨（图2-55-1至图2-55-3）

属真螨目叶螨科。又名白蜘蛛、二点叶螨、棉叶螨、棉红蜘蛛。

分布与寄主

分布　全国各地。

寄主　桃、李、杏、樱桃、苹果等200余种果树、蔬菜和农作物。

危害特点　以成螨、若螨在叶背吸食叶片汁液。被害叶片初期仅在中脉附近出现失绿斑点，后叶面结橘黄色至白色丝网，危害重时叶焦枯，状似火烧状，甚至叶脱落。

形态诊断　雌成螨：椭圆形，长约0.5毫米，灰绿色或黄绿色；体背面两侧各有1个褐色斑块，斑块外侧呈不明显的3裂；越冬型雌成螨体为橙黄色，褐斑消失；雄成螨身体呈菱形，长约0.3毫米，黄绿色或淡黄色。卵：圆球形，直径约0.1毫米，白色至淡黄色，孵化前出现2个红色眼点。幼螨：近球形，黄白色，复眼红色，足3对。若螨：椭圆形，黄绿色，体背显现褐斑，足4对。

发生规律　1年发生10余代。以雌成螨在树干翘皮下、粗皮缝隙中、杂草、落叶中及土缝内越冬。春季当日平均气温上升到10℃时，越冬雌成螨出蛰，先在花芽上取食危害，产卵于叶片背面，幼螨孵化后即可刺吸叶片汁液。在6月份以前，害螨在树冠内膛危害和繁殖。在树下越冬的雌螨出蛰后先在杂草或果树根蘖上危害繁殖，6月后向树上转移。7月害螨逐渐向树冠外围扩散，繁殖速度加快。成螨吐丝结网，并产卵其上，也借此进行传播。害螨在夏季高温季节繁殖速度快，各虫态世代重叠。10月雌成螨越冬。天敌有中华草蛉、小花蝽、异色瓢虫、深点食螨瓢虫等。

防治方法

农业防治　及时清除果园杂草，深埋或烧毁，消灭草上的叶螨。

生物防治　在果园种植紫花苜蓿或三叶草，吸引害螨的天敌繁殖生活，可有效控制害螨发生。

化学防治　在害螨发生期，选用10%浏阳霉素乳油1000倍液或1.8%阿维菌素乳油4000倍液、5%唑螨酯乳油2500倍液、15%哒螨灵乳油2000倍液、25%苯丁锡可湿性粉剂1500倍液喷雾。喷药要均匀周到，以叶片背面为主。

56　芳香木蠹蛾（图2-56-1至图2-56-4）

属鳞翅目木蠹蛾科。又名杨木蠹蛾、红哈虫。

分布与寄主

分布　东北、华北、西北等地。

寄主　核桃、苹果、梨、桃、杏等果树。

危害特点　幼龄幼虫蛀食根颈处皮层，大龄幼虫可蛀食木质部。受害轻者树势衰弱，重者导致几十年生大树死亡。

形态诊断　成虫：全体灰褐色，腹背略暗；体长30毫米左右，翅展56～80毫米，雌蛾大于雄蛾；触角栉齿状；前翅灰白色，前缘灰褐色，密布褐色波状横纹，由后缘角至前缘有一条粗大明显的波纹。卵：初白色渐变至暗褐色，近卵圆形，1.5毫米×1.0毫米。幼虫：扁圆筒形，成龄体长56～80毫米，胸部背面红色或紫茄色，有光泽，腹面淡红或黄色；头部紫黑色，有不规则的细纹，前胸背板生有大型紫褐色斑纹一对。

发生规律　河南、陕西、山西、北京等地2年1代，青海西宁3年1代。以幼虫在被害树木的蛀道内和树干基部附近的土内越冬。越冬幼虫于4～5月化蛹，6～7月羽化为成虫。成虫昼伏夜出，有趋光性。卵多块产于树干基部1.5厘米以下或根茎结合部的裂缝或伤口处，每块有卵几粒至百余粒。幼虫孵化后即从伤口、树皮裂缝或旧蛀孔等处钻入皮层，先在皮层下蛀食，使木质部与皮层分离，极易剥落。后在木质部的表面蛀成槽状蛀坑，从蛀孔处排出细碎均匀的褐色木屑。初龄幼虫群集危害，随虫龄增大，分散在树干的同一段内蛀食，并逐渐蛀入髓部，形成粗大而不规则的蛀道。10月后在蛀道内越冬。翌年继续危害，到9月下旬至10月上旬，幼虫老熟，爬出隧道，在根际处或离树干几米外向阳干燥处约10厘米深的土壤中结伪茧越冬。老熟幼虫爬行速度较快，遇到惊扰，可分泌出一种有芳香气味的液体，因此而得名。

防治方法

农业防治　在成虫产卵期，树干涂白，防止成虫产卵；当发现根颈皮下部有幼虫危害时，可撬起皮层挖杀幼虫；冬春深翻园地，利用低温和鸟食消灭幼虫。

化学防治　在6月中旬至7月下旬，成虫产卵期用50%杀螟硫磷乳油1000～1500倍液或40%哒嗪硫磷乳油1500～2000倍液、20%哒嗪硫磷乳油800～1000倍液、2.5%溴氰菊酯乳油2000～3000倍液、25%灭幼脲悬浮剂1500倍液等，喷树干胸段下2～3次，杀初孵化幼虫效果好。5～10月幼虫蛀食期，用上述药剂30～50倍液注入虫孔1次，药液注入量以能杀死蛀道内幼虫为度，一般10～20毫升即可，注多了易造成烂干，注药后用泥封口。

⑤⑦ 古毒蛾（图2-57-1至图2-57-4）

属鳞翅目毒蛾科。又名褐纹毒蛾、桦纹毒蛾、落叶松毒蛾、缨尾毛虫等。

分布与寄主

分布　山西、河北、山东、河南、内蒙古、辽宁、吉林、黑龙江、西藏、甘肃、宁夏等地及周边产区。

寄主　梨、山楂、苹果、枣、李、榛、杨、柳、月季、松等多种果树、林木和花卉。

危害特点　初孵幼虫群集叶片背面取食叶肉，残留上表皮；2龄后开始分散活动，从芽基部蛀食成孔洞，致芽枯死；嫩叶常被食光，仅留叶柄；叶片被取食成缺刻和孔洞，严重时只留粗脉；果实常被吃成不规则的凹斑和孔洞，幼果被害常脱落。

形态诊断　成虫：雌雄异型；雌体长10～22毫米，翅退化，体略呈椭圆形，灰色到黄色，有深灰色短毛和黄白色绒毛，头很小，复眼灰色。雄体长8～12毫米，体灰褐色，前翅黄褐色到红褐色。卵：近球形，初白色渐变为灰黄色。幼虫：体长33～40毫米，头部灰色到黑色，有细毛；体黑灰色，有黄色和黑色毛，前胸两侧各有1束黑色羽状长毛；腹部背面中央有黄灰到深褐色刷状短毛。

发生规律　1年发生2代。以卵在树干、枝杈或树皮缝内雌虫结的薄茧上越冬。4月上中旬寄主发芽时开始活动危害，5月中旬开始化蛹，蛹期15天左右，6月中旬羽化；6月下旬是第一代幼虫的危害盛期，第一代成虫于7月中旬羽化；第二代卵于7月上旬至下旬孵化，第二代幼虫的危害盛期出现在8月中旬，成虫于8月上旬至8月末9月初羽化，以卵在树枝杈或树皮缝雌成虫羽化后的茧上越冬。1～2龄幼虫可吐丝下垂，借风传播到其他树木上，传播距离可达数十米远。幼虫老熟后，寻找适宜场所吐丝做薄茧化蛹。化蛹地点一般在树的枝杈或老树皮缝处。成虫白天羽化，雄蛾羽化盛期在先，羽化期短；雌蛾羽化盛期在后，羽化期长。雌成虫不活泼，除交尾在茧壳上爬行外一般不爬行，卵产在其羽化后的薄茧上面，块状，单层排列。雄成虫有趋光性。寄生性天敌有22种之多，主要有姬蜂、小茧蜂、细蜂、寄生蝇等。

防治方法

农业防治　冬春季节里，结合果园管理，摘除虫茧并杀灭卵块。

物理防治　利用雄虫的趋光性，在雄成虫羽化盛期，设置诱虫灯，诱杀雄成虫，减少与雌成虫交尾的个体，从而减少虫的发生量。

生物防治　保护利用天敌防治。

化学防治　化学防治的重点是在发生较整齐的第一代幼虫，一般在发芽展叶期，寄主植物芽长2~3厘米时，全树喷布一次10%除虫脲悬浮剂1500倍液、5%氟虫脲乳油1500倍液、10%高效氯氰菊酯乳油2000倍液、2.5%溴氰菊酯乳油2000倍液、30%氰·马乳油2000倍液、25%灭幼脲悬浮剂1000倍液、98%杀螟丹可溶性粉剂3000倍液、20%甲氰菊酯乳油3000倍液、2.5%三氟氯氰菊酯水乳剂2500倍液等，以上药剂间隔2周时间再续喷一次。花后如发现第二代幼虫可酌情喷第三次药。

58　海棠透翅蛾（图2-58-1至图2-58-3）

鳞翅目透翅蛾科。

分布与寄主

分布　吉林、辽宁、河北、陕西、山西等地。

寄主　海棠、樱桃、桃、苹果、山楂、李、梨、梅等。

危害特点　幼虫多于枝干分杈处和伤口附近皮层下食害韧皮部，蛀成不规则的隧道，有的可达木质部，被害初有黏液流出呈水珠状，后变黄褐并混有虫粪，轻者削弱树势，重者致枝条或全株死亡。

形态诊断　成虫：体长10~14毫米，翅展19~26毫米，全体蓝黑色有光泽；头顶被厚鳞，头基部具黄色鳞毛；触角丝状，雄触角上密生栉毛；胸部两侧有黄鳞斑；翅透明，翅缘和脉黑色；第二、四腹节背面后缘各具一黄带，有时第一、三、五腹节也有很细的黄带但多不明显；雌尾部有两簇黄白色毛丛，雄尾部有扇状黄毛。卵：扁椭圆形，长0.5毫米，表面生六角形白色刻纹，初乳白渐变黄褐色。幼虫：体长22~25毫米，头褐色，胴部乳白至淡黄色，背面微红，各节背侧疏生细毛，头及尾部较长。蛹：长约15毫米，黄褐色，腹末环生8个臀棘。

发生规律　1年发生1代，多以中龄幼虫于隧道里结茧越冬。萌芽时活动危害，排出红褐色成团的粪便。一般位于主侧枝上的幼虫发育快而肥大，面位于主干上的幼虫发育慢而瘦小。老熟时先咬圆形羽化孔、不破表皮，然后于孔下做长椭圆形茧化蛹。河北4月末至7月下旬化蛹，有2个高峰：6月上旬和7月上旬，蛹期10~15天。羽化期为5月中旬至8月上旬，亦有2个高峰：6月中旬和7月中旬。羽化时蛹壳带出孔外1/3~1/2。成虫白天活动取食花蜜；喜于生长衰弱的枝干粗皮缝、伤疤边缘、分杈等粗糙处产卵，散产，每雌可产卵20余粒。卵期10余天。6月上旬开始孵化、蛀入，于皮层内危害，11月结茧越冬。

防治方法

农业防治　加强管理增强树势，避免产生伤疤可减少受害。冬春季结合刮老翘皮、刮腐烂病，挖杀幼虫，之后涂消毒保护剂。

化学防治　①树干涂药液。4月和8～9月于幼虫危害处：涂柴油原油或煤油1～1.5千克加敌敌畏50克混合液。效果良好，秋季虫小、入皮浅防治效果更好。②成虫盛发期，枝干上喷洒90%晶体敌百虫或40%辛硫磷乳油1000倍液，50%马拉硫磷乳油1200倍液或20%甲氰菊酯乳油2500～3000倍液、10%联苯菊酯乳油2000～2500倍液等，防治成虫和初孵幼虫效果均很好。

59 核桃尺蠖（图2-59-1，图2-59-2）

属鳞翅目尺蛾科。又名木橑尺蠖、木橑尺蛾、洋槐尺蠖、木橑步曲、吊死鬼、小大头虫、棍虫。

分布与寄主

分布　除西藏、青海等产区未见报道外，其他各产区均有分布。

寄主　核桃、板栗、山楂、木橑、苹果、柿等果树和林木。

危害特点　幼虫食叶成缺刻或孔洞，重者把整枝叶片吃光。长江以北产区常局部重度发生，造成很大危害。

形态诊断　成虫：体长17～31毫米，翅展54～78毫米，翅体白色，头棕黄色；触角雌丝状，雄短羽状；胸背有棕黄色鳞毛，中央有一浅灰色斑纹，前后翅均有不规则的灰色和橙色斑点，中室端部呈灰色不规则块状，在前后翅外缘线上各有一串橙色和深褐色圆斑；前翅基部有一个橙色大圆斑；雌腹部肥大，末端具棕黄色毛丛；雄腹瘦，末端鳞毛稀少。卵：椭圆形，初绿色渐变至黑色。幼虫：体长70毫米左右，体色似树皮，体上布满灰白色颗粒小点；头部密布白色、琥珀色、褐色泡沫状突起，头顶两侧呈马鞍状突起；前胸盾前缘两侧各有一突起，气门两侧各一个白点；胴部第二至第十节前缘亚背线处各有一灰白色圆斑。蛹：长30～32毫米，黑褐色。

发生规律　华北1年发生1代，浙江1年发生2～3代，以蛹在树冠下土缝或园地土块、砖石下等各种隐蔽场所越冬。华北5～8月成虫于夜晚羽化，成虫昼伏夜出，趋光性较强。每雌可产卵1000～3000粒，卵产于树皮缝或石块上，数十粒成块上覆棕黄色鳞毛。卵期9～11天。5月下旬至10月为幼虫发生期，8月危害严重。初孵幼虫有群集性，较活泼，可吐丝下垂借风力传播，2龄后分散危害。幼虫期40天左右，老熟后入土，多在3厘米深处群集化蛹越冬。

防治方法

农业防治　冬春季彻底清园，并翻耕园地，利用低温和鸟食消灭土中越冬蛹。幼虫发生期摇树震落捕杀幼虫。园内放养鸡、鸭啄食幼虫。

物理防治 利用黑光灯诱杀成虫或清晨人工捕捉。

化学防治 各代幼虫孵化盛期，特别是第一代幼虫孵化期，喷洒50%氰戊菊酯乳油2000～3000倍液或50%螟硫磷乳油1000倍液、90%晶体敌百虫800～1000倍液、50%辛硫磷乳油1200倍液等。依据物候期施药第一次掌握在发芽初期，第二次在芽伸长35厘米时为宜。

60 褐刺蛾（图2-60-1至图2-60-7）

属鳞翅目刺蛾科。又名桑褐刺蛾、桑刺毛虫。

分布与寄主

分布 除东北、西北少数地区外，全国各产区都有分布。

寄主 苹果、樱桃、桃、梨、柿、板栗、葡萄、茶、桑、柑橘、白杨等果树、林木。

危害特点 初孵幼虫取食叶肉，仅残留透明的表皮，随虫龄增大食叶仅残留叶脉。

形态诊断 成虫：体长1.5~1.8厘米，翅展3.1~3.9厘米，身体土褐色至灰褐色。前翅前缘近2/3处至近肩角和近臀角处，各具1暗褐色弧形横线，两线内侧衬影状带，外横线较垂直，外衬铜斑不清晰，仅在臀角呈梯形；雌蛾体上斑纹较雄蛾浅。卵：扁椭圆形，黄色，半透明。幼虫：成龄体长3.5厘米左右，黄色，背线天蓝色，各节在背线前后各具1对黑点，亚背线各节具1对突起，其中后胸及第一、五、八、九腹节突起最大。蛹：灰褐色，椭圆形。

发生规律 1年发生2~4代，以老熟幼虫在树干附近土中结茧越冬。3代区成虫分别在5月下旬、7月下旬、9月上旬出现，成虫夜间活动，有趋光性，卵多成块产在叶背，每雌产卵300多粒，幼虫孵化后在叶背群集并取食叶肉，半月后分散危害，取食叶片。老熟后入土结茧化蛹。

防治方法

农业防治 ①处理幼虫危害叶和灭茧。多种刺蛾如丽绿刺蛾、黄刺蛾等的幼龄幼虫多群集取食，被害叶显现白色或半透明的表皮，很容易发现。此时斑块附近常栖有大量幼虫，及时摘除带虫枝、叶，加以处理，效果明显。褐刺蛾、丽绿刺蛾等的老熟幼虫常沿树干下行至树基部或地面结茧，可采取树干绑草等方法诱其结茧及时予以清除。②清除越冬虫茧。刺蛾越冬茧期长达7个月以上，此期果园作业较空闲，可根据不同刺蛾越冬场所之异同采用敲、挖、剪除等方法清除虫茧。

物理防治 利用刺蛾成虫具有较强趋光性特性，在成虫羽化期于19：00～21：00用灯光诱杀。

生物防治　利用刺蛾天敌防治，如刺蛾紫姬蜂、广肩小蜂、上海青蜂、爪哇刺蛾姬蜂、健壮刺蛾寄蝇等。

化学防治　在刺蛾低龄幼虫期防治效果好，有效药剂有90%晶体敌百虫1500倍液、50%马拉硫磷乳油2000倍液、2.5%溴氰菊酯乳油3000倍液、20%氰戊菊酯乳油3000倍液、50%杀螟硫磷乳油、40%辛硫磷乳油1500~2000倍液、25%甲萘威可湿性粉剂700倍液等叶面喷洒防治。

61 褐点粉灯蛾（图2-61-1，图2-61-2）

属鳞翅目灯蛾蛾。又名粉白灯蛾。

分布与寄主

分布　南方果产区。

寄主　柿、桃、苹果、梨、核桃、梅等果树。

危害特点　幼虫啃食嫩芽和叶片，并吐丝织半透明的网，可将叶片表皮、叶肉啃食殆尽，叶缘成缺刻，受害叶卷曲，色变枯黄、暗红褐色。严重时叶片被吃光。

形态诊断　成虫：体白色；雌蛾体长约20毫米，翅展约56毫米；雄蛾体长约16毫米，翅展约30毫米；成虫头部腹面橘黄色，两边及触角黑色；前翅前缘脉上有4个黑点，内横线、中线、外横线、亚外缘线为一系列灰褐色点；后翅亚外缘线为一系列褐点；腹部背面橘黄色，基部具有一些白毛。卵：圆形，径约0.4毫米，浅红至浅黄色；卵粒常堆集并排列成数层。幼虫：体长23~40毫米，头浅玫瑰红色，体深灰色，具黄斑及黄色的背线。体具茶色毛瘤，其上密生黑、白色相间的长刺毛，前胸背板黑色，胸足黑色，腹足与臀足红色。蛹：红褐色，圆筒形。茧：长椭圆形，白色或浅黄色，由幼虫体毛和丝组成，丝质半透明。

发生规律　1年发生1代，以蛹越冬。翌年5月上中旬羽化，成虫昼伏夜出，有趋光性。雌蛾产卵于叶背面，卵块产，呈椭圆形或不规则块状。卵期10~23天，6月上中旬孵化。初龄幼虫在嫩梢与叶间织成半透明的网或用丝连缀叶片，群聚在网下取食，将叶片表皮、叶肉啃食殆尽，叶缘被食成缺刻。叶片被害后，卷曲枯黄直至变为棕褐色。随虫龄增大，食量增加，扩散危害。幼虫老熟后下树在地面落叶下、墙壁缝隙及其他隐蔽处结茧化蛹越冬。天敌有小茧蜂、寄生蝇、白僵菌等。

防治方法

农业防治　冬春季清除园内外枯叶杂草，消灭越冬蛹；产卵期及时摘除有卵叶片。

物理防治　成虫发生期，果园置黑光灯诱杀成虫；保护利用天敌防治。

化学防治　卵孵化期喷洒20%抑食肼可湿性粉剂1500～2000倍液或50%丙硫磷乳油1000倍液，10%醚菊酯乳油或20%氰戊菊酯乳油2000倍液等。

62　黄钩蛱蝶（图2-62-1至图2-62-4）

鳞翅目蛱蝶科。又称黄蛱蝶、金钩角蛱蝶。

分布与寄主

分布　国内除西藏未见记载外，其余各地均有分布。

寄主　柿、桃、杏、李、梨、苹果、葡萄、无花果、柑橘等果树及大麻科的大麻、亚麻科的亚麻、蔷薇科的地榆植物等。

危害特点　初孵幼虫啃食卵壳，但一般不吃光，仍残留卵壳底部黏附在寄主体上，然后取食叶片。成虫刺吸果实汁液，特别喜食成熟的果实。

形态诊断　成虫：体长18毫米左右，翅展45～61毫米，为中型蝶类。翅缘凹凸分明，前翅2脉和后翅4脉末端突出部分尖锐（秋型更加明显）；前翅前缘暗色，外缘有黑褐色波状带，反翅外缘和亚缘各有一黑褐色波状带（秋型色淡些）；前翅中室内有黑褐色斑，有时外边两斑相连。中室端有一长形黑褐色斑，中室与顶角间有一道矩形黑褐斑，中室外有4个排成品字形黑褐斑，其中后缘外侧斑纹内有一些青色鳞。后翅基半部中外侧1～3个黑褐斑内有一些青色鳞。夏型翅面黄褐色，秋型翅面红褐色。后翅背面中央有银白色"L"纹。夏型黄色，由褐色波状细线组成斑纹；秋型雄蝶黄色，有深褐色斑纹，雌蝶黑褐色，亦有深色相同斑纹。卵：瓜形，初绿色，孵化前变黑，孵化后卵壳成白色，直径约0.75毫米，孵化孔一般在顶部。上有浅绿色脊9～11条，纵脊高度较均匀。蛹：长约20毫米，最宽处6毫米左右，体色土褐色，顶部有2个尖突，侧部两突起不尖锐成钝角，胸背有1纵向大尖突，有的个体无。腹背各节均有两尖突排成两列，仅第1对尖突和后胸背面有2块银斑闪光。触角褐白相间，横纹明显。幼虫：老熟幼虫体长35毫米左右，头、足漆黑色，有光泽。头上两短枝刺与体上枝刺均为深黄色，但也有的个体胸侧部枝刺黑色；胸足爪深黄色；体暗褐色，各节有乳白色细横纹十分明显；前胸背部有一横列白毛；体上枝刺数目为：中、后胸每节4枚、前八腹节各7枚，后二腹节各2枚。

发生规律　食性杂，发生危害期5～10月，成虫6～10月出现，成虫食害果实，幼虫食害叶。

防治方法

生物防治　用含100亿孢子/毫升Bt乳剂500～800倍液、或用含100亿活芽胞悬浮剂苏云金杆菌600倍液叶面喷洒，低龄幼虫期防治效果好。

用昆虫生长调节剂类药防治　可采用25%灭幼脲胶悬剂500～1000倍液、或5%氟啶脲乳油1000～1500倍液等防治，此类药剂作用较慢，通常在虫龄变更时才使害虫致死，应提早喷洒。这类药剂常采用胶悬剂的剂型，喷洒后耐雨水冲刷，药效可维持15天以上。

化学防治 幼虫发生季节及时喷药，以低龄幼虫期防治效果好，可选用50%辛硫磷乳油1000倍液、40%二嗪磷乳油1000倍液、2%氟丙菊酯乳油800～1000倍液、25%仲丁威乳油1000倍液等叶面喷洒。

63 角斑古毒蛾（图2-63-1至图2-63-4）

属鳞翅目毒蛾科。又名核桃古毒蛾、赤纹夜蛾、杨白纹夜蛾、梨叶毒蛾、囊尾毒蛾。

分布与寄主

分布 黄淮、华北、西北产区。

寄主 柿、核桃、苹果、梨、桃、樱桃、山楂、杏等果树。

危害特点 以幼虫、成虫食芽、叶和果实。初孵幼虫群集叶背取食叶肉，残留上表皮，稍大后分散取食。危害芽多从芽基部蛀食成孔洞，致芽枯死；食害嫩叶，仅残留叶柄；成虫食叶成缺刻和孔洞，重时仅留粗脉；食害果实表面成不规则的凹斑和孔洞，幼果被害多脱落。

形态诊断 成虫：雌雄异型，雌体长10～22毫米，翅退化仅残留痕迹，体略呈椭圆形，灰至灰黄色，密被深灰色短毛和黄、白色绒毛；头很小，触角丝状；足灰色有白毛。雄体长8～12毫米，翅展25～36毫米，体灰褐色，触角短羽毛状；前翅黄褐至红褐色，翅基前半部有白鳞，后半部赭褐色，具波浪形白色细线，近前缘有1赭黄色斑，后缘有1新月形白斑，缘毛暗褐色；后翅栗褐色，缘毛黄灰色。卵：近球形，直径0.8～0.9毫米，初白色渐变灰黄色。幼虫：体长33～40毫米，头部灰至黑色，上生细毛；体黑灰色，被黄色和黑色毛，亚背线上生有白色短毛；前胸两侧各有1束向前伸的由黑色羽状毛组成的长毛；第一至四腹节背面中央各有1簇黄灰至深褐色刷状短毛；第八腹节背面有1束向后斜伸的黑长毛。蛹：长8～20毫米，雌灰色，雄黑褐色。茧：纺锤形，丝质较薄。

发生规律 东北1年发生1代，黄淮地区2代。均以幼虫于树皮缝中及干基部附近的落叶等覆盖物下越冬。1代区，越冬幼虫5月间出蛰危害，6月底老熟吐丝缀叶或于枝杈及皮缝等处结茧化蛹。蛹期6～8天。7月上旬羽化，雄蛾白天飞到于茧上栖息的雌蛾上交配。卵多块产于茧的表面，上覆雌蛾鳞毛。卵期14～20天，孵化后分散危害至越冬。2代区，4月上中旬寄主发芽时出蛰危害，5月中旬化蛹，蛹期15天左右，越冬代成虫6～7月羽化产卵，卵期10～13天。第一代幼虫6月下旬发生，第一代成虫8月中旬至9月中旬发生。第二代幼虫8月下旬发生，危害至9月中旬前后潜入越冬场所越冬，天敌有赤眼蜂、姬蜂、小茧蜂、细蜂、寄生蝇等20多种。

防治方法

农业防治　9月前树干上束草诱幼虫栖息，入冬后解草烧掉。冬春季彻底清除园内枯枝落叶，用硬刷子刮刷老树皮、堵塞树洞等，消灭越冬幼虫。

生物防治　在成虫产卵期，每间隔7天左右，释放松毛虫赤眼蜂1次，连续3次，每株树每次释放3000~5000头，防治效果好。

化学防治　于卵孵化盛期和低龄幼虫期，喷洒90%晶体敌百虫800~1000倍液或50%杀螟硫磷乳油1000倍液、50%辛硫磷乳油1200倍液、50%马拉硫磷乳油1500倍液、5%氯氰菊酯乳油3000倍液、10%溴氰菊酯乳油3500~4000倍液、25%灭幼脲胶悬剂1200倍液等。

64　金缘吉丁虫（图2-64-1至图2-64-3）

属鞘翅目吉丁虫科。又名梨金缘吉丁虫、翡翠吉丁虫、褐绿吉丁虫、金背吉丁虫。

分布与寄主

分布　全国各产区。

寄主　枣、桃、梨、苹果、山楂、李等果树。

危害特点　以幼虫蛀食枝干树皮及木质部，幼虫蛀道在韧皮部和木质部之间，蛀道内充满褐色虫粪和木屑，被害处树皮变黑，内部组织变褐。

症形诊断　成虫：体长13~17毫米，身体稍扁，翠绿色，具金属光泽，前胸背板及鞘翅外缘红色；前胸背板密布刻点；小盾片扁梯形；鞘翅上有由10余条蓝黑色断续的纵纹组成的纵沟；鞘翅端部锯齿状；雌虫腹部末端钝圆，雄虫稍尖。卵：椭圆形，长约2毫米，初乳白渐变为黄褐色。幼虫：老熟幼虫体长30~36毫米，扁平，乳白色至黄白色；头小，暗褐色；前胸膨大，背板中央有1个"人"字形凹纹；腹部10节，分节明显。蛹：体长15~20毫米，初乳白色渐变为紫绿色，有光泽。

发生规律　1~2年发生1代，江西、湖北、江苏等地1年发生1代，华北2年发生1代，均以不同龄期的幼虫在被害枝干的蛀道内越冬，越冬部位多在外皮层。翌春果树萌芽期，幼虫开始活动，老熟后在蛀道内化蛹。约在4月下旬羽化为成虫。成虫羽化后暂不出洞，5月中旬向外咬一扁形羽化孔爬出，一直延续到7月上旬。成虫白天取食叶片补充营养，早晚静伏叶上，遇惊扰下坠落地，有假死习性。成虫产卵期约10天，产卵于树干皮缝和伤口处，一处产卵2~3粒。单雌产卵20~40粒。5月下旬为产卵盛期，6月上旬为幼虫孵化盛期。初孵幼虫先在皮层处取食，随虫龄增大逐渐向形成层串食，蛀道不规则，到秋后幼虫蛀入木质部，在此越冬。待蛀道绕枝干一周后，致整株（枝）枯死。

防治方法

农业防治 ①加强栽培管理，减少树体伤口，以减少成虫产卵条件，降低危害。②根据幼树被害处凹陷变黑、易被识别的特点，常检查并及时用刀将皮层的幼虫挖除。

化学防治 在成虫羽化后出洞前，在枝干上喷洒50%辛硫磷乳油800倍液或90%晶体敌百虫600倍液；在成虫出洞后，喷洒2%阿维菌素乳油1000倍液或50%杀螟硫磷乳油1200倍液、40.7%毒死蜱乳油2000倍液；在6~7月幼虫孵化期，结合人工刮除幼虫，在树干上涂抹52.25%蜱·氯乳油100倍液或3%氯氰菊酯乳油200倍液、50%马拉硫磷乳油150倍液等。

65 康氏粉蚧（图2-65-1至图2-65-4）

属同翅目粉蚧科。又名梨粉蚧、李粉蚧、桑粉蚧。

分布与寄主

分布 全国各产区。

寄主 樱桃、柿、枣、石榴、苹果、梨、桃、柑橘等果树。

危害特点 成虫、若虫刺吸植物的幼芽、嫩枝、叶片、果实和根部的汁液；嫩枝和根部受害常肿胀且易纵裂而枯死；幼果受害多成畸形果。排泄物常引发煤污病的发生，影响光合作用。

形态诊断 成虫：雌体长3~5毫米，扁平椭圆形，体粉红色，表面被有白色蜡质物，体缘具有17对白色蜡丝，体前端的蜡丝较短，后端稍长，而最末一对特长，几乎与体长相等；雄成虫体长约1毫米，紫褐色，翅透明仅1对，翅展约2毫米，后翅退化成平衡棒。卵：椭圆形，长约0.3毫米，浅橙黄色。若虫：体扁平椭圆形，长约0.4毫米，淡黄色，外形似雌成虫。蛹：仅雄虫有蛹期，浅紫色。

发生规律 黄淮地区1年发生3代。以卵在树干、枝条粗皮缝隙或石缝土块中以及其他隐蔽场所越冬。翌年春果树发芽时，越冬卵孵化成若虫开始危害幼嫩部分。第一代若虫发生在5月中下旬，第二代若虫发生在7月中下旬，第三代在8月下旬。雌成虫在枝干粗皮裂缝内或果实萼筒柄洼等处产卵，有的将卵产在土内。在产卵时，雌成虫分泌大量似絮状蜡质卵囊，卵即产在卵囊内，数十粒集中成块。天敌有草蛉、瓢虫等。

防治方法

农业防治 在晚秋树干束草或绑扎破麻袋，诱雌成虫产卵，翌年春卵孵化之前将草束等物取下烧毁。冬春季刮树皮或用硬毛刷子刷除越冬卵，集中烧毁或深埋。

生物防治 有条件的地区可人工饲养和释放捕食性草蛉、瓢虫等天敌。

化学防治　早春喷施5%轻柴油乳剂或3~5波美度的石硫合剂；在各代若虫孵化期喷洒5%氟虫脲乳油1200倍液或90%晶体敌百虫1500倍液，50%杀螟硫磷乳油或10%醚菊酯乳油1000倍液。

66　枯叶夜蛾（图2-66-1至图2-66-3）

属鳞翅目夜蛾科。又名通草木夜蛾。

分布与寄主

分布　全国各产区。

寄主　桃、柿、杏、苹果、柑橘、通草等植物。

危害特点　成虫刺吸果汁，幼虫吐丝缀叶潜伏危害。

形态诊断　成虫：体长35~38毫米，翅展96~106毫米，头胸部棕褐色，腹部杏黄色，触角丝状；前翅色似枯叶，从顶角至后缘内凹处有一黑褐色斜线，翅脉上有许多黑褐小点，翅基部及中央有暗绿色圆纹；后翅杏黄色，中部有1肾形黑斑，亚端区有1牛角形黑纹。卵：扁球形，直径1毫米左右，乳白色。幼虫：体长57~71毫米，头部红褐色，体黄褐或灰褐色；第一、二腹节常弯曲，第八腹节隆起，将七至十腹节连成山峰状；第二、三腹节亚背面各有1眼形斑，中黑并具月牙形白纹，各体节布有许多不规则白纹。蛹：长31~32毫米，红褐至黑褐色。

发生规律　1年发生2~3代，多以成虫越冬，温暖地区有以卵和中龄幼虫越冬的，发生期重叠。成虫多在7~8月危害，昼伏夜出，有趋光性，喜食香甜味浓的果实，7月前危害桃、杏等早中熟果实，后转危害柿、苹果、梨、葡萄等。成虫寿命较长，卵产于叶背；幼虫吐丝缀叶潜伏危害，老熟后缀叶结薄茧化蛹。

防治方法

农业防治　在果园四周挂有香味的烂果诱集，晚22：00后去捕杀成虫。

物理防治　设置高压汞灯，诱杀成虫。果实套袋防虫。

化学防治　①防治成虫。用果醋或酒糟液加红糖适量配成糖醋液加0.1%晶体敌百虫几滴诱杀成虫；或用早熟的去皮果实扎孔浸泡在50倍敌百虫液中，一天后取出晾干，再放入蜂蜜水中浸泡半天，晚上挂在果园里诱杀取食成虫。②防治幼虫。在卵孵化盛期或低龄幼虫期喷洒5%顺式氰戊菊酯乳油或20%甲氰菊酯乳油2000倍液、50%杀螟硫磷乳油1000倍液、25%灭幼脲乳油1200倍液等。

67　阔胫赤绒金龟（图2-67-1至图2-67-4）

属鞘翅目鳃金龟科。又名阔胫鳃金龟。

分布与寄主

分布　东北、华北、黄淮等产区。

寄主　枣、樱桃、李、苹果、梨等果树。

危害特点　主要以成虫食害果树的蕾花、嫩芽和叶。

形态诊断　成虫体长约8毫米。全体赤褐色有光泽，密生绒毛。鞘翅布满纵列隆起纹。

发生规律　1年发生1代，以成虫在土中越冬。6月在果树根系周围土中产卵。成虫有假死性和趋光性，昼伏夜出，晚上取食危害。天敌有：红尾伯劳、灰山椒鸟、黄鹂等益鸟和朝鲜小庭虎甲、深山虎甲、粗尾拟地甲及寄生蜂、寄生蝇、寄生菌等。

防治方法　此虫虫源来自多方面，特别是荒地虫量最多，故应以消灭成虫为主。

农业防治　早、晚张网震落成虫，捕杀之。

生物防治　保护利用天敌。

化学防治　①地面施药。控制潜土成虫。于早晨成虫入土后或傍晚成虫出土前，地面撒施5%辛硫磷颗粒剂每亩3千克，或每亩用50%辛硫磷乳油0.3~0.4千克加细土30~40千克拌成的毒土撒施；或50%辛硫磷乳油500~600倍液均匀喷于地面。使用辛硫磷后及时浅耙，提高防效。②树上施药。成虫发生期，喷洒52.25%蜱·氯乳油或50%杀螟硫磷乳油、45%马拉硫磷乳油、48%毒死蜱乳油1500倍液、2.5%溴氰菊酯乳油2000~3000倍液、10%醚菊酯乳油800~1000倍液等。

68　蓝目天蛾（图2-68-1，图2-68-2）

属鳞翅目天蛾科。又名柳天蛾、柳目天蛾、柳蓝目天蛾。

分布与寄主

分布　除新疆、西藏未见报道外，其他各产区均有分布。

寄主　桃、樱桃、核桃、梅、苹果、葡萄等果树。

危害特点　低龄幼虫食叶成缺刻或孔洞，稍大常将叶片吃光，残留叶柄。

形态诊断　成虫：体长25~27毫米，翅展66~106毫米，体灰黄色，胸背中央具褐色纵宽带；触角栉状黄褐色；前翅外缘波状，翅基1/3色浅、穿过褐色内线向臀角突伸一长角，末端有黑纹相接，中室端具新月形带褐边的白斑，外缘顶角至中后部有近三角形大褐色斑1个；后翅浅黄褐色，中部具灰蓝或蓝色眼状大斑1个，周围青白色，外围黑色，其上缘粉红至红色。卵：椭圆形，长1.7毫米，绿色有光泽。幼虫：体长60~90毫米，黄绿或绿色，体表密布黄白色小颗粒，头顶尖，三角形，口器褐色；胸部两侧各具由黄白色颗粒构成的纵线1条；第一至第七腹节两侧具斜线；第八腹节背面中部具1密布黑色小颗粒的尾角，胸足红褐色。蛹：长35毫米左右，黑褐色，臀棘锥状。

发生规律 东北、华北1年发生2代，河南3代，均以蛹在土中越冬。2代区越冬蛹5月上旬至6月上旬羽化，交尾产卵，卵期约20天，第1代幼虫6月发生，7月老熟入土化蛹，蛹期20天左右，7月下旬至8月下旬羽化；第2代幼虫8月始发，9月老熟幼虫入土化蛹越冬。成虫昼伏夜出，具趋光性，卵多产于叶背，每雌可产卵300～400粒。幼虫在叶背或枝条上栖息，老熟后下树入土化蛹。天敌有小茧蜂等。

防治方法

农业防治 秋后至早春耕翻土壤，以消灭越冬蛹。幼虫发生期人工捕杀幼虫。

物理防治 成虫发生期黑光灯诱杀成虫。

化学防治 卵孵化盛期喷洒90%晶体敌百虫1000倍液或20%虫酰肼悬浮剂或50%杀螟硫磷乳油1500倍液、20%氰戊菊酯乳油2000～3000倍液、20%甲氰菊酯乳油2000倍液、2.5%三氟氯氰菊酯乳油或10%联苯菊酯乳油2000～2500倍液等。

69 梨豹蠹蛾（图2-69-1至图2-69-3）

属鳞翅目木蠹蛾科。又称豹蛾。

分布与寄主

分布 全国梨及苹果、樱桃、核桃、李、杏产区。

寄主 梨、苹果、樱桃、李、杏、核桃等果树和多种灌木。

危害特点 幼虫蛀食寄主植物的茎部，自下而上取食心材，常致寄主植物自虫蛀孔处折断，破坏严重。

形态诊断 成虫：体白色，翅灰白色，翅展4～6厘米，上有许多黑点和斑纹，毛蓬松。幼虫：老熟幼虫体长约5厘米，白色而肥胖，头部色暗。

发生规律 2～3年发生1代，以幼虫在寄主植物蛀道内缀合虫粪木屑封闭两端静伏越冬，在浙江4月中旬化蛹，5月上旬羽化。成虫夜间飞行，趋光性强。成虫喜将卵产于孔洞或缝隙处，几十粒至数百粒产成块状。卵经2周左右时间孵化，初孵幼虫有群集取食卵壳的习性，3～5天后渐渐分散。分散的方式以吐丝下垂借风迁移为主，也有爬行迁移。幼虫多从嫩枝基部逐渐食害蛀入。当蛀至木质部后多在蛀道下方环蛀一圈，并咬一通外的蛀孔，然后向上蛀食，同时不断向外排出粪粒。

防治方法

农业防治 及时剪除受害枝，集中烧毁或深埋。

物理防治 成虫盛发期用黑光灯或频振式杀虫灯进行诱杀。

化学防治 成虫发生期及卵孵化盛期用25%灭幼脲悬浮剂1000倍液、或Bt

乳剂500倍液、5%氟啶脲1500倍液、2.5%三氟氯氰菊酯乳油3000倍液、2.5%联苯菊酯乳油1500倍液等喷雾，保证枝干充分着药，以毒杀卵及初孵幼虫；幼虫蛀干危害期，树干皮层注射20%吡虫啉可湿性粉剂100倍液、2%氟丙菊酯乳油50倍液、1.8%阿维菌素乳油20~50倍液等，毒杀枝干内幼虫。

70 梨尺蠖（图2-70-1至图2-70-3）

属同翅目尺蠖科。又名梨步曲。

分布与寄主

分布 河北、河南、山东、山西、安徽等产区。

寄主 梨、苹果、山楂、海棠、杏及杨等。

危害特点 幼虫食害梨花、嫩叶成缺刻或孔洞，重时吃光花、叶。

形态诊断 成虫雌雄异形。雄成虫：有翅，全身灰色或灰褐色，体长12~14毫米，翅展32~35毫米；触角羽毛状；前翅灰褐色，有3条黑褐色斜横线；后翅灰褐色。雌成虫：无翅，体长11~14毫米，深灰色；触角丝状。卵：椭圆形，长1~1.3毫米，表面光滑，初期为乳白色，后期变为黄褐色。幼虫：体色因食物不同有绿色、褐色等。初孵幼虫绿色或灰褐色；老熟幼虫体长28~30毫米，头部黑色或黑褐色，胸、腹部深灰色，有比较规则的线状黑灰色条纹；胸足3对，褐色至红褐色；腹足2对，深褐色，分别着生在腹部第六和第十节上；幼虫爬行时呈“弓腰”状。蛹：体长12~15毫米，红褐色，头部圆钝。

发生规律 1年发生1代，以蛹在土中越冬。河北第二年早春2、3月越冬蛹羽化为成虫后沿幼虫入土穴道爬出土面，白天潜伏在杂草间或树冠中。雌蛾只能爬到树上，等待雄蛾飞来交尾，把卵产在树干阳面缝中或枝干交叉处，少数产于地面土块上。每雌产卵300余粒。卵期10~15天，幼虫孵化后分散危害幼芽、幼果及叶片，幼虫期36~43天，幼虫遇惊扰吐丝下垂。5月上旬幼虫老熟开始下树，多在树干四周入土9~12厘米，个别深达21厘米，先做土茧化蛹，以蛹越夏和越冬，蛹期9个多月。

防治方法

农业防治 ①冬春季耕翻果园，利用冻害或鸟食灭蛹。②成虫发生期，在梨冠树下铺塑料薄膜并用土压实，阻止成虫出土；或在树干基部堆50厘米高上尖下大的土堆，拍实打光，阻止雌蛾上树；或者在树干基部绑宽约10厘米的塑料薄膜，于薄膜上涂黄油或废机油，阻止雌成虫上树交尾。③幼虫发生期震树捕杀幼虫。

物理防治 黑光灯诱杀雄成虫。

化学防治 ①地面施药。成虫出土前在树干周围喷洒90%晶体敌百虫800~1000倍液、或撒布40%辛硫磷颗粒剂，施药后轻锄地面混匀药土，毒杀出土成

虫。②叶面喷药。掌握在幼虫3龄前防治效果好。可选用90%敌百虫晶体1000倍液、50%辛硫磷乳油1000倍液、20%氰戊菊酯乳油2000倍液、或50%杀螟硫磷乳油1000倍液，或其他菊酯类药剂喷雾。

71 梨蝽（图2-71-1至图2-71-4）

属半翅目异蝽科。又名梨椿象、花壮异蝽、臭大姐、臭板虫。

分布与寄主

分布　全国各产区。

寄主　梨、樱桃、杏、李、桃、苹果等果树。

危害特点　成虫、若虫刺吸枝梢和果实汁液。枝条被害后，生长缓慢，影响树势，严重时枯萎死亡。果实受害后生长畸形，硬化，不堪食用，失去商品价值。

形态诊断　成虫：体长10～13毫米，宽5毫米，扁平椭圆形，褐色至黄绿色；头淡黄色，中央有2条褐色纵纹；触角丝状5节；前胸背板、小盾片、前翅革质部分均有黑色细小刻点，前胸前缘有一黑色八字形纹；腹部两侧有黑白相间的斑纹，常露于翅缘外面，腹面黑斑内侧有3个小黑点。若虫：形似成虫，无翅，初孵化时黑色；前胸背板两侧有黑色斑纹；腹部棕黄色，各节均有黑色斑纹和小红点，背面中央有3条长方形黑色斑纹。卵：椭圆形，直径0.8毫米，淡黄绿色，常20～30粒排列在一起。

发生规律　山东1年发生1代，以2龄若虫在树干及主侧枝的翘皮下、裂缝中越冬。翌春果树发芽时开始活动危害。6月上中旬羽化为成虫，危害枝条和果实。成虫寿命3～4个月，8月下旬至9月上旬产卵。卵成堆产在枝干粗皮裂缝间和枝干分权处。卵期10天左右。若虫寻觅适当场所越冬。

防治方法

农业防治　冬春季刮除树干和主枝上的老翘皮，消灭越冬若虫；成虫产卵期，在果园巡回检查，发现卵块及时除去。

化学防治　春季果树发芽期是越冬若虫出蛰期，也是喷药防治的最佳期。要及时喷洒48%毒死蜱乳油或20%氰戊菊酯乳油2000倍液、50%杀螟硫磷乳油1000倍液、25%灭幼脲悬浮剂1500～2000倍液等。

72 梨刺蛾（图2-72-1至图2-72-5）

属鳞翅目刺蛾科。又名梨娜刺蛾。危害植物的芽、叶。

分布与寄主

分布　全国各产区。

寄主　梨、苹果、桃、李、杏、樱桃、枣、核桃、柿、杨树等90多种植物。

危害特点　幼虫啃食芽和叶片，将其啃吃成很多孔洞、缺刻或仅留叶柄、主脉，严重影响树势和果实产量。

形态诊断　成虫：体长14~16毫米，翅展29~36毫米，黄褐色；雌虫触角丝状，雄虫触角羽毛状；胸部背面有黄褐色鳞毛；前翅黄褐色至暗褐色，外缘为深褐色宽带，前缘有近似三角形的褐斑；后翅褐色至棕褐色；缘毛黄褐色。卵：扁圆形，白色，数十粒至百余粒排列成块状。幼虫：老熟幼虫体长22~25毫米，暗绿色；各体节有4个横列小瘤状突起，其上生刺毛。其中前胸、中胸和第六、第七腹节背面的瘤突较大且刺毛较长，形成枝刺，伸向两侧，黄褐色。蛹：黄褐色，体长约12毫米。

发生规律　1年发生1代，以老熟幼虫在土中结茧，以前蛹越冬，翌春化蛹，7~8月份出现成虫；成虫昼伏夜出，有趋光性，产卵于叶片上。幼虫孵化后取食叶片，发生盛期在8~9月份。幼虫老熟后从树上爬下，入土结茧越冬。在正常管理的果园，梨刺蛾的发生数量一般不大，在管理粗放的梨园，有时发生较多。

防治方法

农业防治　①结合整枝、修剪、除草和冬季清园、松土等，清除枝干上、杂草中的越冬虫体，破坏地下的蛹茧，以减少越冬虫源。②幼虫群集危害期人工捕杀。

物理防治　利用成蛾趋光习性，结合防治其他害虫，在6~8月成虫发生盛期，设诱虫灯、糖醋液盆等诱杀成虫。

生物防治　秋冬季摘虫茧，放入纱笼，保护和引放寄生蜂；用每克含孢子100亿的白僵菌粉0.5~1千克，在雨湿条件下防治1~2龄幼虫。

化学防治　幼虫孵化盛期及时喷洒90%晶体敌百虫或50%马拉硫磷乳油、25%亚胺硫磷乳油、50%杀螟硫磷乳油、30%乙酰甲胺磷乳油等900~1000倍液；还可选用50%辛硫磷乳油1400倍液或10%联苯菊酯乳油5000倍液、2.5%鱼藤酮300~400倍液、52.25%蜱·氯乳油1500~2000倍液等。

73　梨大食心虫（图2-73-1，图2-73-2）

属鳞翅目螟蛾科。又名梨斑螟蛾、梨斑螟，俗称吊死鬼。

分布与寄主

分布　全国各产区。

寄主　梨、苹果、桃、沙果等果树。

危害特点　幼虫蛀食芽致其枯死；食花、叶簇致部分或全簇枯萎；幼果受害，蛀孔处有虫粪堆积，幼果渐干枯变黑，果柄基部有大量缠丝使果不易脱落，果内常有蛹壳。

形态诊断 成虫：体长10~12毫米，翅展20~24毫米，体翅暗灰褐色；前翅具2条灰白色线和1个肾形纹。卵：椭圆形，长1毫米，初淡黄后变红色。幼虫：体长17~20毫米，暗红褐色微绿，腹面淡青色；头、前胸盾和胸足黑褐色；臀板暗褐色。蛹：长10~12毫米，初碧绿渐变黄褐色。

发生规律 东北、华北1年发生1~2代，陕西、河南、安徽2~3代。均以幼虫蛀入花芽内结小白茧越冬。翌年花芽萌动露绿时，越冬幼虫出蛰转芽危害，被害芽多枯死；展叶开花后多从花簇、叶簇基部蛀入并吐丝缠缀芽鳞而不易脱落，蛀入嫩梢髓部致其枯萎下垂。梨果拇指大时又从胴部蛀入梨果危害20余天，蛀孔处堆有虫粪，故称冒粪，5月中旬至6月中旬转果，于最后被害果内化蛹，化蛹前吐丝缠绕果柄于果台枝上，被害果渐干缩变黑悬挂不落故称吊死鬼。成虫羽化期：1代区7月间，2~3代区6月中下旬至8月中下旬。成虫昼伏夜出，对黑光灯有趋性，卵散产于萼洼、芽旁、短果枝、叶痕等处，卵期5~7天。高温干燥对成虫、幼虫均不利。天敌有黄眶离缘姬蜂、瘤姬蜂、离缝姬蜂等。

防治方法

农业防治 及时摘虫果，深埋或烧毁。

生物防治 保护利用天敌。

物理防治 利用黑光灯诱杀成虫。

化学防治 越冬幼虫出蛰转芽期和转果期是关键，防治好的可基本控制当年危害。可喷洒20%氰戊菊酯乳油2000倍液或50%辛硫磷乳油1000倍液、50%丙硫磷乳油1200倍液、52.25%蜱·氯乳油1500倍液等，7~10天1次，连防2~3次。

74 梨虎象甲（图2-74-1至图2-74-3）

属鞘翅目卷象科。别名梨果象甲、梨象鼻虫、梨虎。

分布与寄主

分布 除新疆、西藏未见报道外，全国均有分布。

寄主 梨、苹果、山楂、杏、桃等果树。

危害特点 成虫啃食嫩枝、叶和花成大小不同的伤斑，啃食果实果皮呈疮痂状，俗称麻脸梨；成虫产卵前后咬伤果柄，致果多脱落；幼虫于果内蛀食，致被害果皱缩脱落或成凹凸不平的畸形果。

形态诊断 成虫：体长12~14毫米，暗紫铜色；头管长约与鞘翅纵长相似，雄头管先端向下弯曲，触角着生在前1/3处，雌头管较直，触角着生在中部；鞘翅上刻点较粗大略呈9纵行。卵：椭圆形长约1.5毫米，初乳白渐变乳黄色。幼虫：体长约12毫米，乳白色，头部暗褐色，体表多横皱略弯曲，无胸足。蛹：长约9毫米，初乳白渐变黄褐至暗褐色。

发生规律 1年发生1代，少数2年1代，以成虫在土中越冬。越冬成虫在梨开花时始出土，梨果拇指大时出土最多，时间在4月下旬至7月上旬；落花后降透雨大量出土，春旱出土少出土期推迟。白天取食，早晚低温时遇惊扰假死落地。6月中旬至7月上中旬产卵盛期，成虫寿命及产卵期达2个月左右，果实成熟期尚可见成虫。卵期1周左右，幼虫于果内危害20~30天老熟、脱果入土化蛹、羽化越冬。被产卵果4~20天陆续脱落，幼虫在落果中危害至老熟脱果。

防治方法

农业防治 成虫出土期早晚震树，捕杀成虫，5~7天1次。及时捡拾落果，消灭其中幼虫。冬春耕翻园地，利用低温冻害和鸟食灭虫。

化学防治 成虫出土盛期，地面喷洒25%辛硫磷胶囊剂500倍液或每亩用50%辛硫磷颗粒剂5~7.5千克或50%辛硫磷乳剂0.5千克与50千克细沙土混合均匀撒入树冠下，施药后松土深5~10厘米，使药土混合，提高防效。成虫发生期树上喷洒90%晶体敌百虫600~800倍液、或2.5%溴氰菊酯乳油3000倍液等，10~15天1次，连防2~3次。

⑦⑤ 梨剑纹夜蛾（图2-75-1至图2-75-3）

属鳞翅目夜蛾科。又名梨叶夜蛾。

分布与寄主

分布 分布全国产区。

寄主 梨、桃、杏、李、苹果、梅、山楂等果树。

危害特点 幼虫将叶片吃成孔洞、缺刻，重者将叶脉吃掉，仅留叶柄。

形态诊断 成虫：体长14~17毫米，翅展32~46毫米；头、胸部棕灰色，腹部背面浅灰色带棕褐色；前翅暗棕色有白色斑纹，上有4条横线，基部2条色较深，外缘有1列黑斑，翅脉中室内有1个圆形斑，边缘色深；后翅棕黄色至暗褐色；触角丝状。卵：半球形，赤褐色。幼虫：体长约33毫米，头黑色，体褐色至暗褐色，具大理石样花纹，背面有1列黑斑，中央有橘红色点；各节毛瘤较大，簇生褐色长毛。蛹：体长约16毫米，黑褐色。

发生规律 1年发生2代，以蛹在土中越冬。5月下旬至6月上旬越冬代成虫羽化。6~7月幼虫发生危害，6月中旬即有幼虫老熟在叶片上吐丝结黄色薄茧化蛹；第一代成虫在6月下旬发生。8月上旬出现第二代成虫，第二代幼虫危害到9月中下旬，陆续老熟后入土结茧化蛹。成虫昼伏夜出，有趋光性和趋化性；产卵于叶背或芽上，卵呈块状排列，卵期7~10天；幼龄幼虫群集嫩叶取食，后分散危害。

防治方法

农业防治 冬春翻树盘，消灭越冬蛹。

物理防治　成虫发生期用糖醋液或黑光灯、高压汞灯诱杀成虫。

化学防治　防治适期是各代幼虫发生初期，可喷洒50%杀螟硫磷乳油或50%辛硫磷乳油1000～1500倍液、20%氰戊菊酯乳油2000倍液、10%联苯菊酯乳油4000～5000倍液、20%除虫脲悬浮剂1000倍液。

(76) 梨卷叶象甲（图2-76-1至图2-76-3）

属鞘翅目象甲科。又名杨卷叶象鼻虫、杨狗子。

分布与寄主

分布　北起黑龙江、内蒙古，南限达浙江、江西等广大产区。近几年其已成为果树及部分林木灾害性害虫，有些用杨树作防风林的果园，果树受害尤为严重，有的果树80%以上的叶片被害，严重削弱树势，影响产量和质量。

寄主　梨、山楂、苹果、杨等。

危害特点　成虫将被害叶片的背面叶肉啃食成宽约1.5毫米、长数毫米不等的条状虫口。开始产卵前，将被害叶柄或嫩梢基部输导组织咬伤，使一片或几片叶卷成一卷，边卷边将卵产在卷叶内。吊在树上，叶卷逐渐干枯落地。

形态诊断　成虫：体长约8毫米，头向前延伸呈象鼻状，虫体色泽有蓝紫色、蓝绿色、豆绿色，有红色金属光泽，触角黑色，鞘翅长方形，侧后方微凹入。整个鞘翅表面具不规则的深刻列；雄成虫头管较粗而弯，胸前两侧各有一个尖锐的伸向前方的刺突。卵：长约1毫米，椭圆形，乳白色，半透明。幼虫：长7～8毫米，头棕褐色，全身乳白色，微弯曲。蛹：裸蛹，略呈椭圆形，体长7毫米左右，初乳白色，以后体色渐深。

发生规律　1年发生1代，以成虫在地面杂草中，或地下表土层内作土室越冬。越冬成虫在4月下旬出土，5月上中旬为成虫出土盛期。成虫出土后啃食叶片，4～6天后开始交尾、卷叶、产卵。每一叶卷一般产卵4～8粒，叶片接合处用黏液粘住。卵期6～11天，幼虫在卷叶中危害，卷叶干枯后落地。幼虫6月末开始入土，在地表5厘米深处做一圆形土窝，8月上旬在土窝中化蛹，蛹期7～8天。8月中旬为羽化盛期，8月下旬成虫开始出土上树啃食叶片，补营养，食痕呈条状。9月下旬，成虫陆续入土或在杂草中越冬。

防治方法

农业防治　①新建园不要用杨树作防风林。老果园附近有杨树要与果树同时防治，否则达不到彻底防治梨卷叶象甲的目的，②摘除树上卷叶，或捡拾落地卷叶，集中烧毁，消灭卷叶中的卵和幼虫。③利用成虫假死习性，可于清晨震落捕杀成虫。

化学防治　5月上中旬成虫出蛰后至产卵前喷洒40%毒死蜱乳油1200～1500倍液、或20%氰戊菊酯乳油2000～3000液、或5%氟啶脲乳油1500～2000倍液等毒杀成虫。除梨树外，对附近杨树也要注意用药防治，以免转移为害。在大发生年份，5月下旬再喷洒一次杀虫剂防治。

77 梨小食心虫（图2-77-1至图2-77-4）

属鳞翅目卷蛾科。又名梨小蛀果蛾、桃折梢虫，简称梨小。

分布与寄主

分布 分布全国各产区。

寄主 梨、山楂、苹果、桃、李、杏、樱桃、枇杷等果树。

危害特点 幼虫食害芽、蕾、花、叶和果实。幼虫吐丝将叶片缀成饺子状，在其中取食叶肉，残留灰白色表皮。果实受害，初果面现一黑点，孔外排出较细虫粪，蛀孔四周变黑腐烂，形成黑疤，虫粪脱落，疤上仅有1小孔，果内有大量虫粪形成豆沙馅。新梢受害，梢端枯死易折断。

形态诊断 成虫：体长6~7毫米，翅展13~14毫米，体翅灰褐色；前翅前缘有8~10条白色斜纹，外缘有10个小黑点，翅中央有1小白点。卵：扁椭圆形，长约2.8毫米，初乳白渐变为淡黄色。幼虫：低龄幼虫体白色；老熟幼虫体长10~14毫米，头褐色，体淡黄白或粉红色。蛹：纺锤形，长约7毫米，黄褐色；蛹外包有丝质白色薄茧。

发生规律 北方1年发生3~4代，南方发生6~7代。均以老熟幼虫在干、枝粗皮缝隙内、落叶或土中结茧越冬。华北、山东、陕西等地，越冬代成虫4月下旬至6月中旬发生，以后世代重叠严重。第一代成虫5月下旬至7月上旬发生。各虫态历期：卵期5~10天，幼虫期25~30天，蛹期7~10天。成虫于傍晚活动，对糖醋液和烂果有趋性，产卵于嫩叶背面或果实胴部，幼虫孵化后从新梢顶端蛀入向下蛀食致嫩梢枯萎，或蛀入果核周围串食，致被害果脱落，幼虫老熟后向果外咬一个虫孔脱果，爬至枝干粗皮处或果实基部结茧化蛹。第一、二代主要危害山楂、桃、李、杏的新梢，三、四代危害山楂、桃、苹果、梨的果实。在核果类和仁果类混栽或毗邻果园，虫害发生重。天敌有赤眼蜂、小茧蜂、白僵菌等。

防治方法

农业防治 冬春季刮除树干和主枝上的翘皮，清除园内枯枝落叶，集中烧掉或深埋。果树生长前期，及时剪除被害、刚萎蔫新梢。被害梢枯干时，其中的幼虫已转移。及时拾取落地果实深埋。

物理防治 用红糖、蜂蜜、水按1 ∶ 1 ∶ 15的比例，加入1%其他杀虫剂，配成诱杀液，装入盆碗或瓶内，挂在树上诱杀成虫。成虫发生期，在每株树上挂1个梨小食心虫性外激素诱芯，干扰雌雄成虫交尾产卵。

化学防治 关键时期是各代卵孵化前后。可喷洒50%杀螟硫磷乳油或90%晶

体敌百虫1000倍液；48%哒嗪硫磷乳油2000倍液；2.5%溴氰菊酯乳油或10%氯氰菊酯乳油2500倍液、25%灭幼脲悬浮剂1500倍液等。

78 梨眼天牛（图2-78-1至图2-78-3）

属鞘翅目天牛科。又名梨绿天牛、琉璃天牛。

分布与寄主

分布　东北、山西、陕西、河南、山东、江苏、江西、浙江、安微、福建、台湾等地及周边地区。

寄主　梨、苹果、梅、杏、桃、李、海棠、石榴、山楂等多种林木、果树。

危害特点　成虫取食叶片、芽和嫩枝的皮；幼虫于枝干的木质部、深达髓部，多向上少数向下蛀食，生活期间蛀道内无粪屑，削弱树势，重者致干或枝枯死。

形态诊断　成虫：体长8~10毫米，宽3~4毫米，体小略呈圆筒形，橙黄或橙红色；鞘翅呈金属蓝色或紫色，后胸两侧各有紫色大斑点；全体密被长细毛或短毛，头部密布粗细不等的刻点；复眼上下完全分开成2对；触角丝状11节，基节数节淡棕黄色，每节末端棕黑色；雄虫触角与体等长，雌虫略短，腹面被缨毛，雌虫较长而密，端区具片状小颗粒；前胸背板宽大于长，前、后各具一条横沟，两沟之间有一隆凸，似瘤突，两侧各具一小瘤突，中部瘤突具粗刻点，鞘翅末端圆形，翅上密布粗细刻点；雌虫腹部末节较长，中央具一条纵沟。卵：长约2毫米，宽约1毫米，长椭圆略弯曲，初乳白后变黄白色。幼虫：老熟体长18~21毫米，体呈长筒形，背部略扁平，前端大，向后渐细，无足，淡黄至黄色；头大部缩在前胸内，外露部分黄褐色；上额大，黑褐色，前胸大，前胸背板方形，前胸盾骨化，呈梯形。蛹：体长8~11毫米，稍扁略呈纺锤形；初乳白，后渐变黄色，羽化前体色似成虫；触角由两侧伸至第二腹节后弯向腹面；体背中央有一细纵沟；足短，后足腿、胫节几乎全被鞘翅覆盖。

发生规律　2年完成1代，以幼虫于被害枝隧道内越冬。第1年以低龄幼虫越冬，翌春树液流动后，越冬幼虫开始活动继续危害，至10月末，幼虫停止取食，于近蛀道端越冬。第3年春季以老熟幼虫越冬者不再食害，开始化蛹，部分未老熟者则继续取食危害一段时间后陆续化蛹。化蛹期为4月中旬至5月下旬，4月下旬至5月上旬为化蛹盛期，蛹期15~20天。5月上旬成虫开始羽化出孔，5月中旬至6月上旬为羽化盛期，6月中旬为末期。成虫羽化后，先于隧道内停息3天左右，然后从隧道顶端一侧咬一圆形羽化孔出孔。成虫出孔后先栖息于枝上，然后活动并开始取食叶片和嫩枝的皮以补充营养。

成虫喜白天活动，飞行力弱，风雨天一般不活动。交尾多在上午9：00左右和下午17：00左右，交配后3天左右开始产卵，成虫产卵多选择直径为15~25毫米粗的枝条，或以2~3年生枝条为主，产卵部位多于枝条背光的光滑处，产卵前先将树皮咬成"三三"形伤痕，然后产1粒卵于伤痕下部的本质部与韧皮部之间，外表留小圆孔，极易识别。同一枝上可产卵数粒，单雌产卵量20粒左右，成虫寿命10~30天。卵期10~15天。初孵幼虫先于韧皮部附近取食，到2龄后开始蛀入木质部，深达髓部，并多顺枝条生长方向蛀食，少数向枝条基部取食。幼虫常有出蛀道啃食皮层的习性，常由蛀孔不断排出烟丝状粪屑，并黏于蛀孔外不易脱落。随虫体增长排粪孔（或称蛀孔）不断扩大，烟丝状粪屑也变粗加长，幼虫一生蛀食隧道长达6~9厘米，取食皮层面积达5平方厘米左右。粪屑常附于蛀道反方向，其长度与蛀道约等，越冬前或化蛹前常用粪屑封闭排粪孔和虫体前方的部分蛀道，生活期间蛀道内无粪屑。

防治方法

严格检疫、杜绝扩散 对带虫苗木不经处理不能外运，新建果园的苗木应严格检疫，防治有虫苗木植入。初发生的果园应及时将有虫枝条剪除烧掉或深埋或及时毒杀其中幼虫，以杜绝扩展。

防治成虫 成虫羽化期结合防治果树其他害虫，喷洒50%马拉硫磷乳油1500倍液或30%杀虫双水剂1000倍液及其他高效、低毒菊酯类杀虫药剂的常规浓度，对成虫均有良好的防治效果。

防治虫卵 在枝条产卵伤痕处，用煤油10份配50%杀螟硫磷乳油500倍液或90%晶体敌百虫300倍液1份的药液，涂抹产卵部位效果很好。

防治幼虫 ①捕杀幼虫。利用幼虫有出蛀道啃食皮层的习性，于早晚在有新鲜粪屑的蛀道口，用铁丝钩出粪屑及其中的幼虫或用粗铁丝直接刺入蛀道，以刺杀其中幼虫。②毒杀幼虫。卵孵化初期，结合防治果园其他害虫，喷洒50%马拉硫磷乳油1500倍液或30%杀虫双水剂1000倍液及其他高效、低毒菊酯类杀虫药剂的常规浓度，毒杀初孵幼虫均有一定效果。或用蘸40%辛硫磷乳油100倍液的小棉球，由排粪孔塞入蛀道内，然后用泥土封口，可毒杀其中幼虫。

79 **梨圆蚧**（图2-79-1至图2-79-3）

属同翅目盾蚧科。又名梨笠圆蚧、梨枝圆盾蚧、梨笠圆盾蚧。

分布与寄主

分布 全国各产区。

寄主 梨、苹果、山楂、杏、桃、李、葡萄、柑橘、樱桃、草莓等300多种植物。

危害特点 雌成虫、若虫刺吸枝干、叶、果实汁液，轻致树势衰弱，重致枯死。

形态诊断 成虫：雌介壳近圆形稍隆起，直径约1.7毫米，灰白至灰褐色，具同心轮纹；虫体近扁圆形橙黄色，体长0.9~1.5毫米，宽0.75~1.23毫米。雄介壳长椭圆形，长1.2~1.5毫米，似鞋底状，介壳的质地与色泽同雌介壳；雄体长0.6毫米，翅展1.62毫米，淡橙黄至橙黄色，前翅外缘近圆形。若虫：椭圆形扁平，淡黄至橘黄色。

发生规律 北方1年发生2~3代，南方4~5代，以若虫在枝条上越冬，翌春树液流动后开始危害。3代区越冬代、一、二代发生期分别为：6月上旬至7月上旬、7月下旬至9月上旬、9月至11月上旬。4代区越冬代、一、二、三代发生期分别为：4月下旬至5月上旬、6月下旬至7月底、8月下旬至10月上旬、11月中下旬。若虫多在2~5年生枝干上危害，部分在叶背主脉两侧分泌绵毛状蜡丝形成介壳。天敌有红点唇瓢虫、肾斑唇瓢虫、红圆蚧金黄芽小蜂等数十种。

防治方法

农业防治 加强检疫，防止有蚧苗木传入新区。及时剪除介壳虫寄生严重枝条烧毁。严禁用有虫枝条作种苗接穗。

生物防治 引放利用天敌防治。

化学防治 春季梨树发芽前，喷洒3~5度波美石硫合剂或0.4%五氯酚钠溶液、95%机油乳剂200倍液等。一、二代若虫期，枝干喷洒25%噻菌酮可湿性粉剂1500~2000倍液或20%甲氰菊酯乳油3000倍液、50%马拉硫磷乳油1000倍液、95%机油乳剂500倍液等。危害期用5%氟啶脲乳油20~50倍液涂干包扎，效果较好。

80 李枯叶蛾（图2-80-1至图2-80-5）

属鳞翅目枯叶蛾科。又名枯叶蛾、苹叶大枯叶蛾、贴皮虫。

分布与寄主

分布 分布全国各产区。

寄主 核桃、桃、樱桃、李、梨、苹果等果树。

危害特点 幼虫食害嫩芽和叶片，食叶成孔洞或缺刻，重者吃光叶片仅留叶柄。

形态诊断 成虫：体长30~45毫米，翅展60~90毫米，雄较雌略小，全体赤褐至茶褐色，头中央有一条黑色纵纹；触角双栉齿状；前翅外缘和后缘略呈锯齿状，前缘色较深，翅上有3条波状黑褐色带蓝色荧光的横线，近中室端有一黑褐色斑点，缘毛蓝褐色；后翅宽短，外缘呈锯齿状，前缘橙黄色，翅上有2条蓝褐色波状横线，缘毛蓝褐色。卵：近圆形，直径1.5毫米，绿至绿褐色，带白色轮纹。幼虫：体长90~105毫米，暗褐至灰色，头黑色；各体节背面有2个红褐色斑纹；中后胸背面各有一明显的黑蓝色横毛丛；第八腹节背面有一角状小突起，上生刚毛；各体节生有毛瘤，上丛生黄和黑色长、短毛。蛹：长30～45毫米，黄褐至黑褐色。茧：长椭圆形，长50～60毫米，丝质、暗褐至暗灰色，茧上附有幼虫体毛。

发生规律　东北、华北1年发生1代，河南2代，均以低龄幼虫在干枝皮缝中越冬。翌春寄主发芽后出蛰食害嫩芽和叶片，白天静伏，夜晚取食，常将叶片吃光仅残留叶柄；老熟后多于枝条下侧结茧化蛹。1代区成虫6月下旬至7月发生。2代区成虫5月下旬至6月、8月中旬至9月发生。成虫昼伏夜出，有趋光性。卵常数粒或散产于枝条上。幼虫孵化后分散危害，1代区幼虫达2～3龄、体长20～30毫米时，便于枝干皮缝中越冬；2代区一代幼虫历期30～40天，结茧化蛹、羽化繁殖，第二代幼虫达2～3龄时进入越冬状态。幼虫体扁，体色与树皮相似故不易发现。

防治方法

农业防治　冬春季结合树体管理捕杀幼虫。

物理防治　利用黑光灯或高压汞灯诱杀成虫。

化学防治　卵孵化前后至幼虫3龄前为防治的关键期，叶面喷洒52. 25%蜱·氯乳油2000倍液，25%喹硫磷乳油或50%杀螟硫磷乳油、50%马拉硫磷乳油1500倍液，50%辛·溴乳油或20%菊·马乳油2000倍液；2. 5%三氟氯氰菊酯乳油或2. 5%溴氰菊酯乳油3000倍液、10%联苯菊酯乳油4000倍液等。

81　李叶甲（图2-81-1）

鞘翅目肖叶甲科。又名云南松叶甲、云南松金花虫、山跳蚤。

分布与寄主

分布　全国各产区。

寄主　李、石榴、桃、杏、梨、苹果、梅、板栗、蔷薇、云南松等。

危害特点　以成虫啃食石榴叶表皮和叶肉，将叶片咬成许多断续而又呈网状的孔洞，而叶缘部分又常不被咬断，致叶片卷曲枯黄。

形态诊断　成虫：雌成虫体长3～3. 8毫米，雄虫体长2. 5～3. 0毫米。黑色，有金属光泽。椭圆形，头部隐于前胸背板之下。鞘翅末端钝圆，其上各有10条左右连成线状的刻点纵列。足的基节为黑棕色，其余部分为黄棕色。腿节膨大，呈纺锤形；后足发达。卵：长椭圆形，长0. 5毫米，宽0. 2毫米，淡黄色。幼虫：老熟幼虫体长4～6毫米，乳白色，体扁，腹部向腹面弯曲，呈新月形。头部黄褐色。上唇黄褐色，上颚棕褐色，下颚及下唇须黄褐色。前胸背板淡黄色；胸足3对，黄褐色；中胸至第八腹节每节上有8个瘤状小突起，生有淡黄色刚毛。蛹：体长3～4毫米，宽2～2. 5毫米，乳白色。

发生规律 在四川省凉山地区1年发生1代。以卵在土中越冬，翌年3月开始孵化，4月中下旬为孵化盛期。初孵幼虫在土壤表层活动，取食腐殖质、杂草和果木的须根。5月上中旬开始在2~3厘米的表土内筑土室化蛹。6月上旬成虫开始羽化出土，7月为羽化出土盛期。初孵化出土的成虫，先在杂草上缓慢爬行和取食，而后飞到石榴树等寄主上危害。成虫常群栖危害，单株虫口可达数百头乃至上千头。成虫有较强的趋光性，白天喜群栖于阳光终日强烈照射的散生树和疏林上。

防治方法

农业防治 加强果园土肥水管理和树体管理，使果园保持合理的密度，及时清除园地周围杂草，造成不利于此虫发生的环境条件，预防和抑制其发生。

生物防治 在成虫盛发期，应用每毫升含1.5亿孢子的苏云金杆菌悬浮液喷雾防治，效果较好。

化学防治 成虫产卵前，于7月上旬到8月中旬，在早上5:00~9:00，成虫不甚活动时，针对该虫集中危害的习性，重点挑治。可喷50%敌百虫可湿性粉剂600~700倍液或90%晶体敌百虫1000~1500倍液，或10%氯菊酯乳油2000~2500倍液，或50%马拉硫磷乳油800~1000倍液等，每隔15~20天喷药1次，连续进行2~3次。

82 栗毒蛾（图2-82-1至图2-82-4）

属磷翅目毒蛾科。又名栎毒蛾、二角毛虫、苹果大毒蛾等。

分布与寄主

分布 全国各产区。

寄主 板栗、苹果、杏、李等果树。

危害特点 以幼虫取食叶片，常造成叶片破碎和缺刻，严重时能将叶片吃光。

形态诊断 成虫：雌成虫体长约30毫米，翅展85~95毫米，触角丝状，头、胸部白色，背面有黑色斑5个，接近翅基部各有一个红斑；前翅灰白色，上有5条黑褐色波状纹，内缘有粉红色和黑色斑，外缘有8~9个黑斑，前缘和外缘粉红色；后翅淡红色，外缘有褐色斑8~9块并有横带1条；腹部浅红色，腹末3节白色，腹背中间有一排黑色斑。雄成虫体长20~24毫米，翅展45~52毫米，触角双栉齿状，胸部黑色，上有5块深黑色斑；前翅黑褐色，上有白色波状横纹数条，翅中室处有一个黑色圆点，外缘有8~9块黑斑；后翅淡黄褐色，外缘有黑色斑点和横带，中部有一个黑色横斑；腹部黄色，背中间有一条黑色纵条纹。卵：圆形白色，成块状。幼虫：体长60~80毫米，体黑褐色具黄白色斑；头部黄褐色；背线、前胸白色，后段枯黄色，体各节生毛瘤4个，上生黑褐色毛丛，第一节两侧丛毛特长且黑白毛混杂，第十一节生6丛长毛；腹面黄褐色，足赤褐色。蛹：长27~35毫米，黄褐色，头部有一对黑色短毛束。

发生规律 东北、华北等地1年发生1代，以卵在树皮裂缝及锯伤口处越冬，栗树发芽时卵孵化，孵化期20~30天，初孵幼虫先在卵块附近群集危害，随虫龄增大分散危害。幼虫危害期50余天，7月份老熟，在叶背面结薄丝茧化蛹，尾端结一束丝倒吊。7月下旬成虫羽化，雌蛾多将卵产于树干阴面，每块卵约200粒，以卵越冬。

防治方法

农业防治 冬春刮除卵块；利用初孵幼虫集中危害习性捕杀；人工捕杀蛹和成虫。

化学防治 卵孵化盛期和幼虫集中危害期，叶面喷洒90%晶体敌百虫800倍液或40%辛硫磷乳油1000倍液，或20%氰戊菊酯乳油、2.5%溴氰菊酯乳油、20%甲氰菊酯乳油、5%三氟氯氰菊酯乳油2000~3000倍液等。

(83) 栗黄枯叶蛾（图2-83-1至图2-83-4）

属鳞翅目枯叶蛾科。又名栎黄枯叶蛾、绿黄枯叶蛾、蓖麻枯叶蛾。

分布与寄主

分布 山西、河北、河南、安徽、江苏、浙江、湖北、湖南、江西、福建、台湾、陕西、甘肃、四川、云南等地。

寄主 板栗、石榴、核桃、海棠、苹果、山楂、柑橘、咖啡等。

危害特点 幼虫食叶成孔洞和缺刻，严重时叶片吃光，残留叶柄。

形态诊断 成虫：雌体长25~38毫米，翅展60~95毫米，淡黄绿至橙黄色，头黄褐色杂生褐色短毛；复眼黑褐色；触角短、双栉状。胸背黄色。翅黄绿色，外缘波状，缘毛黑褐色，前翅近三角形，内线黑褐色，外线波状暗褐色，亚端线由8~9个暗褐色斑纹组成断续波状横线，后缘基部中室后具1个黄褐色大斑。后翅内、外线黄褐色波状。腹末有暗褐色毛丛。雄较小，黄绿至绿色，翅绿色，外缘线与缘毛黄白色，前翅内、外线深绿色，其内侧有白条纹，亚端线波状黑褐色，中室端有1个黑褐色点；后翅内线深绿，外线黑褐色波状。腹末有黄白色毛丛。卵：椭圆形，长0.3毫米，灰白色，卵壳表面具网状花纹。幼虫：体长65~84毫米，雌长毛深黄色，雄长毛灰白色，密生。全体黄褐色。头部具不规则深褐色斑纹，沿颅中沟两侧各1条黑褐色纵纹。前胸盾中部具黑褐色"×"形纹；前胸前缘两侧各有1个较大的黑色瘤突，上生1束黑色长毛。中胸后各体节亚背线、气门上、下线和基线处各生1较小黑色瘤突，上生1簇刚毛。亚背线、气门上线瘤为黑毛，余者为黄白色毛。第三至九腹节背面前缘各具1条中间断裂的黑褐色横带，其两侧各有1条黑斜纹。气门黑褐色。蛹：赤褐色，长28~32毫米。茧：

长40~75毫米，灰黄色，略呈马鞍形。

发生规律　山西、陕西、河南1年发生1代，南方2代，以卵越冬，寄主发芽后孵化，幼虫群集叶背取食叶肉，受惊扰吐丝下垂，2龄后分散取食，幼虫期80~90天，共7龄，7月开始老熟，于枝干上结茧化蛹。蛹期9~20天，7月下旬至8月羽化，成虫昼伏夜出，有趋光性，于傍晚交尾。卵产在枝、干上，常数十粒排成2行，黏有稀疏黑褐色鳞毛，状如毛虫。单雌产卵200~320粒。2代区，成虫发生于4~5月和6~9月。天敌有蝎敌、多刺孔寄蝇、黑青金小蜂等。

防治方法

农业防治　冬春剪除越冬卵块集中消灭。捕杀群集幼虫。

生物防治　保护利用天敌，控制害虫发生。

化学防治　卵孵化盛期是施药的关键时期，用80%丙硫磷乳油或48%哒嗪硫磷乳油、50%二嗪磷乳油、50%马拉硫磷乳油1000倍液；2.5%溴氰菊酯乳油3000~3500倍液等叶面喷雾。

84　栗山天牛（图2-84-1至图2-84-3）

属鞘翅目天牛科。

分布与寄主

分布　全国各产区。

寄主　板栗、苹果、梨、梅等果树。

危害特点　幼虫先蛀食皮层，而后蛀入木质部，纵横回旋蛀食并向外蛀有通气孔、排粪孔。排出粪便和木屑，引起枝干枯死，易被风折。

形态诊断　成虫：体长40~48毫米，宽10~15毫米，灰黄色被棕黄色短毛，触角11节，近黑色，约为体长的1.5倍；头顶中央有一条深纵沟；前胸两侧较圆有皱纹，背面有许多不规则的横皱纹，鞘翅周缘有细黑边，后缘呈圆弧形，内缘角生尖刺；足细长。幼虫：体长约70毫米，乳白色疏生细毛，头部较小淡黄褐色，胴部13节，背板淡褐色，前半部横列2个凹字形纹。蛹：体长45~50毫米，黄褐色。

发生规律　2~3年发生1代，以幼虫在虫道内越冬。成虫7~8月发生，卵多产于10~30年生大树、3米以上部位的枝干上，产卵前先咬破树皮成槽，将卵产于槽内，每槽1粒，幼虫孵出后即蛀食皮层，而后蛀入木质部，纵横回旋蛀食，并向外蛀通气孔和排粪孔，将粪和木屑排出孔外，危害至晚秋在虫道内越冬。次年4月份继续危害，老熟幼虫在虫道端部蛀椭圆形蛹室化蛹，羽化后咬一孔脱出。

防治方法

农业防治　成虫发生期捕杀成虫。

化学防治 在成虫羽化产卵期喷洒40%辛硫磷乳油或80%敌敌畏乳油、90%晶体敌百虫1000倍液、2.5%溴氰菊酯乳油2000~2500倍液、20%甲氰菊酯乳油2500~3000倍液等，重点喷洒树干至淋洗状态，毒化树皮，毒杀咬产卵槽的成虫或槽内初孵幼虫。

85 柳蝙蛾（图2-85-1，图2-85-2）

属鳞翅目蝙蝠蛾科。又名蝙蝠蛾、东方蝙蝠蛾。

分布与寄主

分布 东北、江淮及南方果产区。

寄主 山楂、核桃、板栗、葡萄、樱桃、梨、苹果、杏、枇杷等果树、林木。

危害特点 幼虫危害枝条，把木质部表层蛀成环形凹陷坑道，致受害枝条生长衰弱，重则枝条枯死，遭风易折断。

形态诊断 成虫：体长32~36毫米，翅展61~72毫米，体色变化较大，刚羽化绿褐色，渐变粉褐，后变茶褐色；前翅前缘有7个半环形斑纹，翅中央有1个深褐色微暗绿的三角形大斑，外缘具由并列的模糊的弧形斑组成的宽横带；后翅暗褐色；雄蛾后足腿节背侧密生橙黄色刷状毛。卵：球形，直径0.6~0.7毫米，黑色。幼虫：体长50~80毫米，头部褐色，体乳白色，圆筒形，布有黄褐色瘤状突起。蛹：圆筒形，黄褐色。

发生规律 辽宁1年发生1代，少数2代，以卵在地面或以幼虫在枝干髓部越冬，翌年5月开始孵化，6月中旬在花木或杂草茎中危害，6~7月转移到附近木本寄主上，蛀食枝干。8月上旬开始化蛹，8月下旬至9月成虫羽化。成虫昼伏夜出，卵产在地面上越冬，每雌可产卵2000~3000粒。两年1代者幼虫翌年8月于被害处化蛹，9月成虫羽化。天敌有孢目白僵菌、柳蝙蛾小寄蝇等。

防治方法

农业防治 冬春季耕翻园地，将卵翻压至深层土壤，至幼虫不能正常孵化出土；及时清除园内杂草，集中深埋或烧毁；及时剪除被害虫枝。

生物防治 保护利用天敌。

化学防治 ①地面施药。5月至6月上旬幼虫孵化及低龄幼虫在地面活动期，地面喷洒40%辛硫磷乳油600~800倍液；45%马拉硫磷乳油或48%毒死蜱乳油800~1000倍液；2.5%溴氰菊酯乳油或20%氰戊菊酯乳油1500~2000倍液等2~3次，省工效果好。②枝干涂药。于幼虫上树前，树干上涂抹上述药液，毒杀上树幼虫。③虫孔注药。幼虫钻入枝干后，可用80%敌敌畏乳油50倍液及上述药液50~100倍液注入虫孔，每孔10~20毫升，注意不要注入太多，以能杀死幼虫药液被树体吸收为好，注多了容易造成烂干。

86 苹果大卷叶蛾（图2-86-1至图2-86-3）

属鳞翅目卷蛾科。又名黄色卷蛾。

分布与寄主

分布　长江以北产区。

寄主　樱桃、桃、杏、李、苹果、梨等果树。

危害特点　以幼虫危害嫩芽、花蕾、叶片和果实。幼虫卷叶危害，将叶片吃成孔洞和缺刻。

形态诊断　成虫：体长11~13毫米，雄虫翅展19~24毫米，雌虫翅展23~34毫米；翅黄褐色或暗褐色，前翅近基部1/4处和中部自前缘向后缘有2条浓褐色斜宽带；雄虫前翅基部有前缘褶，翅基部1/3处靠后缘有1黑色小圆点。卵：椭圆形，黄绿色。幼虫：体长23~25毫米，深绿色稍带灰白色，头和前胸背板黄褐色，前胸背板后缘黑褐色，体背毛瘤较大，刚毛细长，臀栉5根。蛹：长10~13毫米，红褐色。

发生规律　1年发生2代，以幼龄幼虫结白色薄茧在树干翘皮下和剪锯口等处越冬。翌春果树花芽开绽时，幼虫出蛰危害嫩叶，稍大后卷叶危害。老熟幼虫在卷叶内化蛹，6月上中旬越冬代成虫发生。成虫昼伏夜出，趋光性和趋化性不强。成虫产卵于叶上，数十粒排列成鱼鳞状卵块，卵期5~8天。低龄幼虫多在叶背啃食叶肉，稍大后卷叶危害，有吐丝下垂的习性。6月下旬至7月上旬第一代幼虫发生，8月上中旬第一代成虫发生，8月下旬第二代幼虫发生，危害一段时间后结茧越冬。天敌有赤眼蜂、甲腹茧蜂等。

防治方法

农业防治　冬春季彻底刮除树体粗皮、翘皮、剪锯口周围死皮，消灭越冬幼虫。生长季节及时摘除卷叶。

生物防治　幼虫发生期，隔株或隔行释放赤眼蜂，每代放蜂3~4次，间隔5天，每株放有效蜂1000~2000头。

化学防治　越冬幼虫出蛰盛期及第一代卵孵化盛期是施药的关键期，可喷洒48%哒嗪硫磷乳油或50%杀螟硫磷乳油、50%马拉硫磷乳油1000倍液，或20%氰戊菊酯乳油3000倍液、5%氯氰菊酯乳油3000倍液等。

87 苹果枯叶蛾（图2-87-1，图2-87-2）

属鳞翅目枯叶蛾科。又名杏枯叶蛾、苹毛虫。

分布与寄主

分布　黑龙江、吉林、辽宁、内蒙古、山西、河北、河南、山东、江苏、安徽、浙江、江西、福建、台湾、湖北、湖南、广西、广东等地。

寄主　苹果、桃、杏等果树及其他蔷薇科植物。

危害特点　幼虫危害嫩芽和叶片，食叶成孔洞和缺刻，严重时将叶片吃光仅留叶柄。

形态诊断　成虫：雌成虫体长25~30毫米，翅展52~70毫米；雄成虫体长23~28毫米，翅展45~56毫米。全身赤褐色，复眼球形黑褐色，触角双栉齿状，雄栉齿较长。前翅外缘略呈锯齿状，翅面有3条赤褐色横线。内、外横线呈弧形，两线间有1个明显的白斑点，亚缘线呈细波纹状。后翅色较淡，有两条不太明显的深褐色横带。卵：椭圆形，直径约1.5毫米，初产时稍带绿色，中间灰白色，并有云状花纹。幼虫：末龄幼虫体长50~60毫米；青灰色或茶褐色，体扁平，两侧缘毛长，灰褐色；胴部青灰色或淡茶褐色，腹部第一节两侧各生1束黑色长毛，第二节背面有1黑蓝色横列毛丛，腹部第八节背面有1个瘤状突起。蛹：长约30毫米，紫褐色，外被灰黄色纺锤形茧，茧外有幼虫体毛。

发生规律　该虫发生代数因地区不同而异。东北1年1代，陕西关中1年2代，河北昌黎1年3代。均以幼龄幼虫紧贴在树皮上或枯叶内越冬。虫体颜色近似树皮，不易被发现。在昌黎5月上中旬越冬代幼虫化蛹，化蛹前先在小树枝上或树皮缝内结茧，5月中下旬越冬代成虫羽化。成虫昼伏夜出，具趋光性。羽化后6~8小时即可交尾，再经4~6小时即产卵。卵多散产在树枝和树叶上。1头雌虫平均产卵450粒左右。越冬代成虫寿命4~5天。第一代卵在5月下旬孵化，孵化率约为70%。幼虫主要取食叶肉，有时亦吃叶脉，最喜食幼芽。老熟幼虫耐饥饿能力强，断食4天仍可成活。7月中旬幼虫老熟并吐丝结茧。7月下旬出现成虫并产卵。第二代卵在8月上旬孵化，9月中下旬老熟幼虫吐丝结茧，10月中旬出现成虫并产卵。第三代卵在10月下旬孵化，11月中旬以2~3龄幼虫在树皮缝隙或树干上越冬。

防治方法

农业防治　冬季结合整形修剪，刮除树皮，清理枯叶，杀灭越冬幼虫；越冬幼虫出蛰前用80%敌敌畏200倍液封闭剪锯口、枝杈及其他越冬场所。

物理防治　成虫发生期用黑光灯或高压汞灯或频振式杀虫灯诱杀，或用性诱剂诱杀，或用糖∶酒∶醋∶水为1∶1∶4∶16配制的糖醋液诱盆挂于树冠内诱杀成虫。

生物防治　发生期隔株或隔行释放赤眼蜂，每代放赤眼蜂3~4次，间隔5天，每株放有效赤眼蜂1000~2000头；

化学防治　春季幼虫危害初期施药防治，可选择喷洒50%辛硫磷乳油1000倍液、或青虫菌6号500~1000倍液、或20%氰戊菊酯乳油3000倍液，及其他菊酯类农药等。

88 苹果小吉丁虫（图2-88-1至图2-88-3）

属鞘翅目吉丁虫科。又名苹小吉丁虫。

分布与寄主

分布　东北、华北、西北各地。

寄主　苹果、沙果、海棠、花红等。

危害特点　危害皮层，隧道内为褐色虫粪堵塞，皮层枯死、变黑、凹陷。

形态诊断　成虫：体长5.5~10毫米，全体紫铜色，有光泽。头部短而宽，前端呈截形，翅端尖削，体似楔状。幼虫：体长15~22毫米，体扁平，头部和尾部为褐色，胸腹部乳白色，头大，大部入前胸，前胸特别宽大，中胸特小。腹部第七节最宽，胸足、腹足均已退化。卵：长约1毫米，椭圆形，初产时乳白色，后逐渐变成黄褐色。

发生规律　一般1年1代，以幼虫在被害处皮层下越冬。第二年3月中下旬幼虫开始串食皮层，造成凹陷、流胶、枯死等危害状。5月下旬至6月中旬是幼虫严重危害期，7~8月为成虫盛发期。成虫咬食叶片。成虫产卵盛期在7月下旬至8月上旬，卵产在枝条向阳面、粗糙有裂纹处。初孵幼虫立即钻入表皮浅层，蛀成弯曲状不规则的隧道。随着虫龄增大，逐渐向深层危害。11月底开始越冬。

防治方法

农业防治　苹小吉丁虫为国内检疫对象。应加强苗木出圃、异地调运时的检疫工作，防止带虫苗木向非疫区传播。利用成虫的假死性，人工捕捉落地的成虫；清除死树，剪除虫梢，于化蛹前集中烧毁；人工挖治，冬春季节，将虫伤处的老皮刮去，用刀将皮层下的幼虫挖出，然后涂5波美度石硫合剂，既保护和促进伤口愈合，又可阻止其他成虫前去产卵。

生物防治　苹小吉丁虫在秋冬季，约有30%的幼虫和蛹被啄木鸟食掉，应注意保护利用有益鸟类。

化学防治　①涂药治虫。幼虫在浅层危害时，应勤检查，发现树干上有被害状时，用毛刷一刷即可。药剂可用80%敌敌畏乳油10倍液或80%敌敌畏乳油用煤油稀释20倍液。②树冠喷药。在苹小吉丁虫发生严重的果园，应在防治幼虫的基础上，在成虫发生盛期连续喷药，可树冠喷洒20%氰戊菊酯乳油2000倍液、90%晶体敌百虫1500倍液、5%氟虫脲乳油1000倍液等。

89 苹毛丽金龟（图2-89-1至图2-89-4）

鞘翅目丽金龟科。又名苹毛金龟子、长毛金龟子。

分布与寄主

分 布　黑龙江、吉林、辽宁、内蒙古、宁夏、甘肃、青海、陕西、山西、北京、河北、河南、山东、安徽、江苏、上海、浙江、重庆、四川等地。

寄 主　苹果、石榴、梨、核桃、桃、李、杏、葡萄、山楂、板栗、草莓、黑莓、海棠等。

危害特点　成虫食害嫩叶、芽及花器；幼虫危害地下组织。

形态诊断　成虫：体长8.9~12.5毫米，宽5.5~7.5毫米。卵圆至长圆形，除鞘翅和小盾片外，全体密被黄白色绒毛。头胸部古铜色，有光泽；鞘翅茶褐色，具淡绿色光泽，上有纵列成行的细小点刻。触角鳃叶状9节，棒状部3节。从鞘翅上可透视出后翅折叠成"V"字形。腹部末端露出鞘翅。卵：椭圆形，长1.5毫米，初乳白后变为米黄色。幼虫：体长约15毫米，头黄褐色，头部前顶刚毛每侧7~8根，呈一纵列，后顶刚毛每侧10~11根，呈簇状，额中侧毛每侧2根，较长。臀节肛腹片覆毛区中央具2列刺毛，相距较远，每列前段由短锥状刺毛6~12根组成，后段为长针状刺毛6~10根，排列整齐。蛹：长卵圆形，长12.5~13.8毫米，宽5.5~6.0毫米，初黄白后变黄褐色。

发生规律　1年发生1代，以成虫在土中越冬。翌春3月下旬开始出土活动，主要危害蕾花，4月中旬至5月上旬危害最盛；成虫发生期40~50天，于5月中下旬成虫活动停止。4月中旬开始产卵，产卵盛期为4月下旬至5月上旬，卵期20~30天，幼虫期60~80天。幼虫发生盛期为5月底至6月初。7月底开始化蛹，化蛹盛期为8月中下旬。9月中旬开始羽化，羽化盛期为9月中旬，羽化后的成虫不出土，即在土中越冬。成虫具假死性，无趋光性，当平均气温达20℃以上时，成虫在树上过夜；温度较低时潜入土中过夜。成虫最喜食花器，故随寄主现蕾、开花早迟而转移危害，一般先危害杏、桃，后转至梨、苹果及石榴上危害。卵多产于9~25厘米土层中，并多选择土质疏松且植被稀疏的场所产卵，单雌产卵8~56粒，一般20余粒。天敌有红尾伯劳、灰山椒鸟、黄鹂等益鸟和朝鲜小庭虎甲、深山虎甲、粗尾拟地甲及寄生蜂、寄生蝇、寄生菌等。

防治方法　此虫虫源来自多方面，特别是荒地虫量最多，故应以消灭成虫为主。

农业防治　早、晚张网震落成虫，捕杀之。

生物防治　保护利用天敌。

化学防治　①地面使药，控制潜土成虫。常用药剂有5%辛硫磷颗粒剂每亩3千克撒施；或50%辛硫磷乳油每亩0.3~0.4千克加细土30~40千克拌匀成毒土撒施；或稀释500~600倍液均匀喷于地面。使用辛硫磷后应及时浅耙，提高防效。②树上使药。于果树接近开花前，结合防治其他害虫喷洒52.25%蜱·氯乳油或50%二嗪磷乳油或45%马拉硫磷乳油或48%哒嗪硫磷乳油1500倍液或2.5%溴氰菊酯乳油2000~3000倍液等。

90　球胸象甲（图2-90-1）

属鞘翅目象甲科。

分布与寄主

分布　黄淮产区。

寄主　枣、苹果等果树。

危害特点　成虫食害嫩叶成缺刻状，并排黑色黏粪于叶面，易引发煤污病。

症形诊断　成虫：体长8.8~13毫米，体宽3.2~5.1毫米，黑色具光泽，被覆淡绿色或灰色间杂有金黄色鳞片，其鳞片相互分离；头部略凸出，表面被覆较密鳞片，鳞片间散布带毛颗粒；足上有长毛，胫节内缘有粗齿；胸板第三至五节密生白毛，少鳞片，雌虫腹部短粗，末端尖，基部两侧各具沟纹1条；雄虫腹部细长，中间凹，末端略圆。

发生规律　1年发生1代，以幼虫在土中越冬。翌年4、5月化蛹，5月下旬至6月上旬羽化，河南小麦收割期，正处该虫出土盛期，7月份危害枣树、苹果树盛期。严重时可把整株树叶吃光，仅留主叶脉。成虫具假死性。

防治方法

农业防治　冬春耕翻树盘，利用低温、鸟食，消灭土中越冬虫态；成虫发生期，利用成虫的假死性，在清晨或傍晚震树捕杀成虫。

化学防治　成虫出土上树前，在树干半径1米内，喷洒50%辛硫磷乳油500倍液，喷后耙松表土，使药与土混合均匀，毒杀羽化出土的成虫。成虫危害期，喷洒90%晶体敌百虫或50%杀螟硫磷乳油1000倍液、10%氯氰菊酯乳油2000倍液、2.5%溴氰菊酯乳油2500~3000倍液等。

91　人纹污灯蛾（图2-91-1至图2-91-5）

属鳞翅目灯蛾科。

分布与寄主

分布　全国多数苹果产区。

寄主　桃、杏、李、苹果等果树。

危害特点　幼虫以危害叶片为主，重者吃光叶片，仅剩叶脉或叶柄。食料缺乏时，也啃害果皮。

形态诊断　成虫：体长约20毫米，翅展40~60毫米，前翅黄白色，基部有1个小黑点，前翅中部有1列黑色线点，停息时两翅合拢，黑点形成似"人"字形纹。卵：灰白色。幼虫：体长46~55毫米，黄褐色，体被黄色长毛。蛹：体长18毫米，深褐色，外被幼虫体毛和丝织成的虫茧。

发生规律 1年发生2代，在地表落叶或浅土中以蛹结茧越冬。翌年5月羽化，卵成块产于叶背，单层排列成行，每块数十粒至上百粒。第一代幼虫6月下旬至7月下旬发生，第一代成虫7~8月发生。第二代幼虫8~9月发生，发生量大危害重，10月幼虫老熟结茧化蛹越冬。成虫有趋光性。初孵幼虫群集叶背取食，3龄后分散危害，爬行速度快，受惊后落地假死，蜷缩成环。

防治方法

农业防治 冬季清园，消灭越冬蛹。

物理防治 成虫发生期灯光诱杀成虫，幼虫集中危害期及时摘除有虫叶片。

化学防治 幼虫初孵期喷洒20氰戊菊酯乳油2000倍液或95%晶体敌百虫1000倍液、40%辛硫磷乳油1200倍液。

92 桑褶翅尺蠖（图2-92-1至图2-92-3）

属鳞翅目尺蛾科。又名桑褶翅尺蛾。

分布与寄主

分布 山西、陕西、河北、河南、辽宁、宁夏及周边产区。

寄主 核桃、桑、枣、山楂、苹果、梨等果树和林木。

危害特点 幼虫食芽、叶成缺刻和孔洞，重者仅留主脉。食幼果呈坑洼状。

形态诊断 成虫：雌体长14~16毫米，翅展46~48毫米，体灰褐色；触角丝状；腹部除末节外，各节两侧均有黑白相间的圆斑；头胸部多毛，前翅有红、白色斑纹，内、外线粗黑色；后翅前缘内曲，中部有一条黑色横纹，腹末有2个毛簇。雄体较小，色暗，触角羽状，前翅略窄，其余与雌相似。成虫静止时4翅褶叠竖起，因此得名。卵：扁椭圆形，长1毫米，褐色。幼虫：体长约40毫米，头黄褐色，前胸盾绿色，前缘淡黄白色；体绿色，腹部第一和第八节背部有一对肉质突起，第二至第四节各有一大而长的肉质突起，突起端部黑褐色，沿突起向两侧各有一条黄色横线，第二至第五节背面各有2条呈"八"字形的黄短斜线，第一至第五节两侧下缘各有一肉质突起，似足状。臀板两侧白色，端部红褐色。腹线为红褐色纵带。蛹：长13~17毫米，短粗，红褐色。茧：半椭圆形，丝质附有泥土。

发生规律 1年发生1代，以蛹在土中或树根颈部越冬，翌年3月中旬开始羽化。成虫昼伏夜出，具假死性，受惊后即坠落地上。卵多产在光滑枝条上，堆生排列松散，每雌产卵600~1000粒。卵期20天左右，4月初孵化。幼虫静止时头部向腹面卷缩至第五腹节下，以腹足和臀足抱持枝上。幼虫有吐丝下垂习性，并通过吐丝下垂转移危害。老熟幼虫于树干周围3~9厘米土中，或根颈部贴树皮吐丝结茧化蛹越夏和越冬。

防治方法

农业防治　冬春季结合果园管理，翻耕树盘，用硬刷子刷根颈部虫茧，消灭越冬茧蛹。卵期常检查，及时刮除卵块。幼虫期人工捕捉，可以喂养家禽。

化学防治　越冬成虫羽化盛期及卵孵化前后是施药的关键时期，可喷洒80%敌敌畏乳油或48%毒死蜱乳油、25%喹硫磷乳油、50%杀螟硫磷乳油、50%马拉硫磷乳油1000~1500倍液；2.5%三氟氯氰菊酯乳油或2.5%溴氰菊酯乳油、20%氰戊菊酯乳油3000~3500倍液；10%联苯菊酯乳油4000倍液、52.25%蜱·氯乳油1500倍液等。

93　山楂绢粉蝶（图2-93-1至图2-93-3）

属鳞翅目粉蝶科。又名山楂粉蝶、苹果粉蝶、苹果白蝶、梅白粉蝶、树粉蝶。

分布与寄主

分布　全国各产区。

寄主　山楂、苹果、梨、李、杏、樱桃、桃等果树。

危害特点　幼虫危害芽、叶和花蕾，初孵幼虫群居于树冠上，吐丝结网成巢，日间潜伏于巢内，夜晚危害；随虫龄增大，分散危害，严重时将树叶吃光。

形态诊断　成虫：体长22~25毫米，翅展64~76毫米，体黑色，头胸及足被淡黄白色至灰白鳞毛，触角棒状；翅白色，翅脉黑色，前翅外缘各脉末端都有1个三角形黑斑；雌腹部较大，雄瘦小。卵：柱形，顶端稍尖，高1~1.5毫米，直径0.5毫米左右，初产金黄渐变淡黄色。幼虫：体长38~45毫米，体上有稀疏淡黄色长毛间有黑毛，间布许多小黑点；头胸部、胸足和臀板黑色；胴部背面有3条黑色纵带，其间夹有两条黄褐色纵带，腹面紫灰色。蛹：长约25毫米，分黑色和黄色两种形态，体上布许多黑色斑点。

发生规律　1年发生1代，以低龄幼虫群集在树冠上用丝缀叶成巢并在其中越冬。寄主春季发芽时开始活动，夜伏昼动，群集危害芽、嫩叶和花器。较大幼虫离巢危害，老熟幼虫在枝干、树下杂草、砖石瓦块等处化蛹，蛹期14~23天。成虫白天活动，在株间飞舞吸食蜜蜂。单雌产卵200~500粒，卵多块产于嫩叶正面，卵期10~17天。低龄幼虫在叶面上群居啃食，并吐丝缀连被害叶成巢。于8月间在巢内结茧群集越冬。天敌有黑瘤姬蜂、绒茧蜂、寄生蝇等。

防治方法

农业防治　冬春季彻底摘除树上不脱落的枯叶虫巢，消灭其内越冬幼虫，简单有效防虫效果好。卵期摘卵块灭卵。

化学防治　卵孵化前后是防治的关键期，可喷洒50%马拉硫磷乳油或48%哒嗪硫磷乳油、50%杀螟硫磷乳油、25%喹硫磷乳油1000~1200倍液；2.5%三氟氯氰菊酯乳油或2.5%溴氰菊酯乳油、20%氰戊菊酯乳油3000~3500倍液；10%联苯菊酯乳油4000倍液或52.25%蜱·氯乳油1500倍液等。

94　四点象天牛（图2-94-1至图2-94-3）

属鞘翅目天牛科。又名黄斑眼纹天牛。

分布与寄主

分布　全国各产区。

寄主　山楂、苹果、核桃等果树、林木。

危害特点　成虫取食枝干嫩皮；幼虫蛀食枝干皮层和木质部，喜于韧皮部与木质部之间蛀食，隧道不规则，内有粪屑，致树势衰弱或枯死。

形态诊断　成虫：体长8~15毫米，宽3~6毫米，黑色，杂有金黄色毛斑，触角11节赤褐色；头部及前胸背板有小颗粒及点刻，前胸中后方及两侧有瘤状突起，中具4个略呈方形排列的丝绒状黑斑，每斑镶金黄色绒毛边；鞘翅上有许多不规则形黄色斑和近圆形黑斑点；翅中段色较淡，在淡色区的上、下缘中部各有一较大的不规则形黑斑；小盾片中部金黄色。卵：椭圆形，长2毫米，乳白渐变淡黄白色。幼虫：体长25毫米，淡黄白色，头黄褐色，口器黑褐色，前胸显著粗大，前胸盾矩形黄褐色；胴部13节。蛹：长10~15毫米，淡黄褐渐变为黑褐色。

发生规律　黑龙江2年1代，以幼虫或成虫越冬。翌春5月初越冬成虫开始危害、交配产卵。卵多产在树皮缝、枝节、死节处，尤喜产在腐朽变软的树皮上。卵期15天，5月底幼虫孵化后蛀入韧皮部与木质部之间蛀食，隔一定距离向外蛀一排粪孔。秋后于蛀道内越冬。第二年危害至7月底前后老熟于隧道内化蛹，蛹期10余天，羽化后咬圆形羽化孔出树，于落叶层和干基部各种缝隙内越冬。

防治方法

农业防治　加强综合管理，增施有机肥、合理灌排水，及时防治病虫害，增强树势，提高抗虫能力。冬春季科学修剪，彻底剪除衰弱、枯死枝集中处理，剪枝后注意伤口涂药消毒保护，促进伤口愈合；结合修剪涂白剂涂干防冻害，春季防霜冻，以减少树体伤口创造不利成虫产卵的条件。产卵期后刮粗翘皮，消灭部分卵和初龄幼虫。刮皮后及时涂消毒剂保护。

化学防治　卵孵化盛期和初龄幼虫期为施药关键期，①虫孔注药液。用90%晶体敌百虫或80%敌敌畏乳油、50%辛硫磷乳油、50%杀螟硫磷乳油、20%甲氰菊酯乳油、50%吡虫啉乳油等30~60倍液，从新鲜排粪孔注入药液，毒杀新蛀入幼虫，每孔最多注10毫升，然后用湿泥封孔。②树冠喷药。成虫发生期喷洒10%氯氰菊酯乳油2000倍液或2.5%溴氰菊酯乳油2500倍液、20%醚菊酯乳油1000倍液及上述药液，使用浓度严格按标定要求进行，注意枝干上要全部着药。

95 四星尺蠖（图2-95-1，图2-95-2）

属鳞翅目尺蛾科。

分布与寄主

分布　除西北少数地区外，全国各产区均有分布。

寄主　杏、李、枣、苹果、梨、柑橘等果树。

危害特点　幼虫食害嫩芽和叶成缺刻或孔洞，致芽生长点受损。

形态诊断　成虫：体长18毫米，体绿褐色或青灰白色；前后翅具多条黑褐色锯齿状横线，翅中部有一肾形黑纹，前后翅上各有一个星状斑，后翅内侧有一条污点带，翅反面布满污点，外缘黑带不间断。卵：椭圆形，青绿色。幼虫：老熟幼虫体长65毫米左右，体浅黄绿色，有黑色细纵条纹，腹背第二至八节上有瘤状突起各1对。蛹：长20毫米左右，体前半部黑褐色，后半部红褐色。

发生规律　发生代数不详，浙江省于5~7月中旬以幼虫危害枣树，9月中旬化蛹。成虫晚上活动。

防治方法

农业防治　冬春季耕翻园地，清除园内枯枝落叶，集中烧毁或深埋。

物理防治　黑光灯或频振式杀虫灯诱杀成虫。

化学防治　在低龄幼虫发生期，叶面喷洒90%晶体敌百虫或40辛硫磷乳油800~1000倍液；20%氰戊菊酯乳油或2.5%溴氰菊酯乳油4000~5000倍液；20%抑食肼悬浮剂1500~2000倍液、25%灭幼脲悬浮剂1200~1500倍液等。

96 桃红颈天牛（图2-96-1至图2-96-3）

属鞘翅目天牛科。又名红颈天牛、铁炮虫、哈虫。

分布与寄主

分布　全国多数产区。

寄主　柿、桃、杏、樱桃、苹果、柑橘等果树。

危害特点　幼虫于韧皮部和木质部间蛀食，向下蛀弯曲隧道，内有粪屑，长达50~60厘米，隔一定距离向外蛀1排粪孔，致树势衰弱或枯死。

形态诊断　成虫：体长28~37毫米，体黑蓝有光泽，触角丝状11节，超过体长，前胸中部棕红色，背面具瘤状突起4个，侧刺突端尖锐，鞘翅基部宽于胸部，后端略窄，表面光滑。卵：长椭圆形，长6~7毫米，乳白色。幼虫：体长42~50毫米，黄白色，前胸背板横长方形，前半部横列黄褐色斑块4个，背面2个横长方形；后半部色淡有纵皱纹。蛹：长26~36毫米，淡黄白至黑色。

发生规律　2~3年1代，以各龄幼虫越冬。寄主萌动后开始危害。成虫发生期南方5月下旬、北方7月上中旬至8月中旬盛发。成虫羽化后3～5天即产卵于距地面35厘米以内树皮裂缝中，卵期7～9天。幼虫孵化后先蛀入韧皮部与木质部之间危害，虫体长大后才蛀入木质部危害，多由上向下蛀食成30～60厘米长的弯曲隧道，可达主根分叉处，隔一定距离向外蛀一排粪孔，粪屑堆积地面或枝干上。幼虫期23～35个月，经2～3个冬天始老熟化蛹，蛹期17～30天。天敌有肿腿蜂等。

防治方法

农业防治　成虫发生期白天捕杀成虫；幼虫孵化后检查枝干，发现新排粪孔时，用铁丝刺到隧道底部，上下反复几次，刺杀幼虫；及时清除死树和死枝，消灭虫源。在树干上涂刷石灰硫黄混合涂白剂（生石灰10份、硫黄1份、水40份）防止成虫产卵。

生物防治　保护利用天敌。

药剂熏杀　6~9月份发现排粪孔后，初期可用50%丙硫磷乳油10～20倍液涂抹排粪孔；防治晚时可先清除其中的粪便、木屑，然后塞入蘸有40%辛硫磷乳油10~20倍液的棉球或药泥，杀虫效果均良好。

97 桃黄斑卷叶蛾（图2-97-1至图2-97-3）

属鳞翅目卷蛾科。又名桃黄斑卷叶虫、桃黄斑长翅卷叶蛾。

分布与寄主

分布　长江以北产区。

寄主　桃、李、杏、山楂、苹果、梨等果树。

危害特点　幼龄幼虫食害嫩叶、新芽，稍大卷叶或平叠叶片或贴叶果面，食叶肉呈纱网状和孔洞；啃食贴叶果的果皮，至呈不规则形凹疤，多雨时常腐烂脱落。

形态鉴别　成虫：有夏型和越冬型之分；体长约7毫米，翅展15～20毫米；前翅近长方形，顶角圆钝；夏型头胸背和前翅金黄色，其上散生银白色竖立鳞片，后翅和腹部灰白色；越冬型体较夏型稍大，体暗褐微带浅红，前翅上散生有黑色鳞片；后翅浅灰色。卵：扁椭圆形，直径约0. 8毫米，乳白色至暗红色。幼虫：初龄幼虫体淡黄色，2~3龄为黄绿色，头、前胸背板及胸足都为黑色；成龄幼虫体长21毫米左右，黄绿至绿色，头部黄褐色，前胸盾黄绿色。蛹：体长9～11毫米，黑褐色。

发生规律　北方1年发生3～4代，以越冬型成虫在杂草、落叶间越冬，翌年3月开始活动，第一代卵于4月上中旬产于枝条或芽附近，一代幼虫孵后蛀食花芽及芽的基部后卷叶危害。以后各代幼虫均卷叶危害。世代重叠。成虫寿命越冬型5个多月，夏型仅有12天左右，单雌产卵80余粒，多散产于叶背。卵期一代约20

天，其他世代4~5天。幼虫3龄前食叶肉仅留表皮，3龄后咬食叶片成孔洞。幼虫期约24天，共5龄，老熟后转移卷新叶结茧化蛹，蛹期平均13天左右。天敌有赤眼蜂、黑绒茧蜂、瘤姬蜂、赛寄蝇等。

防治方法

农业防治　冬春季清除果园及附近的枯枝落叶和杂草，集中堆沤或烧毁；幼虫发生及时摘除卷叶。

生物防治　释放赤眼蜂等天敌防治。

化学防治　在各代卵孵化盛期及时施药，可用90%晶体敌百虫或50%丙硫磷乳油、48%哒嗪硫磷乳油、50%杀螟硫磷乳油、50%马拉硫磷乳油1000倍液；25%三氟氯氰菊酯乳或20%氰戊菊酯乳油3000~3500倍液、10%联苯菊酯乳油4000倍液或52.25%蝉·氯乳油1500倍液防治。

98　桃潜叶蛾（图2-98-1至图2-98-4）

属鳞翅目潜蛾科。又名桃潜蛾。

分布与寄主

分布　全国各地。

寄主　桃、樱桃、李、杏、苹果、山楂等果树。

危害特点　幼虫在叶肉里蛀食呈弯曲隧道，致叶片破碎干枯脱落。

形态诊断　成虫：体长3毫米，翅展8毫米左右，银白色，触角丝状；前翅白色，狭长，中室端部有一椭圆形黄褐色斑，外侧具黄褐色三角形端斑一个；后翅灰色缘毛长。卵：圆形，长0.5毫米，乳白色。幼虫：体长6毫米，淡绿色，头淡褐色，胸足短小，黑褐色，腹足极小。蛹：长3~4毫米，细长淡绿色。茧：长椭圆形，白色，两端具长丝，黏附叶背。

发生规律　河南1年发生7~8代，以蛹在被害叶上的茧内越冬，翌年4月桃展叶后成虫羽化。北京平谷1年生6代，以成虫越冬。成虫昼伏夜出，卵散产在叶表皮内。孵化后在叶肉里潜食，初串成弯曲似同心圆状蛀道，常枯脱落成孔洞，后线状弯曲也多破裂，粪便充塞蛀道中。幼虫老熟后钻出，多于叶背中部吐丝结茧，于内化蛹。5月上旬始见第一代成虫。后每20~30天完成一代。发生期不整齐，10~11月以成虫或以末代幼虫于叶上结茧化蛹越冬。

防治方法

农业防治　冬春季清除园内落叶和杂草，集中处理消灭越冬蛹和成虫。

化学防治　①花前防治。樱桃树花芽膨大期，叶芽尚未开放，越冬代成虫已出蛰群集在主干或主枝上，及时喷洒90%晶体敌百虫1000倍液对压低当年虫口数量起有决定性作用。②防治一代幼虫。樱桃树春梢展叶期，喷洒20%甲氰菊酯乳油或52.25%蝉·氯乳油1500~2000倍液、25%喹硫磷乳油1500倍液，5月下旬出蛾高峰期喷洒25%灭幼脲悬浮剂1500倍液。③8月中下旬叶面喷洒25%灭幼脲悬浮剂2000倍液或5%高效氯氰菊酯乳油1500倍液等。

99 蜗牛（图2-99-1）

腹足纲柄眼目巴蜗牛科。又名同型巴蜗牛；别名水牛。

分布与寄主

分布 黄河流域、长江流域及华南各地。

寄主 苹果、石榴、核桃、草莓、柑橘、金橘及多种蔬菜、花卉。

危害特点 初孵幼螺只取食叶肉，留下表皮，稍大个体则用齿舌将叶、茎舐磨成小孔或将其吃断。

形态诊断 贝壳中等大小，壳质厚，坚实，呈扁球形。壳高12毫米、宽16毫米，有5～6个螺层，顶部几个螺层略膨胀，螺旋部低矮，体螺层增长迅速、膨大。壳顶钝，缝合线深。壳面呈黄褐色或红褐色，有稠密而细致的生长线。体螺层周缘或缝合线处常有一条暗褐色带（有些个体无）。壳口呈马蹄形，口缘锋利，轴缘外折，遮盖部分脐孔。脐孔小而深，呈洞穴状。个体之间形态变异较大。卵：圆球形，直径2毫米，初产时乳白色有光泽，渐变淡黄色，近孵化时为土黄色。

发生规律 是我国常见的危害果树的陆生软体动物之一，常与灰巴蜗牛混杂发生。生活于潮湿的灌木丛、草丛中、田埂上、乱石堆里、枯枝落叶下、植物根际土块和土缝中以及温室、菜窖、畜圈附近的阴暗潮湿、多腐殖质的环境，适应性极广。1年繁殖1代，多在4～5月间产卵，大多产在根际疏松湿润的土中、缝隙中、枯叶或石块下。每个成体可产卵30～235粒。成螺大多蛰伏在落叶、花盆、土块砖块下、土隙中越冬。

防治方法

农业防治 清晨或阴雨天人工捕捉，集中杀灭。用茶子饼粉撒施于树干基部土壤表面，然后用铁钯耧钯地面，使饼土掺匀，可抑制蜗牛的发生。

化学防治 每亩用8%灭蜗灵颗粒剂1.5～2千克，碾碎后拌细土5～7千克，或10%多聚乙醛颗粒剂500克，于天气温暖、土表干燥的傍晚撒在受害株根部行间；或喷洒80.3%硫酸铜·速灭威可湿性粉剂170倍液，每亩药量200克。

100 无斑弧丽金龟（图2-100-1，图2-100-2）

属鞘翅目丽金龟科。

分布与寄主

分布 全国各产区。

寄主 板栗、苹果、山楂、草莓、黑莓、豆类、玉米、高粱、棉花等多种果树、林木和农作物及蔬菜。

危害特点 成虫食害蕾花和嫩芽叶。幼虫又称"蛴螬"危害根部。

形态诊断 成虫：体长11~14毫米，宽6~8毫米，体深蓝色带紫色，有绿色闪光；背面中间宽，稍扁平，头尾较窄，臀板无毛斑；唇基梯形，触角9节，棒状部3节，前胸背板弧拱明显；小盾片短阔三角形；鞘翅短阔，后方明显收狭，小盾片后侧具1对深显横沟，背面具6条浅缓刻点沟，第2条短，后端略超过中点；足黑色粗壮，前足胫节外缘2齿，雄虫中足2爪大爪不分裂。卵：近球形，乳白色。幼虫：体长24~26毫米，弯曲呈"c"型，头黄褐色，体多皱褶，肛门孔呈横裂缝状。蛹：裸蛹，乳黄色，后端橙黄色。

发生规律 1年发生1代，以末龄幼虫越冬。由南到北成虫于5~9月出现，白天活动，安徽8月下旬成虫发生较多，成虫善于飞翔，在一处为害后，便飞往另处为害，成虫有假死性和趋光性。其发生量虽不如小青花金龟多，但其危害期长，个别地区发生量大，有潜在危险。

防治方法

农业防治 重点是抓好幼虫的防治，春秋季园内外土地深耕，并随犁拾虫消灭；不施用未腐熟的农家肥；在发生严重果园，合理控制灌溉，促使幼虫向土层深处转移，避开果树苗木最易受害时期。

物理防治 利用黑光灯、频振式杀虫灯诱杀成虫。

化学防治 ①土壤处理。用50%辛硫磷乳油每亩200~250克，加水10倍喷于25~30千克细土上拌匀成毒土，或用10%辛硫磷颗粒剂1.5~2.5千克加细土拌匀，撒于地面，随即耕翻。②农家肥处理。按5立方米农家肥均匀拌入5%辛硫磷颗粒剂2.5~3千克的比例处理农家肥，可大量杀死其中的幼虫。③树上施药。成虫发生期叶面喷洒52.25%蚜·氯乳油或50%杀螟硫磷乳油、45%马拉硫磷乳油1500倍液；48%毒死蜱乳油或20%甲氰菊酯乳油1500~2000倍液等。

(101) 舞毒蛾（图2-101至图2-101-6）

属鳞翅目毒蛾科。又名柿毛虫、松针黄毒蛾、秋千毛虫。

分布与寄主

分布 全国各产区。

寄主 柿、苹果、柑橘等500余种植物。

危害特点 初孵幼虫群栖危害，稍大后分散危害，白天潜藏在树皮缝、枝杈、树下杂草等多种阴蔽场所，傍晚上树。幼虫蚕食叶片，严重时整树叶片被吃光。

形态诊断 成虫：雄虫体长18~20毫米，翅展45~47毫米，暗褐色；头黄褐色，触角羽状褐色；前翅外缘色深呈带状，翅面上有4~5条深褐色波状横线，中室中央有一黑褐圆斑，中室端横脉上有一黑褐色"<"形斑纹，外缘脉间有7~8个黑点；后翅色较淡，外缘色较浓成带状。雌虫体长25~28毫米，翅展70~75毫米，污白微黄色；触角黑色短羽状，前翅上的横线与斑纹同雄虫相似，暗褐色；后翅近外缘有一条褐色波状横线；外缘脉间有7个暗褐色点；腹部肥大，末端密生黄褐色鳞毛。卵：卵圆形，0.9~1.3毫米，黄褐至灰褐色。幼虫：体长50~70毫米，头黄褐色，正面有"八"字形斑纹；胴部背面灰黑色，背线黄褐，腹面带暗红色，胸、腹足暗红色；各体节各有6个毛瘤横列，背面中央的一对色艳，上生棕黑色短毛，两侧的毛瘤上生黄白与黑色长毛一束。蛹：长19~24毫米，红褐至黑褐色。

发生规律 1年发生1代，以卵块在树体上、树下砖石块等处越冬。寄主发芽时孵化，初龄幼虫日间多群栖，夜间取食，受惊扰吐丝下垂借风力扩散，故称秋千毛虫。稍大后分散取食，白天栖息在树权、皮缝或树下土石缝中，傍晚成群上树取食。幼虫期50~60天，6月中下旬陆续老熟爬到隐蔽处结薄茧化蛹，蛹期10~15天。7月成虫大量羽化。成虫有趋光性，雄蛾白天在枝叶间飞舞；雌体大、笨重，很少飞行，常在化蛹处附近产卵，在树上多产于枝干的阴面，卵400~500粒成块，形状不规则，上覆雌蛾腹末的黄褐色鳞毛。天敌主要有舞毒蛾黑瘤姬蜂、喜马拉雅聚瘤姬蜂、脊腿匙宗瘤姬蜂、舞毒蛾卵平腹小蜂、梳胫饰腹寄蝇、毛虫追寄蝇、隔脑狭颊寄蝇等。

防治方法

农业防治 冬春季清理树下砖石、土块，消灭越冬卵。幼虫发生期利用幼虫白天下树潜伏习性，在树干基部堆砖石瓦块，诱集捕杀幼虫。

生物防治 保护和利用天敌防治。

化学防治 ①在幼虫孵化盛期和分散危害前，喷洒90%晶体敌百虫或50%杀螟硫磷乳油、50%辛硫磷乳油、90%杀螟丹可湿性粉剂1000倍液、2.5%溴氰菊酯乳油或20%氰戊菊酯乳油、1.8%阿维菌素乳油、10%联苯菊酯乳油3000倍液、52.25%蚍·氯乳油1500~2000倍液。②于傍晚幼虫上树前，在树干上喷洒高效低毒低残留的触杀剂或在树干上涂50~60厘米宽的药带，毒杀幼虫。

---

102 小绿叶蝉（图2-102-1，图2-102-2）

属同翅目叶蝉科。又名桃叶蝉、桃小叶蝉、桃小绿叶蝉、桃小浮尘子等。

分布与寄主

分布 全国各产区。

寄主 桃、柿、梨、苹果、杏、葡萄、樱桃、柑橘等果树。

危害特点 成虫、若虫刺吸寄主汁液，被害叶初现黄白色斑点，渐扩大成片，严重时全叶苍白早落。

形态诊断 成虫体长3.3~3.7毫米，淡黄绿至绿色，复眼灰褐至深褐色，触角刚毛状；前胸背板、小盾片浅鲜绿色，常具白色斑点；前翅半透明，淡黄白色，周缘具淡绿色细边；后翅透明膜质；各足胫节端部以下淡青绿色，爪褐色；后足跳跃式；腹部背板色较腹板深，末端淡青绿色。卵：长椭圆形，0.6毫米×0.15毫米，乳白色。若虫：体长2.5~3.5毫米，与成虫相似。

发生规律 1年发生4~6代，以成虫在落叶、杂草或低矮绿色植物中越冬。翌年春桃、李、杏发芽后出蛰，飞到树上刺吸汁液。卵多产在新梢或叶片主脉里，卵期5~20天，若虫期10~20天，非越冬成虫寿命30天；完成一个世代40~50天。因发生期不整齐致世代重叠，6月虫口数量增加，8~9月最多且危害重，秋后以成虫越冬。成虫、若虫喜欢白天活动在叶背刺吸汁液或栖息。成虫善跳，可借风力扩散，旬均温15~25℃适其生长发育，28℃以上及连阴雨天气虫口密度下降。

防治方法

农业防治 冬春季清除园内落叶及杂草，减少越冬虫源。

化学防治 越冬代成虫迁入后，各代若虫孵化盛期及时喷洒40%辛硫磷乳油1500倍液或10%吡虫啉可湿性粉剂2500倍液、50%马拉硫磷乳油1500倍液、20%噻嗪酮乳油1000倍液、2.5%溴氰菊酯乳油或10%溴氟菊酯乳油2000倍液、50%抗蚜威超微可湿性粉剂3000~4000倍液防治。

103 小木蠹蛾（图2-103-1）

属鳞翅目木蠹蛾科。

分布与寄主

分布 黑龙江、吉林、辽宁、内蒙古、宁夏、甘肃、陕西、北京、河北、河南、山东、安徽、江苏、上海、江西、湖南、福建等地。

寄主 苹果、石榴、山楂、银杏等果树。

危害特点 幼虫在根颈、枝干的皮层和木质部内蛀食，形成不规则的隧道，削弱树势，重者死亡。被害处几乎全被虫粪所包围。

形态诊断 成虫：体长21~27毫米，翅展41~49毫米。触角线状，扁平；头顶毛丛灰黑色，体灰褐色，中胸背板白灰色。前翅灰褐色，中室及前缘2/3处为暗黑色，中室末端有1个小白点，亚端线黑色明显，外缘有一些褐纹与缘毛上的褐斑相连。后翅灰褐色。幼虫：扁圆筒形，老熟幼虫体长30~38毫米。头部棕褐色，前胸板有褐色斑纹，中央有一"◇"形白斑，中、后胸半骨化斑纹均为浅褐色。腹背浅红色，每节体节后半部色淡，腹面黄白色。

发生规律 多数地区1年发生1代，也有2～3年1代的。北京2年1代，越冬幼虫翌春芽鳞片绽开时出蛰，幼虫10～12龄，3龄前有群集性，3龄后分散蛀入树干髓部。6月中旬化蛹，6月下旬羽化。幼虫2次越冬，跨经3个年度，发育历期640～723天。成虫初见期为6月上中旬，末期为8月中下旬。成虫羽化以午后和傍晚较多，成虫白天在树洞、根际草丛及枝梢隐蔽处隐藏，夜间活动，以20：00～23：00最为活跃。成虫有趋光性。成虫羽化当天即可交配。成虫产卵于树皮缝隙内，每雌产卵50～420粒，卵期9～21天。成虫寿命2～10天。7月中旬可见初孵幼虫，初孵幼虫有群集性，先取食卵壳，后蛀入皮层、韧皮部危害。3龄后分散钻蛀木质部，隧道很不规则，常数头聚集危害。幼虫耐饥力强，中龄幼虫可达34～55天。幼虫10月下旬开始在树干内越冬。翌年5月上旬开始在蛀道内吐丝与木屑缀成薄茧化蛹。蛹期7～26天。

防治方法

农业防治 幼虫危害初期清除皮下群集幼虫，或用50%辛硫磷乳油与柴油1：9比例混合液涂抹被害处，毒杀初侵幼虫。

物理防治 利用黑光灯和性诱剂诱杀。

生物防治 用芫菁夜蛾线虫水悬浮液注射于蛀孔内，剂量每毫升清水中含1000～2000条线虫。直至枝干下部连通的排粪孔流出线虫水悬液为止，2～5天后树干内的幼虫爬出树外，防效优异，注射时间北京以4月上旬至5月上旬、9月上旬至中旬效果好。

化学防治 成虫产卵期树干上喷洒25%辛硫磷胶囊剂200～300倍液、50%辛硫磷乳油400～500倍液，毒杀卵和初孵幼虫。幼虫危害期可用80%丙硫磷乳油或20%哒嗪硫磷30～50倍液注入虫孔，注至药液外流为止，施药后用湿泥封孔。

104 小青花金龟（图2-104-1至图2-104-3）

属鞘翅目花金龟科。又名小青花潜、银点花金龟、小青金龟子。

分布与寄主

分布 全国除新疆未见报道外，其它各地均有分布。

寄主 栗、苹果、梨、李、杏、桃等果树。

危害特点 成虫食害芽、花器和嫩叶；幼虫危害植物地下部组织。

形态诊断 成虫：体长11～16毫米，宽6～9毫米，长椭圆形稍扁，背面暗绿、绿色或黑褐色，腹面黑褐色；体表密布淡黄色毛和点刻。头较小，黑褐或黑色；前胸背板半椭圆形，前窄后宽，其上有3个白斑；小盾片三角状；鞘翅狭长，翅面上生有白色或黄白色绒斑。卵：椭圆形，长1.7毫米×1.2毫米，乳白至淡黄色。幼虫：体长32～36毫米，体乳白色，头部棕褐色或暗褐色；臀节肛腹片后部生刺状刚毛。蛹：长14毫米，淡黄白至橙黄色。

发生规律 1年发生1代，北方以幼虫越冬，江南以幼虫、蛹或成虫越冬。以成虫越冬的翌年4月上旬出土活动，4月下旬到6月盛发。以末龄幼虫越冬的，成虫于5~9月陆续出现，雨后出土多。成虫白天活动、喜食花器，春季多群集食害花和嫩叶，导致落花，并随寄主开花早晚转移危害；成虫飞行力强，具假死性，夜间多入土潜伏。卵散产在土中、杂草或落叶下，尤喜产卵于腐殖质多的场所。幼虫孵化后以腐殖质为食，并危害根部，老熟后化蛹于浅土层。

防治方法

农业防治 冬春季耕翻果园，利用低温和鸟食消灭地下幼虫；随时清除果园杂草、落叶，不在果园内堆放未腐熟的农家肥；春季开花期张单震落成虫捕杀之。

化学防治 必要时叶面喷洒2.5%溴氰菊酯乳油1500倍液或5%顺式氰戊菊酯乳油3000倍液、25%喹硫磷乳油1000倍液、48%哒嗪硫磷乳油1500倍液等。

105 小线角木蠹蛾（图2-105-1至图2-105-3）

属鳞翅目木蠹蛾科。又名小褐木蠹蛾。

分布与寄主

分布 辽宁、吉林、黑龙江、内蒙古、北京、天津、河北、河南、陕西、宁夏、山东、江苏、安徽、江西、福建、湖南等产区。

寄主 山楂、苹果、樱桃、香椿等数十种果树、花卉和林木。

危害特点 幼虫蛀食寄主枝干木质部，几十至几百头群集在蛀道内危害，造成干疮百孔，蛀道相通，蛀孔外面有用丝连接球形虫粪。轻者造成风折枝干，重者使寄主植物逐渐死亡。与天牛危害状的1蛀道1虫有明显不同。

形态诊断 成虫：体长22毫米左右。翅展50毫米左右。体灰褐色，翅面上密布许多黑色短线纹。卵：圆形，卵壳表有网纹。幼虫：体长35毫米左右，体背鲜红色，腹部节间乳黄色，前胸背板有斜"B"形深色斑。蛹：被蛹型，褐色，体稍向腹面弯曲。

发生规律 2年发生1代，跨3个年度。以幼虫在枝干蛀道内越冬。翌年3月幼虫开始活动。幼虫化蛹时间很不整齐，5月下旬至8月上旬为化蛹期，蛹期20天左右。6~8月为成虫发生期，成虫羽化时，蛹壳半露在羽化孔外。成虫有趋光性，日伏夜出。将卵产在树皮裂缝或各种伤疤处，卵呈块状，粒数不等，卵期约15天。幼虫喜群栖危害，每年3~11月幼虫危害期。

防治方法

农业防治 调运苗木要严格检疫，防止带虫苗木带虫传播。

物理防治 成虫发生期利用成虫的趋光性采用杀虫灯或黑光灯诱杀成虫。

生物防治　①保护利用天敌姬蜂、寄生蝇、啄木鸟等防止害虫。②用芜菁夜蛾线虫水悬浮液注射于蛀孔内，剂量每毫升清水中含1000~2000条线虫。直至枝干下部连通的排粪孔流出线虫水悬浮液为止，2~5天后树干内的幼虫爬出树外，防效优异，注射时间北方果区4月上旬至5月上旬、9月上中旬效果好。

化学防治　①成虫产卵期树干上喷洒25%辛硫磷胶囊剂200~300倍液或50%辛硫磷乳油400~500倍液、20%中西除虫菊酯乳油1000~1500倍液、3%氟啶脲乳油1500~2000倍液等，毒杀卵和初孵幼虫。②幼虫危害初期清除皮下群集幼虫，并用50%辛硫磷乳油与柴油1∶9比例混合液涂抹被害处，毒杀初侵入幼虫。③幼虫危害期可用80%敌敌畏乳油或20%哒嗪硫磷乳油、10%联苯菊酯乳油等30~50倍液10~20毫升注入虫孔，施药后用湿泥封孔或制成毒扦插虫蛀孔防治。

106　斜纹夜蛾（图2-106-1至图2-106-3）

属鳞翅目夜蛾科斜纹夜蛾属。又名莲纹夜蛾、夜盗虫、乌头虫。

分布与寄主

分布　中国除青海、新疆未明外，其他各地都有发现。主要发生在长江流域的江西、江苏、湖南、湖北、浙江、安徽；黄河流域的河南、河北、山东等地。

寄主　梨、苹果、草莓、柑橘、葡萄等及甘薯、棉花、芋、莲、大豆、烟草、甜菜、十字花科和茄科蔬菜近300多种植物。

危害特点　以幼虫咬食叶片、花蕾、花及果实，初龄幼虫啃食叶片下表皮及叶肉，仅留上表皮呈透明斑；暴食性害虫，可吃光整株植物叶片。

形态诊断　成虫：体长14~20毫米，翅展35~46毫米，体暗褐色，胸部背面有白色丛毛，前翅灰褐色，花纹多，内横线和外横线白色、呈波浪状，肾状纹前部呈白色，后部呈黑色，环状纹和肾状纹之间有3条白线组成明显的较宽的斜纹，自翅基部向外缘还有1条白纹，所以称斜纹夜蛾；后翅白色，外缘暗褐色。卵：半球形，直径约0.5毫米；初产时黄白色，孵化前呈紫黑色，表面有纵横脊纹，数十至上百粒集成卵块，外覆黄白色鳞毛。幼虫：老熟幼虫体长38~51毫米，夏秋虫口密度大时体瘦，黑褐或暗褐色；冬春数量少时体肥，淡黄绿或淡灰绿色，体表散生小白点，背线呈橙黄色，各节有近似半月形或三角形黑斑一对。蛹：长15~20毫米，长卵形，红褐至黑褐色。腹末具发达的臀棘1对。

发生规律　我国从北至南1年发生4~9代。以蛹在土下3~5厘米处蛹室内越冬，少数以老熟幼虫在土缝、枯叶、杂草中越冬。南方冬季无休眠现象。在长江流域以北地区，因冬季低温易被冻死，当地虫源可能从南方迁飞过去。长江流域多在7~8月大发生，黄河流域则多在8~9月大发生。成虫夜出活动，飞翔力较强，有长距离迁飞能力，具强烈的趋光性和趋化性，黑光灯的效果比普通灯的诱蛾效果明显，对糖醋酒等发酵物尤为敏感。每只雌蛾能产卵3~5块，每块有卵粒100~200个，卵多产于叶背的叶脉分叉处，以茂密、浓绿的作物产卵较多，卵块常覆有鳞毛而易被发现。卵的孵化适温为24℃左右，卵期5~6天。幼虫共6龄，初孵幼虫聚集叶背，3龄以后开始分散为害，4龄后进入暴食期，猖獗时可吃尽大面积寄主植物叶片，老龄幼虫有昼伏性和假死性，白天多潜伏在土缝处，傍晚爬出取食，遇惊扰就会落地蜷缩作假死状；当食料不足或不当时，幼虫可成群迁移至附近田块危害，故又有"行军虫"的俗称。斜纹夜蛾发育适温为29~30℃，幼虫在气温25℃左右时，历经14~20天；化蛹的适合土壤湿度为土壤含水量在20%左右，蛹期为11~18天。一般高温年份和季节有利其发育、繁殖，低温则易引致虫蛹大量死亡。该虫食性虽杂，但食料情况，包括不同的寄主，甚至同一寄主不同发育阶段或器官以及食料的丰缺，对其生育繁殖都有明显的影响。间种、复种指数高或过度密植的田块有利其发生。天敌有小茧蜂、广大腿蜂、寄生蝇、步行虫以及多角体病毒、鸟类等。

防治方法

农业防治　①清除杂草，冬春季翻耕果园晒土或灌水，以破坏或恶化其化蛹场所，有助于减少虫源。②结合管理随手摘除卵块和群集危害的初孵幼虫，以减少虫源。

生物防治　①利用性诱捕器捕杀害虫，从而降低后代种群数量而达到防治的目的。使用该技术减少了农药使用次数和减少了用量，降低了农残，延缓害虫对农药抗性的产生。同时保护了自然环境中的天敌种群，从而控制害虫的发生。②使用斜纹夜蛾核型多角体病毒200亿 PIB/毫升水分散粒剂12000~15000倍液喷洒防治。

物理防治　①点灯诱蛾。利用成虫趋光性，于盛发期点黑光灯诱杀，②糖醋诱杀。利用成虫趋化性配糖醋液（糖：醋：酒：水=3：4：1：2）加少量敌百虫诱蛾。③柳枝蘸洒90%晶体敌百虫500倍液诱杀蛾子。

化学防治　卵孵化盛期和低龄幼虫期叶面交替喷洒10%氯氰菊酯乳油2000~3000倍液或50%氰戊菊酯乳油4000~6000倍液，或20%氰·马或菊·马乳油2000~3000倍液或2.5%灭幼脲乳油1500倍液或25%马拉硫磷乳油1000倍液等，2~3次，隔7~10天1次，喷匀喷足。

107　杏白带麦蛾（图2-107-1，图2-107-2）

属鳞翅目麦蛾科。又名环纹贴叶蛾、环纹贴叶麦蛾。

分布与寄主

分布　黄淮产区。

寄主　樱桃、桃、杏、李、苹果等果树。

危害特点 以幼虫吐白丝卷叶或黏缀两叶，幼虫潜伏其内食害叶肉，形成不规则斑痕，残留表皮和叶脉，日久变褐干枯。

形态诊断 成虫：体长7~8毫米，灰色，头胸背面银灰色；触角丝状，呈黑白相间环节状；前翅狭长披针形灰黑色，后缘从翅基至端部纵贯银白色带1条，栖息时体背形成1条银白色3珠状纵带。后翅灰白色。幼虫：体长6~7毫米，头黄褐色；中胸至腹末各体节前半部淡紫红至暗红色，后半部浅黄白色，全体形似红、白环纹状。蛹：长4毫米，纺锤形。茧：长6~7毫米，长椭圆形，灰白色。

发生规律 1年发生3代。于10月中下旬以幼虫在枝干皮缝中结茧化蛹越冬。翌年4月下旬至5月中旬羽化。成虫活泼，多在夜间活动，卵多产在叶上。5月中下旬第一代幼虫出现，幼虫活泼爬行迅速，触动时迅速退缩，吐丝下垂，6月下旬陆续老熟，在受害叶内结茧化蛹。

防治方法

农业防治 冬春刮树皮，集中处理消灭越冬蛹。

化学防治 幼虫危害期喷洒90%晶体敌百虫或50%杀螟硫磷乳油、50%辛硫磷乳油、48%哒嗪硫磷乳油1000倍液；10%联苯菊酯乳油4000倍液或52.25%蚍·氯乳油1500倍液等。

108 杏象甲 (图2-108-1)

属鞘翅目卷象科。又名杏虎象、桃象甲、桃虎象。

分布与寄主

分布 全国各苹果产区。

寄主 樱桃、杏、桃、李、枇杷、苹果等果树。

危害特点 成虫食芽、嫩枝、花、果实，产卵时先咬伤果柄造成果实脱落；幼虫蛀食幼果，果面上蛀孔累累，流胶，轻者品质降低，重者果实腐烂并落果；幼虫蛀入果内危害，导致果实干腐脱落。

形态诊断 成虫：体长6~8毫米，宽3~4毫米，体椭圆形，紫红色具光泽，有绿色反光；触角11节棒状；头长等于或略短于基部宽，鞘翅略呈长方形，两侧平行，端部缩圆或下弯；后翅半透明灰褐色。卵：长1毫米左右，椭圆形，乳白色。幼虫：乳白色微弯曲，长10毫米，体表具横皱纹；头部淡褐色，前胸盾与气门淡黄褐色。蛹：裸蛹，长6毫米，椭圆形，密生细毛。

发生规律 1年发生1代。主要以成虫在土中、树皮缝、杂草内越冬，少数以幼虫越冬。翌年樱桃花开时成虫出现，成虫危害期长达150天，产卵历期90天，3~6月是主要危害期。成虫怕光，有假死性。产卵时在果面咬一小孔，产卵孔中，上覆黑色胶状物。卵期7~8天，幼虫孵化后即蛀入果内危害，一果内最多可达数十头。幼虫期20余天，老熟后脱果入土，多于10~25厘米土层中结薄茧化蛹。蛹期30余天，羽化早的当年秋天出土活动，秋末潜入树皮缝、土壤、杂草中越冬，多数成虫羽化后不出土，于茧内越冬。春旱时成虫出土少并推迟，雨后常集中出土，温暖向阳地出土早。

防治方法

农业防治　成虫出土期清晨震树，下接布单捕杀成虫，每5~7天进行一次；果期及时捡拾落果，集中处理消灭其中幼虫。

化学防治　成虫发生期树上喷洒90%晶体敌百虫600~800倍液或50%辛硫磷乳油1000倍液、5%顺式氰戊菊酯乳油2000~4000倍液、10%氯菊酯乳油1000~1500倍液。10~15天1次，连喷2~3次。或在成虫出土盛期地面喷洒25%辛硫磷胶囊剂800倍液毒杀出土成虫。

109　芽白小卷蛾（图2-109-1，图2-109-2）

属鳞翅目卷蛾科。又名顶梢卷叶蛾、顶芽卷蛾。

分布与寄主

分布　除西藏、新疆未见报道外，其他各地均有分布。

寄主　樱桃、桃、苹果、梨、李、杏、山楂等果树。

危害特点　幼虫危害新梢顶端，将叶卷成一团，食害新芽、嫩叶，生长点被食，新梢歪向一边，影响顶花芽形成及树冠扩大。

形态鉴别　成虫：体长6~8毫米，翅展12~15毫米，淡灰褐色；触角丝状；前翅长方形，翅面有灰黑色波状横纹，前缘有数条并列向外斜伸的白色短线，后缘外侧1/3处有1块三角形的暗色斑纹，静止时并成菱形，外缘内侧前缘至臀角间有5~6个黑褐色平行纹纹；后翅淡灰褐色。卵：扁椭圆形，长0.7微米，乳白至黄白色。幼虫：体长8~10毫米，体粗短，污白或黄白色；头、前胸盾、足和臀板均黑褐色；越冬幼虫淡黄色。蛹：长6~8毫米，黄褐色纺锤形。茧：黄白色，长椭圆形。

发生规律　黄淮地区1年发生3代，山东、华北、东北2代。均以2~3龄幼虫于被害梢卷叶团内结茧越冬，少数于芽侧结茧越冬。1个卷叶团内多为1头幼虫，亦有2~3头者。寄主萌芽时越冬幼虫出蛰转移到邻近的芽危害嫩叶，将数片叶卷在一起，并吐丝缀连叶背茸毛作巢潜伏其中，取食时身体露出。经24~36天老熟于卷叶内结茧化蛹。化蛹期大体为5月中旬至6月下旬，蛹期8~10天。各代成虫发生期：2代区为6月至7月上旬、7月中下旬到8月中下旬；3代区为6月、7月、8月。成虫昼伏夜出，趋光性不强，喜食糖蜜。卵多散产于顶梢上部嫩叶背面，尤喜产于茸毛多处。卵期6~7天。初孵幼虫多在梢顶卷叶危害。末代幼虫危害到10月中下旬，在梢顶卷叶内结茧越冬。

防治方法

农业防治　冬春剪除被害梢干叶团，集中烧毁或深埋；幼虫危害季节及时摘除卷叶团，消灭其中幼虫和蛹。

化学防治　越冬幼虫出蛰盛期及第一代卵孵化盛期是施药的关键时期，可用48%哒嗪硫磷乳油或50%马拉硫磷乳油、50%杀螟硫磷乳油1000倍液，25%三氟氯氰菊酯乳油或20%氰戊菊酯乳油、2.5%溴氰菊酯乳油3000~3500倍液，52.25%蝉·氯乳油1500倍液或10%联苯菊酯乳油4000倍液。

110　艳叶夜蛾（图2-110-1至图2-110-4）

属鳞翅目夜蛾科。又名艳落叶夜蛾。

分布与寄主

分布　浙江、江苏、福建、台湾、广东、广西、湖南、湖北、四川、山西、山东、陕西、河北、河南、北京、天津、辽宁、吉林、黑龙江、内蒙古等地。

寄主　梨、苹果、葡萄、桃、杏、柿、柑橘、枇杷、杨梅、番茄等植物。

危害特点　成虫吸食果实汁液，尤其近成熟或成熟果实。

形态诊断　成虫：体长29~34毫米，触角丝状，前翅呈铜色，从顶角至基角及臀角各有一白色阔带，内缘上方有一条酱红色线纹，后翅浓黄色，上有黑色肾形及大形宽黑纹，外缘有6个白斑。卵：圆球形，底面平，直径约0.9毫米，卵初产时色淡黄，近孵化时渐复暗。幼虫：老熟幼虫体长约50毫米，体宽约7毫米，头宽仅约4毫米；胸足3对，腹足4对，尾足1对；头部及身体均为棕色，腹足和胸足为黑色，第一对腹足退化，外形很小；静止时头下坠尾端高翘，仅以发达的3对腹足着地。蛹：长约24毫米，宽约9.0毫米，褐色，外被白色丝，混和叶片包在体外。

发生规律　生活在低、中海拔山区。成虫夜晚具趋光性。幼虫寄主有木防己和千金藤等。天敌有卵寄生蜂等。

防治方法

农业防治　山区和半山区发展果树时应成片大面积栽植，尽量避免混栽不同成熟期的品种或多种果树。

物理防治　成虫发生期利用黑光灯、高压汞灯或频振式杀虫灯等诱杀成虫或夜间人工捕杀成虫。适期套袋，在套袋前喷洒一次杀虫杀菌剂。

生物防治　在7月份前后大量繁殖赤眼蜂，在果园周围释放，寄生吸果夜蛾卵粒。

化学防治　开始危害时喷洒5.7%氟氯氰菊酯乳油或10%醚菊酯乳油2000~3000倍液、或20%除虫脲悬浮剂2000~2500倍液等。此外，用香蕉或成熟果实浸药（90%晶体敌百虫100倍液）诱杀。

111 杨枯叶蛾（图2-111-1至图2-111-4）

属鳞翅目枯叶蛾科。又名柳星枯叶蛾、柳毛虫、柳枯叶蛾。

分布与寄主

分布　全国各地。

寄主　樱桃、核桃、桃、李、杏、苹果等果树。

危害特点　幼虫食芽和叶片，食叶成孔洞或缺刻，严重时将叶片吃光仅留叶柄。

形态诊断　成虫：体长25～40毫米，翅展40～85毫米，雄较小；全体黄褐色，腹面色浅，头胸背中央具暗色纵线一条；触角双栉齿状；前翅窄，外缘和内缘波状弧形，翅上具5条黑色波状横线，近中室端具一黑色肾形小斑；后翅宽短，外缘波状弧形，翅上有黑横线3条。卵：白色近球形，长约1.5毫米。幼虫：体长85～100毫米，灰绿或灰褐色，生有灰长毛，腹部两侧生灰黑毛丛；中、后胸背面后缘各具一黑色刷状毛簇，中胸者大且明显；第八腹节背面中央具一黑瘤突，上生长毛；体背具黑色纵斜纹，体腹面浅黄褐色；胸、腹足俱全。蛹：椭圆形，长33～40毫米，浅黄至黄褐色。茧：长椭圆形，40～55毫米，灰白色略带黄褐，丝质。

发生规律　东北、华北1年发生1代，华东、华中2代，均以低龄幼虫于枝干或枯叶中越冬，翌春活动，于夜晚取食嫩芽或叶片，幼虫老熟后吐丝缀叶于内结茧化蛹。1代区成虫6～7月发生，2代区5～6月和8～9月发生。成虫昼伏夜出，有趋光性，静止时似枯叶。成虫产卵于枝干或叶上，几粒或几十粒单层或双层块状。幼虫孵化后分散危害，1代区幼虫发育至2～3龄，体长30毫米左右时停止取食，爬至枝干皮缝、树洞或枯叶中越冬。2代区一代幼虫30～40天老熟结茧化蛹，羽化后继续繁殖；二代幼虫达2～3龄即越冬。一般10月陆续进入越冬状态。

防治方法

农业防治　结合冬春树体管理捕杀幼虫。

物理防治　成虫发生期利用黑光灯或高压汞灯诱杀成虫。

化学防治　幼虫出蛰后及时施药防治，可喷洒25%喹硫磷乳油或50%杀螟硫磷乳油、48%哒嗪硫磷乳油、50%马拉硫磷乳油1000倍液，或52.25%蜱·氯乳油1500倍液、10%氯菊酯乳油2000～2500倍液、20%辛·氰乳油1500倍液等。

112 银杏大蚕蛾（图2-112-1至图2-112-6）

属鳞翅目大蚕蛾科。又名核桃楸天蚕蛾、白果蚕、栗天蚕。

分布与寄主

分布　东北、华北、华东、华中、华南、西南等产区。

寄主　核桃、樱桃、银杏、板栗、桃、苹果、梨、李等果树。

危害特点　幼虫取食果树的嫩芽和叶片，食叶成缺刻，重者食光叶片。

形态诊断　成虫：体长25~60毫米，翅展90~150毫米，体灰褐色或紫褐色；雌蛾触角栉齿状，雄蛾羽状；前翅内横线紫褐色，外横线暗褐色，两线近后缘处汇合，中间呈三角形浅色区，中室端部具月牙形透明斑；后翅从基部到外横线间具较宽红色区，亚缘线区橙黄色，缘线灰黄色，中室端处生一大眼状斑，斑内侧具白纹；后翅臀角处有一白色月牙形斑。卵：椭圆形，长2.2毫米左右，灰褐色，一端具黑色黑斑。幼虫：末龄幼虫体长80~110毫米；体黄绿色或青蓝色；背线黄绿色，亚背线浅黄色，气门上线青白色，气门线乳白色，气门下线、腹线处深绿色，各体节上具青白色长毛及突起的毛瘤，其上生黑褐色硬毛。蛹：长30~60毫米，污黄至深褐色。茧：长60~80毫米，黄褐色，网状。

发生规律　1年发生1~2代，辽宁、吉林年发生1代，以卵越冬。翌年5月上旬越冬卵开始孵化，5~6月进入幼虫危害盛期，重者把树上叶片吃光，6月中旬至7月上旬于树冠下部枝叶间缀叶结茧化蛹，8月中下旬羽化、交配和产卵。卵多产在树干下部1~3米处及树杈处，数十粒至百余粒块产。天敌主要有赤眼蜂、黑卵蜂、绒茧蜂、螳螂、蚂蚁等。

防治方法

农业防治　冬春季用硬刷子刷除树皮缝隙中的越冬卵减少越冬虫源。6~7月结合园内管理，人工捕捉幼虫和摘除茧蛹，喂养家禽。

化学防治　掌握雌蛾到树干上产卵、幼虫孵化盛期上树危害之前和幼虫3龄前两个有利时机，喷洒50%马拉硫磷乳油或90%晶体敌百虫1000倍液，或10%氯菊酯乳油2000~2500倍液、10%醚菊酯悬浮剂1000~1500倍液、5%氟苯脲乳油1000~2000倍液等。

113　柳干木蠹蛾（图2-113-1至图2-113-3）

属鳞翅目木蠹蛾科。又名柳乌木蠹蛾、柳干蠹蛾、榆木蠹蛾、大褐木蠹蛾、黑波木蠹蛾、红哈虫。

分布与寄主

分布　除西藏、新疆未见报道外，全国各产区均有分布。

寄主　板栗、苹果、李、核桃、杏等果树。

危害特点　幼虫在根颈、根及枝干的皮层和木质部内蛀食，形成不规则的隧道，削弱树势，重致枯死。

形态鉴别　成虫：体长26~35毫米，翅展50~78毫米；体灰褐至暗褐色；触角丝状；前翅翅面布许多长短不一的黑色波状横纹，亚缘线黑色前端呈"Y"形；后翅灰褐色，中部具一褐色圆斑。卵：椭圆形，长约1.3毫米，乳白至灰黄色。幼虫：体长70～80毫米，头黑色，体背鲜红色，体侧及腹面色淡；胸足外侧黄褐色，腹足趾钩双序环。蛹：长椭圆形，长50毫米，棕褐至暗褐色。

发生规律　2年1代，以幼虫越冬。第一年以低龄和中龄幼虫于隧道内越冬，第二年以高龄和老熟幼虫在树干内或土中越冬。以老熟幼虫越冬者，翌春4～5月于隧道口附近的皮层处或土中化蛹。发生期不整齐，4月下旬至10月中旬均可见成虫，6～7月较多。成虫善飞翔，昼伏夜出，趋光性不强，喜丁衰弱树、孤立或边缘树上产卵，卵多产在树干基部树皮缝隙和伤口处，数十粒成堆，卵期13～15天。幼虫孵化后蛀入皮层，再蛀入木质部，多纵向蛀食，群栖危害，多的可达200头，有的还可蛀入根部致树体倒折。

防治方法

农业防治　产卵前树干涂石灰水，既杀卵又防病；幼虫危害初期挖除皮下群集幼虫杀之，并用保护剂涂抹伤口保护。

物理防治　成虫发生期用黑光灯杀成虫。

化学防治　①树干喷药。成虫产卵期树干2米以下喷洒50%辛硫磷乳油400～500倍液，25%辛硫磷胶囊剂200～300倍液等，毒杀卵和初孵幼虫。②虫孔抹药泥。幼虫危害期可用80%敌敌畏乳油或25%喹硫磷乳油30～50倍液对黏土和成药泥塞入虫孔。③药液涂干。用25%抑食肼悬浮剂与柴油1∶9的混合液涂抹被害处，毒杀初侵入幼虫。

（114）　云斑鳃金龟（图2-114-1至图2-114-3）

属鞘翅目金龟科。又名大云鳃金龟、石纹金龟子、大理石须金龟、大理石须云斑鳃金龟等。

分布与寄主

分布　除西藏、新疆未见报道外，各产区均有分布。

寄主　核桃、苹果、梨、杏、桃、樱桃等果树及旱地农作物。

危害特点　成虫食害芽和叶片，幼虫危害果树苗木的根，食性很杂。

形态诊断　成虫：长椭圆形，背面隆拱，体长28～41毫米，宽14～21毫米，体紫黑色或栗黑至褐色等，上覆各式白色或乳白色鳞片组成的云斑状白斑，斑间多零星鳞片并散布小刻点，白色鳞片群集点缀如云斑，触角鳃片状，故名云斑鳃金龟。卵：椭圆形，3.5～4毫米×2.5～3毫米，乳白色。幼虫：俗称"蛴螬"，体长60～70毫米，头宽9.8～10.5毫米，体乳白色，头部黄褐色，臀节腹面刺毛列由10～12根短锥状刺毛组成，排列整齐。蛹：体长49～53毫米，初乳白渐变棕褐色或黑褐色。

发生规律 3~4年1代，以幼虫在20~50厘米深土层中越冬。翌年5月上升到10~20厘米浅土层中危害，老熟幼虫于5月下旬在土中筑蛹室化蛹。蛹期15天，6月中旬成虫始羽化出土上树，7月羽化盛期。成虫昼伏夜出。雄成虫趋光性强，能发出“吱、吱”鸣声，其作用是引诱雌虫进行交配。成虫产卵历期20~25天，卵散产在未腐熟的农家肥中或10~30厘米土层中，卵期约20天，幼虫期1360天。幼虫喜欢生活在沙土和砂壤土及未腐熟的农家肥中，危害植物地下幼根。果树幼苗根部受害重。

防治方法

农业防治 重点是抓好幼虫的防治，春秋季园内外土地深耕，并随犁拾虫消灭；避免施用未腐熟的农家肥，减少虫产卵；在发生严重果园，合理控制灌溉，促使幼虫向土层深处转移，避开果树苗木最易受害时期。

物理防治 利用黑光灯诱杀雄成虫。

化学防治 ①土壤处理。用50%辛硫磷乳油每亩200~250克，加水10倍喷于25~30千克细土上拌匀成毒土，或用10%辛硫磷颗粒剂1.5~2.5千克加细土拌匀，撒于地面，随即耕翻。②农家肥处理。按5立方米农家肥均匀拌入5%辛硫磷颗粒剂2.5~3千克的比例处理农家肥，可大量杀死其中的幼虫。③树上施药。成虫发生期叶面喷洒52.25%蜱·氯乳油或50%杀螟硫磷乳油、45%马拉硫磷乳油1500倍液；48%毒死蜱乳油或20%甲氰菊酯乳油1500~2000倍液等。

115 枣尺蠖（图2-115-1至图2-115-3）

属鳞翅目尺蛾科。又名枣步曲。

分布与寄主

分布 长江以北产区。

寄主 枣、苹果、梨、桃等果树。

危害特点 幼虫食害芽、叶成孔洞和缺刻，严重时将叶片吃光。

症形诊断 成虫：雌雄异型。雌体长12~17毫米，被灰褐色鳞毛，无翅，头细小，触角丝状，足灰黑色，腹部锥形，尾端有黑色鳞毛一丛；雄体长10~15毫米，翅展30~33毫米，灰褐色，触角橙褐色羽状，前翅内、外线黑褐色波状，前后翅中室均有黑灰色斑点1个。卵：椭圆形，长0.95毫米，初淡绿渐至褐色。幼虫：1龄幼黑色，有5条白色纵走纹；2龄幼虫绿色，有7条白色纵走条纹；3龄幼虫灰绿色，有13条白色纵条纹；4龄幼虫纵条纹变为黄色与灰白色相间；5龄幼虫（老熟幼虫）体长约45毫米，灰褐色或青灰色，有多条黑色纵线及灰黑色花纹，胸足3对，腹足1对，臀足1对。蛹：长10~15毫米，纺锤形，黄至红褐色。

发生规律 1年发生1代，以蛹在土中5~10厘米处越冬。翌年3月下旬羽化为成虫。早春多雨利其发生，土壤干燥出土延迟且分散，有的拖后40~50天。雌蛾出土后栖息在树干基部或土块上、杂草中，夜间爬到树上等雄蛾飞来交尾，雄蛾具趋光性。卵多产在树皮缝内或树杈处，卵期10~25天，一般枣发芽时开始孵化，幼虫历期30天左右，具吐丝下垂习性，5月底到7月上旬，幼虫陆续老熟入土化蛹，越夏和越冬。天敌有枣尺蠖寄蝇、家蚕追寄蝇、枣步曲肿正付姬蜂等。

防治方法

农业防治　冬春季耕翻树盘，利用冻害或鸟食灭蛹；幼虫发生期震落捕杀幼虫，或在树干基部束绑宽约10厘米的塑料薄膜，膜下部用土压实，于薄膜上涂黄油或废机油，阻止幼虫上树。

生物防治　用苏云金杆菌加水对成每毫升含0.1亿~0.25亿个孢子的菌液，并加入十万分之一的敌百虫于幼虫期喷洒；也可田间采集被病毒感染的病死虫，研磨后，用纱布过滤，对水喷雾，每亩苹果园用病毒死虫7~10条，在幼虫期喷洒均有良好防效。

化学防治　①地面施药。在树干周围喷洒90%晶体敌百虫800~1000倍液或撒布40%辛硫磷颗粒剂，施药后地面用齿耙来回耧耙几次，使药土混匀，阻止成虫上树并毒杀成虫及初孵幼虫。②叶面喷药。在幼虫孵化前后喷洒20%甲氰菊酯乳油或2.5%溴氰菊酯乳油2500倍液，2.5%三氟氯氰菊酯乳油或50%顺式氰戊菊酯乳油3000倍液，20%氰戊菊酯乳油2000倍液、50%杀螟硫磷乳油1000倍液。

116　枣刺蛾（图2-116-1至图2-116-4）

属鳞翅目刺蛾科。又名枣奕刺蛾。

分布与寄主

分布　华北、黄淮、华东等产区。

寄主　枣、柿、梨、苹果、山楂、杏、核桃等果树。

危害特点　低龄幼虫取食叶肉，仅留表皮，虫龄稍大即取食全叶。

形态诊断　成虫：雌成虫翅展29~33毫米，触角丝状；雄成虫翅展28~31.5毫米，触角短双栉齿状。全体褐色，胸背中间鳞毛红褐色；腹部背面各节有似"人"字形的褐红色鳞毛；前翅基部褐色，中部黄褐色，近外缘处有2块似菱形的斑纹彼此连接，靠前一块褐色，后边一块红褐色；后翅灰褐色。卵：椭圆形，长1.2~2.2毫米，鲜黄色。幼虫：体长20~25毫米，淡黄至黄绿色，背面的蓝色斑，连接成近椭圆形斑纹；体背有6对红色长枝刺，其中胸部3对、体中部1对、腹末2对；体两侧各节上有红色短刺毛丛1对。蛹：椭圆形，长12~13毫米，初黄色渐变为褐色。茧：长11~14.5毫米，椭圆形，土灰褐色。

发生规律　1年发生1代，以老熟幼虫在树干根部土内7~9厘米深处结茧越冬。翌年6月下旬成虫羽化，7月上旬幼虫孵化，7月下旬至8月中旬危害重，8月下旬幼虫逐渐老熟，下树入土结茧越冬。成虫昼伏夜出，有趋光性。卵产于叶背成片排列，幼虫孵化后即分散至叶背面危害。

防治方法

农业防治　冬春季深翻园地，利用低温冻害和鸟食消灭土中越冬茧。

生物防治　秋冬季摘虫茧，放入细纱笼内，保护和引放寄生蜂。低龄幼虫期每亩用每克含孢子100亿的白僵菌粉0.5~1千克，在雨湿条件下喷雾防治效果好。

化学防治　卵孵化盛期至幼虫危害初期喷洒90%晶体敌百虫或40%马拉硫磷乳油1200倍液、25%灭幼脲悬浮剂1500倍液、20%除虫脲悬浮剂3000~4000倍液、1.8%阿维菌素2000~3000倍液、20%抑食肼可湿性粉剂800~1000倍液、20%虫酰肼悬浮剂1000~1500倍液、2.5%溴氰菊酯乳油3000~4000倍液、10%乙氰菊酯乳油2000倍液等。

117　枣飞象（图2-117-1）

属鞘翅目象甲科。又名食芽象甲、大谷月象、枣芽象甲、小灰象鼻虫。

分布与寄主

分布　全国各产区。

寄主　枣、苹果、梨、核桃等果树。

危害特点　成虫食芽、叶，常将枣树嫩芽吃光，第二、三批芽才能长出枝叶来，推迟生育，削弱树势，降低产量与品质。幼虫生活于土中，危害植物地下部组织。

症形诊断　成虫：体长4~6毫米，长椭圆形，体黑色，被白、土黄、暗灰等色鳞片，体呈深灰至土黄灰色，腹面银灰色；头宽，喙短粗、宽略大于长，背面中部略凹；触角膝状11节，着生在头管近前端；前胸宽略大于长，两侧中部圆突；鞘翅长2倍于宽，近端部1/3处最宽，末端较狭，两侧包向腹面，鞘翅上各有纵刻列9~10行。卵：椭圆形，0.6毫米×0.4毫米，初乳白渐至黑褐色。幼虫：体长5~7毫米，头淡褐色，体乳白色，各节多横皱略弯曲，无足，前胸背面淡黄色。蛹：长4~6毫米，略呈纺锤形，乳白至红褐色。

发生规律　1年发生1代，以幼虫于5~10厘米深土中越冬。3月下旬越冬幼虫开始上移到表土层活动、危害，4月上旬至5月上旬老熟化蛹，蛹期12~15天。4月下旬至5月上旬成虫羽化，经4~7天出土，成虫寿命20~30天，危害至6月上旬，成虫多沿树干爬上树危害，以10：00~16：00高温时最为活跃，可作短距离飞翔，早晚低温或阴雨刮风时，多栖息在枝杈处和枣股基部不动，受惊扰假死落地。卵产于枝干皮缝和枣股脱落后的枝痕内，数粒成堆产在一起。产卵期5月上旬至6月上旬，卵期20天左右，5月中旬陆续孵化落地入土，危害至秋后做近圆形土室于内越冬。

防治方法

农业防治　成虫出土前树干周围铺塑料薄膜，周围用土压实，将土中羽化成虫闷死于地下；成虫上树后，树下铺塑料布，早、晚震落搜集成虫捕杀之。

土壤处理　4月下旬成虫开始出土上树时，用25%辛硫磷胶囊剂200~300倍液，喷洒树干及干基部60~90厘米范围内地面，树干喷药至淋洗状态，或撒5%辛硫磷颗粒剂，每株成树撒100~150克，撒后浅耙表土使土药混匀，毒杀上树成虫效果好且省工。该措施做得好，基本可控制此虫危害。

化学防治　成虫危害期树冠上可喷洒90%晶体敌百虫或50%辛硫磷乳油1000~1500倍液、5.7%氟氯氰菊酯乳油3000倍液、10%醚菊酯乳油2000倍液等防治。

118 嘴壶夜蛾（图2-118-1至图2-118-4）

属鳞翅目夜蛾科。又名桃黄褐夜蛾、小鸟嘴壶夜蛾。

分布与寄主

分布　全国各产区。

寄主　桃、梨、苹果、柑橘、葡萄、龙眼、木防己等植物。

危害特点　成虫吸食成熟或近成熟果实果汁，被害果出现针头大小孔洞，致果实变色凹陷、糜烂脱落。

形态诊断　成虫：体长16~19毫米，翅展34~40毫米，头部淡红褐色，胸腹部褐色；前翅棕褐色，外缘中部外突成1角，顶角至后缘中部有1深色斜线，翅上具1肾状纹和1三角形的红褐色斑；后翅黄褐色，缘毛黄白色。卵：扁圆形长约0.8毫米，初黄白渐变为灰黑色。幼虫：体长37~46毫米，尺蠖型，漆黑色，背面两侧各有黄、白、红色斑一列。蛹：长17~19毫米，红褐至暗褐色。

发生规律　1年发生4~6代，世代重叠。以幼虫在树下杂草丛或土缝中越冬。5月份成虫出现，先危害早熟水果桃、樱桃等；7月后增多，9月下旬至10月下旬盛发，11月下旬后虫口密度渐小。成虫昼伏夜出，趋光性弱，嗜食糖液，略具假死性，闷热无风的夜晚蛾量多；成虫卵散产于木防己的叶背，孵化后在其上取食。

防治方法

农业防治　铲除或用除草剂清除果园周围夜蛾幼虫寄主木防己，断绝其食料。用香茅油或小叶桉油驱避成虫，方法是：用吸水性强的草纸片浸油，每株树于傍晚挂1片，翌晨收回，第二天再补加油挂上。

物理防治　用黑光灯或糖醋液诱杀成虫。果实套袋，在生理落果后进行。

化学防治　在成虫发生前期可以喷洒低毒的菊酯类或植物源类农药烟碱、苦参碱等。近成熟期为避免农药残留一般不再用药。

119 珀蝽 (图2-119-1, 图2-119-2)

属半翅目蝽科。又名朱绿蝽、米缘蝽、克罗蝽。

分布与寄主

分布　除东北以外的全国各产区。

寄主　苹果、梨、桃、柿、李、茶、柑橘、泡桐、马尾松、枫杨、水稻、大豆、菜豆、玉米、芝麻、苎麻等多种果树、林木和农作物。

危害特点　成虫、若虫刺吸叶、嫩梢及果实汁液，致植株生长变弱，果实表面出现黑色斑点。

形态诊断　成虫：体长8~11.5毫米，宽5~6.5毫米。长卵圆形，具光泽，密被黑色或与体同色的细点刻。头鲜绿，触角第二节绿色，3、4、5节绿黄，末端黑色；复眼棕黑，单眼棕红。前胸背板鲜绿。两侧角圆而稍凸起，红褐色，后侧缘红褐。小盾片鲜绿，末端色淡。前翅革片暗红色，刻点粗黑，并常组成不规则的斑。腹部侧缘后角黑色，腹面淡绿，胸部及腹部腹面中央淡黄，中胸片上有小脊，足鲜绿色。卵：长0.94~0.98毫米，宽0.72~0.75毫米。圆筒形，初产时灰黄，渐变为暗灰黄色，卵壳光滑。

发生规律　江西南昌1年3代。以成虫在枯草丛中、林木茂盛处越冬，次年4月上中旬开始活动，4月下旬至6月上旬产卵，5月上旬至6月中旬陆续死亡。第一代在5月上旬至6月中旬孵化；6月中旬开始羽化，7月上旬开始产卵。第二代在7月上旬开始孵化，8月上旬末开始羽化，8月下旬至10月中旬产卵。第三代在9月初至10月下旬初孵化，10月上旬开始羽化。10月下旬开始陆续蛰伏越冬。

防治方法

农业防治　冬春季捕杀越冬成虫。发生期随时摘除卵块，及时捕杀初孵群集若虫。

化学防治　于成虫产卵期和低龄若虫期喷洒48%毒死蜱乳油2000倍液或20%杀螟硫磷乳油3000倍液、或50%丙硫磷乳油1000倍液、或5%氟虫脲乳油1000~1500倍液等。

120 苹果透翅蛾 (图2-120-1)

属鳞翅目透翅蛾科。又名苹果小翅蛾、小透羽。

分布与寄主

分布　辽宁、吉林、黑龙江、河北、河南、山东、山西、陕西、甘肃、江苏、浙江、内蒙古等地及周边产区。

寄主　梨、苹果、桃、李、杏、樱桃等果树。

危害特点　幼虫在树干枝杈等处蛀入皮层下，食害韧皮部，造成不规则的虫道，深达木质部，被害部常有似烟油状的红褐色粪屑及树脂黏液流出，被害伤口容易遭受苹果腐烂病菌侵袭，引起溃烂。

形态诊断　成虫：体长约12毫米，蓝黑色，有光泽，头后缘环生黄色短毛；触角丝状，较粗，黑色；翅透明，翅脉黑色；前足基节外侧、后足胫节中部和端部、各足跗节均为黄色；腹部第四节、第五节背面后缘各有1条黄色横带，腹部末端具毛丛。雄虫毛丛呈扇状，边缘黄色。幼虫：体长20～25毫米，头黄褐色，胸腹部乳白色中线淡红色，胸足3对，腹足4对，臀足1对。卵：长0.5毫米左右，扁椭圆形，黄白色，产在树干粗皮缝及伤疤处。蛹：体长约13毫米，黄褐色至黑褐色。头部稍尖，腹部3～7节背面后缘各有1排小刺，腹部末端有6个小刺突。

发生规律　在河北、辽宁、山东等地每年发生1代，以3、4龄幼虫在树皮下的虫道中越冬。第二年春季4月上旬天气转暖，越冬幼虫开始活动，继续蛀食为害，5月下旬至6月上旬老熟幼虫化蛹前，先在被害部内咬一圆形羽化孔，但不咬破表皮，然后吐丝缀缠虫粪和木屑，做成长椭圆形茧化蛹，蛹期10～15天。成虫羽化时，将蛹壳带出一部分，露于羽化孔外。6月中旬至7月下旬为成虫羽化盛期。成虫白天活动，交尾后2～3天产卵，1头雌蛾产卵23粒，产卵部位大多选在树干或大枝的粗皮、裂缝、伤疤等处。产卵前先排出黏液，以便幼虫孵化后即蛀入皮层为害，直至11月开始做茧越冬。

防治方法

农业防治　晚秋和早春，结合刮皮，仔细检查主枝、侧枝等大枝枝杈处、树干上的伤疤处、多年生枝橛及老翘皮附近，发现虫粪和黏液时，用刀挖出杀死。

化学防治　①树干涂药液。9月间幼虫蛀入不深，于幼虫危害处涂抹40%辛硫磷乳油10倍或80%辛硫磷乳油1份＋19份煤油配制成的溶液，因幼虫小、且入皮浅防治效果好。②成虫盛发期，枝干上喷洒90%晶体敌百虫或40%辛硫磷乳油1000倍液、或50%马拉硫磷乳油1200倍液、或20%甲氰菊酯乳油2500～3000倍液、或10%联苯菊酯乳油2000～2500倍液等，防治成虫和初孵幼虫效果均很好。

第 **3** 章

果园主要杂草识别与防治

中国菟丝子（图3-1-1，图3-1-2）

旋花科菟丝子属，一年生寄生杂草。又名菟丝子、金丝藤、豆寄生、无根草。分布于我国南北大部分地区，以山东、河南、宁夏、黑龙江、江苏最多。

形态识别　种子繁殖。幼苗线状，橘黄色，无叶，出土后，蔓可伸长6～13厘米，绕上寄主后，就在与寄主接触的部分产生吸器，伸入寄主体内，吸取水分与养料，营寄生生活。此时，其接近地面约2厘米处开始枯萎，约1周之后，蔓开始产生分枝，并向四周迅速蔓延，缠绕到其他寄主上，缠绕茎细弱，黄色或浅黄色，无叶。花多数，簇生，有时2个并生，花萼杯状，5裂，裂片卵圆形或长圆形；花冠白色，壶状或钟状；裂片5个，向外反曲，果熟时将果实全部包住，雄蕊5个，花丝短鳞片5个，近长圆形，花柱2个，直立，柱头椭圆形，淡黄褐色或褐色，表面较粗糙，有白霜状突起。菟丝子喜高温湿润气候，对土壤要求不严，适应性较强。在果树生长季节，遇到适宜寄主就缠绕在上面，在接触处形成吸根伸入寄主，吸根进入寄主组织后，部分组织分化为导管和筛管，分别与寄主的导管和筛管相连，自寄主吸取养分和水分。菟丝子一旦幼芽缠绕于寄主植物体上，生活力极强，生长旺盛，最喜寄生于豆科植物上。

防治方法　注意早期发现，及时铲除毁掉。有效除草剂有地乐胺、甲草胺、扑草净、异丙甲草胺、乙草胺、萘氧丙草胺等。

马唐（图3-2-1至图3-2-3）

禾本科马唐属，一年生杂草。又名叉子草、鸡爪草、大抓根草。全国各地均有分布。也是炭疽病、黑穗病、稻纵卷叶螟、黏虫、稻蓟马、黑尾叶蝉、蚜虫等病虫的寄主。

形态识别　种子繁殖。第一片真叶卵状披针形，长1厘米，宽3.5毫米，先端急尖，叶缘具睫毛，有19条直出平行脉。叶片与叶鞘之间有一不甚明显的环状叶舌，其顶端齿裂，但无叶耳，叶鞘有7条脉，外表密被长柔毛。第二片真叶呈带状披针形，叶片与叶鞘之间有一明显的三角状，其顶端有齿裂的叶舌。成株秆基部倾卧地面，节处着地易生根，高40～100厘米，光滑无毛。叶片条状披针形，两面疏生软毛或无毛；叶鞘大都短于节间，鞘口或下部疏生软毛；叶舌膜质，先端钝圆。总状花序3～10枚，指状排列或下部的近于轮生；小穗通常孪生，一有柄，一无柄；第一颖微小，第二颖长约为小穗的一半或稍短于小穗，边缘有纤毛；第一外稃与小穗等长，具5～7脉，脉间距离不匀而无毛；第二外稃边缘膜质，覆盖内稃。颖果椭圆形，透明。黄淮地区春季气温回暖后种子发芽，春夏秋生长，花期8～9月。果期9～10月。

防治方法 合理轮作；田间及时中耕除草；有效除草剂有吡氟禾草灵、甲草胺、异丙甲草胺、乙草胺、敌稗、萘氧丙草胺、氟乐灵、灭草松、西玛津、噁草酮、茅草枯、草甘膦、敌草隆等。

03 牛筋草（图3-3-1至图3-3-3）

禾本科䅟属，一年生杂草。又名蟋蟀草。世界性恶性杂草，全国各地都有分布。也是许多果树病虫害的寄主。

形态识别 种子繁殖。发芽适宜土壤含水量10%~40%，温度20~40℃，发芽的土层深度以0~1厘米为宜，3厘米以下不发芽。成株须根细密，扎根较深，分蘖也多，不易拔除。地上茎秆扁，自基部分枝，斜升或偃卧，质地坚韧。叶片条形；叶鞘压扁，鞘口有毛；叶舌短。穗状花序2~7枚，指状排列于秆顶；小穗无柄，含3~6朵小花，成2行排列于宽扁穗轴的一侧。果实为囊果，种子黑棕色，被膜质果皮疏松地包着，易分离。种子经冬季休眠后萌发，在黄淮地区4月下旬发芽出土，春夏秋生长，7~8月抽穗开花，果熟期8~10月，随熟随落，由水、风或动物传播。

防治方法 及时中耕除草，并将草携出园外堆沤。有效除草剂有稀禾啶、草甘膦、禾草灭、噁草酮、萘氧丙草胺、异丙甲草胺、吡氟禾草灵、烯禾啶、氟乐灵等。

04 䅟草（图3-4-1至图3-4-3）

禾本科䅟草属，一年生杂草。又名细叶秀竹、马耳草。全国各地均有分布。

形态识别 种子繁殖和分株繁殖。秆细弱无毛，基部倾斜，高30~45厘米，分枝多节。叶鞘短于节间，有短硬疣毛；叶舌膜质，边缘具纤毛；叶片卵状披针形，长2~4厘米，宽8~15毫米，除下部边缘生纤毛外，余均无毛。总状花序细弱，长1.5~3厘米，2~10个成指状排列或簇生于秆顶，穗轴节间无毛。花黄色或紫色，长0.7~1毫米。颖果长圆形。春季发芽，春夏秋生长，花、果期8~11月。

防治方法 及时中耕除草，并将草携出园外堆沤。有效除草剂有莎扑隆、草甘膦、噁草酮、萘氧丙草胺、异丙甲草胺、吡氟禾草灵、唏禾啶、氟乐灵等。

05 小飞蓬（图3-5-1至图3-5-4）

菊科白酒草属，越年生或一年生杂草。又名小蓬草、小白酒草、祁州一枝蒿。我国大部分地区有分布。是棉铃虫和棉椿象的中间宿主。

形态识别 种子繁殖。以种子或幼苗越冬。10月初种子发芽出土，幼苗除子叶外全体被粗糙毛，子叶卵圆形，初生叶椭圆形，基部楔形，全缘。春夏秋生长，花期在次年6~9月份，种子于7月、8月渐次成熟随风飞散传播。茎直立，株高50~120厘米，具粗糙毛和细条纹。叶互生，叶柄短或不明显。叶片窄披针形，全缘或微锯齿，有长睫毛。头状花序，密集成圆锥状或伞房状。花梗较短，边缘为白色的舌状花，中部为黄色的筒状花。瘦果扁平，矩圆形，具斜生毛，冠毛1层，白色刚毛状，易飞散。

防治方法 深耕，加强田间管理，结合野生植物的利用在种子成熟前拔除全株。有效除草剂有萘氧丙草胺、草甘膦、灭草松、精吡氟禾草灵、扑草净等。

06 刺儿菜（图3-6-1至图3-6-3）

菊科蓟属，多年生草本植物。又名小蓟草。除西藏、云南、广东、广西外，全国各地都有分布。

形态识别 种子繁殖，秋季或春季发芽出土；或地下根茎无性繁殖。春夏季生长旺盛。长匍匐根茎，地下部分常大于地上部分。茎直立，幼茎被白色蛛丝状毛，有棱，高30~120厘米，基部直径3~5毫米，上部有分枝，花序分枝无毛或有薄绒毛。叶互生，基生叶花时凋落，下部和中部叶椭圆形或椭圆状披针形，长7~10厘米，宽1.5~2.2厘米，表面绿色，背面淡绿色，两面有疏密不等的白色蛛丝状毛，顶端短尖或钝，基部窄狭或钝圆，近全缘或有疏锯齿，无叶柄。头状花序单生茎端，有少数伞房花序；总苞卵形、长卵形或卵圆形，直径1.5~2厘米；总苞片约6层，覆瓦状排列；小花紫红色或白色，两性花，花冠长1.8厘米左右。瘦果淡黄色，椭圆形或偏斜椭圆形，长3毫米，宽1.5毫米。冠毛污白色，多层，整体脱落。花果期5~9月。

防治方法 园地深耕，捡拾地下根茎带出园外处理；结合茎叶可以作饲草的特性，有目的地刈割利用。采用嗪草酮、双苯酰草胺、唑草酮、双氟磺草胺、2甲4氯钠等除草剂进行防治。

07 硬质早熟禾（图3-7-1至图3-7-3）

禾本科早熟禾属，多年生、密丛型草本植物。分布于东北、华北、西北、华中等地。

形态识别 种子和分株繁殖。秆高30~60厘米，具3~4节。叶鞘基部淡紫色，叶舌长约4毫米，先端尖；叶片长3~7厘米，宽1毫米，稍粗糙。圆锥花序紧缩而稠密，长3~10厘米，宽约1厘米；分枝长1~2厘米，4~5枚着生于主轴各节；小穗柄短于小穗，侧枝基部即着生小穗；小穗绿色，熟后草黄色，长5~7毫米，含4~6小花；花药长1~1.5毫米。颖果长约2毫米。9、10月发芽，冬、春、初夏生长，花果期5~8月。

防治方法 幼嫩时人工拔除可作饲草；园地及时中耕；有效除草剂有草甘膦、噁草酮、萘氧丙草胺、异丙甲草胺、吡氟禾草灵、烯禾啶、氟乐灵等。

08 泥胡菜（图3-8-1至图3-8-3）

菊科泥胡菜属，一年生或越年生草本植物。除新疆、西藏未见报道外，遍布全国。

形态识别 种子繁殖。茎单生，高30~100厘米，被稀疏蛛丝毛，上部常分枝。基生叶长椭圆形或倒披针形，叶柄长达8厘米左右，最上部茎叶无叶柄；中下部茎叶与基生叶同形，长4~15厘米或更长，宽1.5~5厘米或更宽，全部叶大头羽状深裂或几全裂，侧裂片2~6对，倒卵形、长椭圆形、匙形、倒披针形或披针形，向基部的侧裂片渐小，顶裂片大，长菱形、三角形或卵形，全部裂片边缘三角形锯齿或重锯齿；少有全部茎叶不裂或下部茎叶不裂。茎叶质地薄，上面绿色，无毛，下面灰白色，被厚或薄茸毛。

头状花序在茎枝顶端排成疏松伞房花序；总苞宽钟状或半球形，直径1.5~3厘米；总苞片多层，覆瓦状排列，外层长三角形，中层椭圆形或卵状椭圆形，内层线状长椭圆形或长椭圆形。小花紫色或红色，花冠长1.4厘米左右。瘦果小，楔状或偏斜楔形，长2.2毫米，深褐色。秋季发芽出土，幼苗越冬，春夏生长，花果期5~6月。

防治方法 及时中耕除草，特别是种子成熟前清除，减少种子留存；有效除草剂有丁草胺、噁草酮、灭草松、萘氧丙草胺、异丙甲草胺、乙氧氟草醚、氟乐灵等。

09 狗牙根（图3-9-1，图3-9-2）

禾本科狗牙根属，多年生宿根性杂草，又名绊根草、爬根草。分布于全国各地。

形态识别 种子或分根茎法无性繁殖。低矮草本，具根茎。秆细而坚韧，下部匍匐地面蔓延甚长，长1~2米，茎的节上又分生侧枝与新的走茎；新老匍匐茎在地面上互相穿插，交织成网，短时间内即成坪，形成占绝对优势的植物群落，耐践踏，侵占能力强。节上常生不定根，生长季节随时植根土中；直立部分高10~30厘米，直径1~1.5毫米，秆壁厚，光滑无毛。叶片线形，长1~12厘米，宽1~3毫米。穗状花序2~6枚，长2~6厘米；小穗灰绿色或带紫色，长2~2.5毫米，仅含1小花；花药淡紫色。颖果长圆柱形。以其根状茎和匍匐茎越冬，翌年则靠越冬部分体眠芽萌发生长。

防治方法 狗牙根抗逆力强，繁殖方式多样，果园发生量大时防治较难。

农业防治 春季进行连续中耕除草，一定要捡拾干净带根匍匐茎，带出果园集中销毁。果园深耕可切断大部分根茎，将其暴露于地表阳光下晒死，深耕还可将种子埋于深土层，而失去萌发能力。

化学防治 用扑草净、草甘膦、吡氟乙草灵、茅草枯、吡氟禾草灵等除草剂进行防除。

⑩ 小花山桃草（图3-10-1至图3-10-4）

柳叶菜科山桃草属，一年生或越年生草本杂草。分布于河南、河北、山东、安徽、江苏、湖北、福建等地区。

形态识别 种子繁殖。主根发达，全株尤茎上部、花序、叶、苞片、萼片密被灰白色长毛与腺毛；茎直立，有少数分枝，高50~100厘米。基生叶宽倒披针形，长达12厘米，宽达2.5厘米，先端锐尖；茎生叶狭椭圆形、长卵圆形、菱状卵形，长2~10厘米，宽0.5~2.5厘米，先端渐尖或锐尖，基部楔形。花序穗状，少数分枝，生茎枝顶端，常下垂，长8~35厘米；花傍晚开放；花管带红色，长1.5~3毫米，径约0.3毫米；萼片绿色，线状披针形，长2~3毫米，宽0.5~0.8毫米；花瓣初白色，渐变红色，倒卵形，长1.5~3毫米，宽1~1.5毫米；花丝长1.5~2.5毫米，花药黄色，长圆形；花柱长3~6毫米，伸出花管部分长1.5~2.2毫米；柱头围以花药。蒴果坚果状，纺锤形，长5~10毫米，径1.5~3毫米。种子卵状3~4枚，长3~4毫米，径1~1.5毫米，红棕色。种子9、10月或于春季4月上旬前后萌发生长，初始生长缓慢，至4月下旬随气温、地温、水分的增加，生长逐渐加快，至6~8月生长高峰，花期7~8月，果期8~9月。9月中下旬停止生长，10月逐渐枯死。

防治方法 及时中耕除草，特别是种子成熟前清除干净，减少种子存留扩散；有效除草剂有伏草隆、噁草酮、灭草松、萘氧丙草胺、异丙甲草胺、乙氧氟草醚、氟乐灵等，幼苗期使用效果好。

⑪ 龙葵（图3-11-1至图3-11-3）

茄科茄属，一年生直立草本植物。又名苦葵、黑茄、野茄菜等。

形态识别 种子繁殖。茎高0.2~1米，光滑无棱或棱不明显，绿色或紫色，近无毛或被微柔毛。叶卵形，长2.5~10厘米，宽1.5~5.5厘米，先端短尖，基部圆形至阔楔形，全缘或每边具不规则的粗齿或微波状；叶柄长1~2厘米。伞形花序，由3~10花组成，总花梗长1~2.5厘米，花梗长约5毫米，萼小，浅杯状，直径1.5~2毫米；花冠白色，筒部隐于萼内，长不及1毫米，冠檐长约2.5毫米，5深裂，裂片卵圆形，长约2毫米。浆果球形，直径约8毫米，成熟时黑色。种子多数，近卵形，直径1.5~2毫米。具有特殊气味。黄淮地区4月种子发芽出土，5~9月生长旺盛，花果期6~9月。

防治方法 人工除草连根拔除；有效除草剂有噁草酮、伏草隆、灭草松、萘氧丙草胺、异丙甲草胺、乙氧氟草醚、氟乐灵等。

⑫ 刺苋（图3-12-1至图3-12-3）

苋科苋属，一年生草本植物。又名笋苋菜、勒苋菜。全国各地都有分布。

形态识别 种子繁殖。茎直立，高30~100厘米；圆柱形或钝棱形，多分枝，有纵条纹，绿色或带紫色，无毛或稍有柔毛。叶片菱状卵形或卵状披针形，长3~12厘米，宽1~5.5厘米，顶端圆钝；叶柄长1~8厘米，在其旁有2刺，刺长5~10毫米。圆锥花序腋生及顶生，长3~25厘米，花被片绿色。胞果矩圆形，长1~1.2毫米。种子近球形，直径约1毫米，黑色或带棕黑色。春季气温回暖种子发芽出土，夏秋季生长，花果期7~11月。

防治方法 及时中耕铲除；有效除草剂有精吡氟禾草灵、噁草酮、扑草净、灭草松、萘氧丙草胺、异丙甲草胺、乙氧氟草醚、氟乐灵等。

⑬ 灯笼草（图3-13-1至图3-13-4）

茄科酸浆属，多年生直立草本植物。学名酸浆。又名红菇娘、灯笼果、泡泡草。分布于全国各地。

形态识别 种子繁殖。基部常匍匐生根。茎高40~80厘米，基部略带木质，分枝稀疏或不分枝，幼嫩茎节常被有较密柔毛。叶长5~15厘米，宽2~8厘米，长卵形至阔卵形、菱状卵形，顶端渐尖，基部不对称狭楔形、下延至叶柄，全缘而波状或者有粗牙齿状，两面被有柔毛，叶柄长1~3厘米。花梗长6~16毫米，密生柔毛；花萼阔钟状，长约6毫米，密生柔毛；花冠白色，直径15~20毫米，裂片开展，阔而短。果梗长2~3厘米，果萼卵状，长2.5~4厘米，直径2~3.5厘米，薄革质，网脉显著，成熟时橙色或火红色，被宿存的柔毛，顶端闭合，基部凹陷；浆果球状，橙红色，直径10~15毫米，柔软多汁。种子肾脏形，淡黄色，长约2毫米。喜阳光，不择土壤，在3~42℃均能正常生长。花期5~9月，果期6~10月。

防治方法 人工连根拔除，特别是种子成熟前清除，减少种子留存；有效除草剂有伏草隆、萘氧丙草胺、噁草酮、丁草胺、灭草松、异丙甲草胺、氟乐灵、乙氧氟草醚等。

14 米口袋（图3-14-1至图3-14-4）

豆科米口袋属，多年生草本植物。又名米布袋、紫花地丁、地丁、多花米口袋。分布于东北、华北、华东、华中等地区。

形态识别 种子和分根繁殖。主根圆锥形或圆柱形、粗壮，少有侧细根，上端具短缩的茎或根状茎。高4~20厘米，全株被白色长绵毛，果期后毛渐稀少。叶及总花梗于分茎上丛生；托叶宿存，下部叶三角形，上部叶狭三角形，基部合生，外面密被白色长柔毛；叶长2~5厘米，早生叶被长柔毛，后生叶毛稀疏，或无毛；小叶7~21片，椭圆形、长圆形或卵形、长卵形、披针形，长4~25毫米，宽1~10毫米，基部圆，先端具细尖、急尖、钝、微缺或下凹成弧形。伞形花序有2~6朵花；花梗长1~3.5毫米；花萼钟状，长7~8毫米；花冠紫堇色，旗瓣长13毫米，宽8毫米，倒卵形，全缘；翼瓣长10毫米，宽3毫米，斜长倒卵形，龙骨瓣长6毫米，宽2毫米，倒卵形。荚果圆筒状，长17~22毫米，直径3~4毫米，被长柔毛；种子三角状肾形，直径约1.8毫米。春季种子萌发或宿根发芽生长，春夏温湿适宜时生长迅速，花期4月，果期5~6月。

防治方法 园地深耕，捡拾地下根茎带出园外处理；结合全株可以入药的特性，有目的地挖除利用。采用嗪草酮、唑草酮、精吡氟禾草灵、双氟磺草胺、甲草胺等除草剂进行防治。

15 小冠花（图3-15-1至图3-15-4）

豆科小冠花属，多年生草本植物。学名绣球小冠花。全国除东北、西北寒冷地区外，其他各地都有分布。

形态识别 种子繁殖。茎直立，粗壮，多分枝，疏展，高50~100厘米。茎、小枝圆柱形，具条棱，髓心白色。奇数羽状复叶，具小叶11~25对；小叶薄纸质，椭圆形或长圆形，长15~25毫米，宽4~8毫米，先端稍尖。伞形花序腋生，长5~6厘米；总花梗长约5厘米，花5~20朵，密集排列成绣球状；花冠紫色、淡红色或白色，有明显紫色条纹，长8~12毫米，旗瓣近圆形，翼瓣近长圆形；龙骨瓣先端成喙状，喙紫黑色，向内弯曲。荚果细长圆柱形，稍扁，具4棱，先端有宿存的喙状花柱，荚节长约1.5厘米，各荚节有种子1颗；种子长圆状倒卵形，光滑，黄褐色，长约3毫米，宽约1毫米。小冠花喜温暖湿润气候，对土壤要求不严，但不太耐涝，条件适宜即可生长。花期6~7月，果期8~9月。

防治方法 适时中耕除草，并在种子成熟前彻底清除田旁隙地的小冠花。有效除草剂有甲草胺、异丙甲草胺、乙草胺、敌稗、萘氧丙草胺、西玛津、扑草净、噁草酮、乙氧氟草醚、百草枯、草甘膦等。

16 酸模叶蓼 (图3-16-1至图3-16-4)

蓼科蓼属，一年生草本植物。又名大马蓼、旱苗蓼、斑蓼、柳叶蓼。广布于全国各地。

形态识别 种子繁殖。茎直立，高40~90厘米，具分枝，茎节部膨大。叶披针形或宽披针形，长5~15厘米，宽1~3厘米，顶端渐尖或急尖，基部楔形，上面绿色，常有一个大的黑褐色新月形斑点，全缘，边缘具粗缘毛；叶柄短；托叶鞘筒状，长1.5~3厘米，膜质，淡褐色。总状花序呈穗状，顶生或腋生，近直立，花紧密，通常由数个花穗再组成圆锥状；花淡红色或白色。瘦果宽卵形，长2~3毫米，黑褐色，包于宿存花被内。黄淮地区4~5月种子发芽出土，春夏生长迅速，花期6~8月，果期7~9月，花果期内多次开花结实。

防治方法 人工防除园地及周围酸模叶蓼，尽量减少田间杂草来源；利用赛克嗪、异恶草松、咪草烟、氯嘧磺隆、氟磺胺草醚、杂草焚、乙草胺、2，4-滴丁酯、莠去津、氟乐灵、萘氧丙草胺、麦草畏等除草剂进行防除。

17 蒲草 (图3-17-1至图3-17-3)

香蒲科香蒲属，多年生宿根性沼泽、湿地单子叶草本植物；又名水蜡烛、水烛、香蒲、蒲菜、蒲棒草。全国除西北等少数冬季寒冷地区外，其他地区都有分布。

形态识别 分株繁殖。地下根状匍匐茎白色，长而横生，节部处生许多须根，老根黄褐色。茎极短呈圆柱形，直立，质硬而中实，高可达2.5米。叶二列式互生，狭长带状，长0.8~1.3米，宽2~3厘米，基部呈长鞘抱茎。肉穗状花序顶生，圆柱状似蜡烛，全长达50厘米以上；雄花序生于上部，长10~30厘米，雌花序生于下部、黄色，与雄序等长或略长，两者中间无间隔，紧密相联。果穗似蜡烛状，赭褐色，果为小坚果，内含细小种子，椭圆形。蒲草喜潮湿环境，只要不低于0℃就能安全越冬，不高于33℃就能顺利度夏，适宜生长温度为15~30℃。花期6~7月，果期7~8月。

防治方法 人工彻底挖除根茎；利用化学除草剂精吡氟禾草灵、喹禾灵、稀禾啶等进行防除。

18 白蒿 (图3-18-1至图3-18-4)

菊科蒿属，一年生或越年生草本或半灌木。又名茵陈、牛至、田耐里、马先、绒蒿、细叶青蒿、安吕草。全国各地均有分布。幼苗称为"茵陈"，黄淮地区有"正月茵陈，二月蒿"的说法。幼苗早春采收可以作菜入药，此季节以外则称为"茵陈蒿""白蒿"。

形态识别 种子和分株繁殖。春天幼苗称为"绵茵陈"：多卷曲成团状，灰白色或灰绿色，全体密被白色茸毛，绵软如绒。茎细小，长1.5~2.5厘米，直径0.1~0.2厘米，除去表面白色茸毛后可见明显纵纹；质脆，易折断。叶具柄，展平后叶片呈一至三回羽状分裂，叶片长1~3厘米，宽约1厘米；小裂片卵形或稍呈倒披针形、条形，先端尖锐。气清香，味微苦。

农历二月后称为"白蒿""茵陈蒿"：根茎斜生，其节上具纤细的须根，近木质。茎呈圆柱形，高20~150厘米，直立或近基部伏地，多分枝，径粗2~8毫米；幼嫩时青绿色，老茎淡紫色或紫色，有纵条纹，具倒向或微蜷曲的短柔毛；中上部各节有具花的分枝，下部各节有不育的短枝，近基部常无叶。叶密集，或脱落，叶柄长2~7毫米；下部叶二至三回羽状深裂，裂片条形或细条形，两面密被白色柔毛；茎生叶一至二回羽状全裂，基部抱茎，裂片细丝状。花序呈伞房状圆锥花序，开张，多花密集，由多数小穗状花序组成。花萼钟状，花冠紫红、淡红至白色，管状钟形。瘦果长圆形，黄棕色。气芳香，味微苦。以幼苗或根茎越冬，春暖时生长，年生长期较长，花期7~9月，果期10~12月。

防治方法 幼苗期及时中耕、挖除，可以食用；利用其药用价值较高的特性，在不影响果树正常生长前提下适时刈割利用；有效除草剂有精吡氟禾草灵、噁草酮、灭草松、萘氧丙草胺、异丙甲草胺、乙氧氟草醚、氟乐灵等。

⑲ 黄鹌菜（图3-19-1至图3-19-4）

菊科黄鹌菜属，一年生或越年生草本杂草。又名毛连连、野芥菜、黄花枝香草、野青菜、还阳草。分布遍及全国。

形态识别 种子和分株繁殖，以幼苗或种子越冬。根垂直直伸，生多数须根。茎直立，高10~100厘米，单生或少数茎成簇生，粗壮或细。基生叶倒披针形、椭圆形、长椭圆形或宽线形，长2.5~13厘米，宽1~4.5厘米，大头羽状深裂或全裂，极少有不裂的，叶柄长1~7厘米；无茎叶或极少有1~2枚茎生叶，且与基生叶同形并等样分裂；全部叶及叶柄被皱波状长或短柔毛。茎顶端伞房花序状分枝或下部有长分枝，下部被稀疏的皱波状或短毛，每花序含10~20枚舌状小花；总苞圆柱状，长4~5毫米；舌状小花黄色，花冠管外面有短柔毛。瘦果纺锤形，褐色或红褐色，长1.5~2毫米；冠毛长2.5~3.5毫米，糙毛状。花果期4~10月。

防治方法 幼苗时及时中耕；成株时挖根清除；还可用丁草胺、灭草松、噁草酮、扑草净、绿麦隆、氟磺胺草醚、恶草灵、西玛津等除草剂进行防除。

⑳ 小苦荬（图3-20-1至图3-20-3）

菊科小苦荬属，一年或多年生草本植物。又名苦麻菜、苦定菜、刺揭、天香菜、荼苦荬、甘马菜、老鹳菜、无香菜、女郎花、鹿肠马草；民间俗称苦菜；药名叫"败酱草"。分布全国各地。

形态识别 种子和分株繁殖。根状茎短粗，生多数等粗的细根。茎直立，有分枝，高10~50厘米，基部直径1~3毫米，全部茎枝无毛。基生叶长倒披针形、长椭圆形、椭圆形，长1.5~15厘米，宽1~1.5厘米，不分裂，顶端急尖或钝，有小尖头，边缘全缘，但通常中下部边缘或仅基部边缘有稀疏的缘毛状或长尖头状锯齿，基部渐狭成长或宽翼柄，翼柄长2.5~6厘米，极少羽状浅裂或深裂，如羽状分裂，侧裂片1~3对，线状长三角形或偏斜三角形，通常集中在叶片的中下部；茎叶少数，小于、等于或大于基生叶，披针形或长椭圆状披针形或倒披针形，不分裂，基部扩大耳状抱茎，中部以下边缘或基部边缘有缘毛状锯齿；全部叶两面无毛。在茎枝顶端排成伞房状花序，花序梗细。总苞圆柱状，长7~8毫米。舌状小花5~7枚，黄色，少白色。瘦果纺锤形，长3毫米，宽0.6~0.7毫米，稍扁，褐色。冠毛麦秆黄色或黄褐色，长4毫米，微糙毛状。花果期4~8月。

防治方法 生长季节人工及时除草；种子成熟前清除，减少种子生成量。化学防治可用乙草胺、苯磺隆、噻磺隆、胺草磷、苄嘧磺隆、麦草畏、苯磺隆、阔草清、旱草灵、乙草胺、草除灵等除草剂。

㉑ 麦家公（图3-21-1至图3-21-3）

紫草科紫草属，一年生或越年生草本植物。学名田紫草。分布于黄淮及以北地区。

形态识别 种子繁殖，一般9~11月出苗，以幼苗越冬，春夏生长。茎自基部分枝或单一，高15~35厘米，自基部或仅上部分枝有短糙伏毛。根浅紫色。叶无柄，倒披针形至线形，长2~4厘米，宽3~7毫米，先端急尖，两面均有短糙伏毛。聚伞花序生枝上部，长可达10厘米，苞片与叶同形而较小；花序排列稀疏，有短花梗；花萼裂片线形，长4~5.5毫米，通常直立，两面均有短伏毛；花冠白色、蓝色或淡蓝色。小坚果三角状卵球形，长约3毫米，灰褐色。花果期4~8月。

防治方法 幼苗时铲除食用；成株时彻底拔除，减少种子存留；还可用伏草隆、苯磺隆、苄嘧磺隆、精吡氟禾草灵、氟唑草酮、噻磺隆等除草剂进行防除。

22 美洲商陆（图3-22-1至图3-22-7）

商陆科商陆属，多年生草本植物。又名商陆、垂穗商陆、美国商陆果、十蕊商陆、垂序商陆。全国大部分地区都有分布。原产北美洲，是一种入侵植物，全株有毒，根及果实毒性最强。由于其根茎酷似人参，常被人误作人参服用。根、叶可作中药。

形态识别 种子和分株繁殖。根粗壮肥大，倒圆锥形，肉质，外皮淡黄色，有横长皮孔，侧根甚多。茎直立，绿色或紫红色，多分枝，高1～2m，圆柱形。单叶互生，具柄，柄的基部稍扁宽；叶长椭圆形或卵状椭圆形，质柔嫩，长12～15厘米，宽3～10厘米，先端急尖或渐尖，基部渐狭，全缘。全株光滑无毛。总状花序直立，生于茎顶端或侧枝上，长约15厘米，先端急尖，花序梗长4～12厘米；花被片5片，初白色后渐变为淡红色；雄蕊、心皮及花柱均为8～10个，心皮合生。果序一串串下垂，轴不增粗；浆果扁球形，多汁液，熟时呈深红紫色或黑色；种子肾形黑色具光泽。花、果期5～10月。

防治方法 幼苗期及时中耕，铲除；种子成熟前拔除，减少种子存留；有效除草剂有乙氧氟草醚、噁草酮、灭草松、扑草净、萘氧丙草胺、异丙甲草胺、乙氧氟草醚、百草枯等。

23 地黄（图3-23-1至图3-23-4）

玄参科地黄属，多年生草本植物，因其地下块根为黄白色而得名地黄，其根部为传统中药之一。又名生地、怀庆地黄、小鸡喝酒。分布于辽宁、河北、河南、山东、山西、陕西、甘肃、内蒙古、江苏、湖北等地。

形态识别 种子和地下根茎繁殖。根茎肉质肥厚，直径可达5.5厘米，鲜时黄色。茎高10～30厘米，紫红色。叶通常在茎基部集成莲座状，向上则强烈缩小成苞片，或逐渐缩小而在茎上互生；叶片卵形至长椭圆形，上面绿色，下面略带紫色或成紫红色，长2～13厘米，宽1～6厘米，边缘具不规则圆齿或钝锯齿以至牙齿；基部渐狭成柄，叶脉在上面凹陷，下面隆起。花梗长0.5～3厘米，梗细弱，弯曲而后上升，在茎顶部略排列成总状花序，或几乎全部单生叶腋而分散在茎上；花萼钟状，萼长1～1.5厘米，密被长柔毛和白色长毛，具10条隆起的脉；萼齿5枚，矩圆状披针形或卵状披针形或三角形，长0.5～0.6厘米，宽0.2～0.3厘米；花冠长3～4.5厘米；花冠筒状而弯曲，外面紫红色，少数黄色；花冠裂片，5枚，先端钝或微凹，内面黄紫色，外面紫红色，两面均被长柔毛，长5～7毫米，宽4～10毫米；雄蕊4枚；花柱顶部扩大成2枚片状柱头。蒴果卵形至长卵形，长1～1.5厘米。花果期4～7月。

防治方法 幼苗时通过中耕清除，成株后适时挖根卖作中药；还可用伏草隆、苯磺隆、苄嘧磺隆、氟唑草酮、毒草胺、噻磺隆等除草剂进行防除。

（24） 抱茎小苦荬（图3-24-1至图3-24-4）

菊科小苦荬属，一年生或越年生草本植物。又名苦碟子、抱茎苦荬菜、苦荬菜、秋苦荬菜、盘尔草。分布于东北、华北、华中、西南等地海拔100~2700米的地区。

形态识别 种子和地下根茎繁殖，春夏生长。根垂直直伸较短，不分枝或分枝较少。茎单生，直立，高15~60厘米；基部直径1~4毫米，全部茎枝及叶无毛。基生叶莲座状，匙形、长倒披针形或长椭圆形，包括基部渐狭的宽翼柄长3~15厘米，宽1~3厘米，边缘有锯齿，顶端圆形或急尖，或大头羽状深裂，顶裂片大，近圆形、椭圆形或卵状椭圆形，顶端圆形或急尖，边缘有锯齿，侧裂片3~7对，半椭圆形、三角形或线形，边缘有小锯齿；中下部茎叶长椭圆形、匙状椭圆形、倒披针形或披针形，与基生叶等大或较小，羽状浅裂或半裂，极少大头羽状分裂，向基部扩大，心形或耳状抱茎；上部茎叶及接花序分枝处的叶心状披针形，边缘全缘，极少有锯齿或尖锯齿，顶端渐尖，向基部心形或圆耳状扩大抱茎。头状花序多数或少数，在茎枝顶端排成伞房花序或伞房圆锥花序分枝，含舌状小花约17枚，总苞圆柱形，长5~6毫米；舌状小花黄色。瘦果黑色，纺锤形，长2毫米，宽0.5毫米。冠毛白色，微糙毛状，长3毫米。花果期3~5月。

防治方法 及时中耕除草，特别是种子成熟前清除干净，减少种子存留扩散；有效除草剂有二甲戊灵、噁草酮、灭草松、丁草胺、萘氧丙草胺、异丙甲草胺、乙氧氟草醚、氟乐灵等，幼苗期使用效果好。

（25） 饭包草（图3-25-1至图3-25-3）

鸭跖草科鸭跖草属，一年生或越年生披散草本。又名火柴头、竹叶菜、卵叶鸭跖草、圆叶鸭跖草。全国除东北、西北冬季寒冷地区外，其他地区都有分布。

形态识别 种子和分株繁殖。茎大部分匍匐，节上生根，上部及分枝上部斜向上生长，长可达70厘米，被疏柔毛。叶有明显的叶柄；叶片卵形，长3~7厘米，宽1.5~3.5厘米，顶端钝或急尖，近无毛；叶鞘口沿有疏而长的睫毛。总苞片漏斗状，与叶对生，常数个集于枝顶，下部边缘合生，长8~12毫米，被疏毛；花序下面一枝具细长梗，具1~3朵不孕的花，伸出佛焰苞，上面一枝有花数朵，结实，不伸出佛焰苞；花瓣蓝色，圆形，长3~5毫米；内面2枚具长爪。蒴果椭圆状，长4~6毫米，3室，腹面2室每室具两颗种子，开裂，后面一室仅有1颗种子，或无种子，不裂。种子长近2毫米，多皱并有不规则网纹，黑色。花期夏秋季。

防治方法 园地深耕，捡拾地下根茎带出园外处理；结合全株可以入药，叶片可以食用的特性，有目的地挖除利用。采用扑草净、灭草松、敌草胺、萘氧丙草胺、唑草酮、双氟磺草胺等化学除草剂进行防治。

26 蟾蜍草（图3-26-1至图3-26-3）

紫草科，一年生或越年生直立草本植物。又名癞蛤蟆草、蛤蟆皮、地胆头、白贯草、猪耳草、饭匙草、七星草、五根草、黄蟆龟草等。全国除东北、西北冬季寒冷地区外都有分布。

形态识别 种子和分株繁殖。茎方形、多分枝，高10~30厘米，疏生短柔毛。基生叶丛生，贴伏地面，叶片长椭圆形至披针形，叶面有明显的深皱褶；茎生叶对生，叶柄长0.5~1.5厘米，密被短柔毛，叶片长椭圆形或披针形，长2~6.5厘米，宽1~3厘米，先端钝圆，基部圆形或楔形，边缘圆锯齿状，上面有皱褶，下面有金黄色腺点，两面均被短毛。轮伞花序具2~6花，聚集成顶生及腋生的假总状或圆锥花序；苞片细小，披针形；花萼钟状，长约3毫米，背面有金黄色腺点和短毛；花冠唇形，淡紫色至蓝紫色。小坚果肾形，长2~2.5毫米，灰色，有网纹。

可以作中草药利用。夏、秋季花开、穗绿时，采收洗净晒干或鲜用。平时可随时挖掘洗净晒干或鲜用。还可移栽到家里房前屋后以备不时之需。还可收籽再种。播种期在秋天。

防治方法 幼苗时通过中耕清除，成株后适时采收卖作中药；还可用嗪草酮、毒草胺、苯磺隆、苄嘧磺隆、氟唑草酮、噻磺隆等除草剂进行防除。

27 打碗花（图3-27-1至图3-27-3）

旋花科碗花属，多年生草本植物。又名打碗碗花、小旋花、面根藤、狗儿蔓、富苗秧、斧子苗、钩耳藤、喇叭花、燕覆子、蒲地参、兔耳草、扶秧等。全国各地都有分布。由于地下茎蔓延迅速，常成单优势群落，对农田危害较严重，在有些地区成为恶性杂草。主要危害春小麦、棉花、豆类、红薯、玉米、蔬菜以及果树，尤其对小麦危害更重，不仅直接影响小麦生长，而且能导致小麦倒伏，有碍机械收割，是小地老虎的寄主。但可用于园林美化，可作为绿篱及绿地草坪及地被。

形态识别 以根芽和种子繁殖。田间以无性繁殖为主，地下茎质脆易断，每个带节的断体都能长出新的植株。华北地区4~5月出苗，花期7~9月，果期8~10月。长江流域3~4月出苗，花果期5~7月。植株通常矮小，常自基部分枝，具细长白色的根。茎细，平卧，有细棱。基部叶片长圆形，顶端圆，基部戟形，上部叶片3裂，中裂片长圆形或长圆状披针形，侧裂片近三角形，叶片基部心形或戟形。花腋生，花梗长于叶柄，苞片宽卵形；萼片长圆形，顶端钝，具小短尖头，内萼片稍短；花冠淡紫色或淡红色，钟状，冠檐近截形或微裂；雄蕊近等长，花丝基部扩大，贴生花冠管基部，被小鳞毛；子房无毛，柱头2裂，裂片长圆形，扁平。蒴果卵球形，宿存萼片与之近等长或稍短。种子黑褐色，表面有小疣。

防治方法 及时中耕除草，防止蔓延生长；可用绿麦隆、利谷隆、2甲4氯、百草敌、排草丹、苯磺隆、赛克、异恶草松、普施特、虎威、杂草焚、田荞、敌草胺等除草剂进行防除。

(28) **大野豌豆**（图3-28-1至图3-28-3）

豆科野豌豆属多年生草本植物。又名大巢菜、薇、薇菜、山扁豆、山木樨。分布于华北、陕西、甘肃、河南、湖北、四川、云南等地。本种花期有毒。

形态识别 种子繁殖和分株繁殖。根茎粗壮，表皮深褐色，近木质化。茎匍匐状，有棱，多分支，被白柔毛，长40~100厘米。叶，偶数羽状复叶，顶端卷须有2~3分枝或单一，托叶2深裂，裂片披针形，长约0.6厘米；小叶3~6对，近互生，椭圆形或卵圆形，长1.5~3厘米，宽0.7~1.7厘米，先端钝，具短尖头，基部圆形，两面疏柔毛，叶脉7~8对，下面中脉凸出，被灰白色柔毛。总状花序，具花6~16朵，稀疏着生于花序轴上部；花冠白色，粉红色，紫色或雪青色；较小，长约0.6厘米，小花梗长0.15~0.2厘米；花萼钟状，长0.2~0.25厘米，萼齿狭披针形或锥形，外面被柔毛；旗瓣倒卵形，长约7毫米，先端微凹，翼瓣与旗瓣近等长，龙骨瓣最短；子房无毛，具长柄，胚珠2~3数，柱头上部四周被毛。荚果长圆形或菱形，长1~2厘米，宽4~5毫米，两面急尖，表皮棕色。种子2~3个，肾形，表皮红褐色，长约0.4厘米。花期4~6月，果6~8月。

防治方法 适时中耕除草，并在种子成熟前彻底清除田旁隙地的大野豌豆。有效除草剂有恶草灵、甲草胺、异丙甲草胺、乙草胺、敌稗、萘氧丙草胺、西玛津、扑草净、恶草酮、乙氧氟草醚、百草枯、草甘膦等。

(29) **雀麦**（图3-29-1至图3-29-3）

禾本科雀麦属，一年生或越年生草本植物。分布于辽宁、内蒙古、河北、山西、山东、河南、陕西、甘肃、安徽、江苏、江西、湖南、湖北、新疆、西藏、四川、云南、台湾等地。

形态识别 种子繁殖。秆直立，高40~90厘米。叶鞘闭合，叶舌先端近圆形，长1~2.5毫米；叶片长12~30厘米，宽4~8毫米；全株被柔毛。圆锥花序疏展，长20~30厘米，宽5~10厘米，具2~8分枝，向下弯垂；分枝细，长5~10厘米，上部着生1~4枚小穗；小穗黄绿色，密生7~11个小花，长12~20毫米，宽约5毫米；颖近等长，脊粗糙，边缘膜质，第一颖长5~7毫米，具3~5脉，第二颖长5~7.5毫米，具7~9脉；外稃椭圆形，草质，边缘膜质，长8~10毫米，一侧宽约2毫米，具9脉，微粗糙，顶端钝三角形，芒自先端下部伸出，长5~10毫米，基部稍扁平，成熟后外弯；内稃长7~8毫米，宽约1毫米，两脊疏生细纤毛；小穗轴短棒状，长约2毫米；花药长1毫米。颖果长7~8毫米。花果期5~7月。

雀麦是危害我国果园春季最为重要的恶性杂草，具有密度大、群体高、繁殖力强、难以根除的特点，近几年在我国各地传播蔓延迅速，与果树争肥争水，且是蚜虫等害虫的中间寄主。但也可以作为优质牧草进行人工栽培。

防治方法 合理轮作；田间及时中耕除草；有效除草剂有吡氟禾草灵、甲草胺、异丙甲草胺、乙草胺、敌稗、萘氧丙草胺、氟乐灵、灭草松、西玛津、噁草酮、茅草枯、草甘膦、敌草隆等。

30 地锦（图3-30-1至图3-30-2）

大戟科大戟属，一年生匍匐草本植物。又名草血竭、血见愁草、铁线草、普瓣草、血风草、马蚁草、铺地锦、铁线马齿苋等。为各地常见杂草，生于平原荒地、路边、田间，分布几遍全国。夏、秋两季采收，除去杂质、晒干，可以入药。

形态识别 种子繁殖。茎纤细，近基部分枝，带紫红色，无毛。叶对生；叶柄极短；托叶线形，通常3裂；叶片长圆形，长4~10毫米，宽4~6毫米，先端钝圆，基部偏狭，边缘有细齿，两面无毛或疏生柔毛，绿色或淡红色。杯状花序单生于叶腋；总苞倒圆锥形，浅红色，顶端4裂，裂片长三角形；腺体4枚，长圆形，有白色花瓣状附属物；子房3室；花柱3枚，2裂。蒴果三棱状球形，光滑无毛；种子卵形，黑褐色，外被白色蜡粉，长约1.2毫米，宽约0.7毫米。花期6~10月，果实7月渐次成熟。

防治方法 及时中耕，铲除；利用可以入药的特性，结合除草采收利用；有效除草剂有噁草酮、双苯酰草胺、灭草松、萘氧丙草胺、异丙甲草胺、乙氧氟草醚、氟乐灵等。

31 一年蓬（图3-31-1至图3-31-4）

菊科飞蓬属，一年生或越年生草本植物。又名女菀、野蒿、牙肿消、牙根消、干张草、墙头草、长毛草、地白菜、油麻草、白马兰、千层塔、治疟草、瞌睡草等。分布于吉林、河北、山东、江苏、安徽、浙江、江西、福建、河南、湖北、湖南、四川及西藏等地。

形态识别　种子繁殖。茎粗壮，高30~100厘米，基部直径可达1厘米以上，直立，上部有分枝，绿色，下部被开展的长硬毛，上部被较密的上弯的短硬毛。基部叶花期枯萎，长圆形或宽卵形，少有近圆形，长4~17厘米，宽1.5~4厘米，或更宽，顶端尖或钝，基部狭成具翅的长柄，边缘具粗齿，下部叶与基部叶同形，但叶柄较短，中部和上部叶较小，长圆状披针形或披针形，长1~9厘米，宽0.5~2厘米，顶端尖，具短柄或无柄，边缘有不规则的齿或深缺刻，最上部叶线形，全部叶边缘被短硬毛，两面被疏长硬毛，或有时近无毛。头状花序数个或多数，排列成疏圆锥花序，长6~8毫米，宽10~15毫米，总苞半球形，总苞片3层，草质，披针形，长3~5毫米，宽0.5~1毫米，近等长或外层稍短，淡绿色或多少褐色，背面密被腺毛和疏长节毛；外围的雌花舌状，2层，长6~8毫米，管部长1~1.5毫米，上部被疏微毛，舌片平展，白色或有时淡天蓝色，线形，宽0.6毫米左右，顶端具2小齿，花柱分枝线形；中央的两性花管状，黄色，管部长约0.5毫米，檐部近倒锥形，裂片无毛；瘦果披针形，长约1.2毫米，扁平，被疏柔毛；冠毛异形，雌花的冠毛极短，膜片状连成小冠，两性花的冠毛2层，外层鳞片状，内层为10~15条长约2毫米的刚毛。花果期4~7月。

防治方法　田间及时深耕，幼苗时清除杂草；在种子成熟前拔除果园周边一年蓬全株，减少种子残留。有效除草剂有乙氧氟草醚、萘氧丙草胺、吡氟乙草灵、草甘膦、灭草松等。

㉜ 钻叶紫菀（图3-32-1至图3-32-4）

菊科紫菀属，多年生草本植物。又名剪刀菜、白菊花、土柴胡、九龙箭、钻形紫菀等。分布于河南、安徽、江苏、浙江、江西、云南、贵州、湖北、四川、重庆、广西、广东、福建、台湾等地。

形态识别　种子繁殖和根茎繁殖。茎高25~120厘米，无毛而富肉质，茎基部略带红色，上部稍有分枝。叶互生，无柄；基生叶倒披针形，花后凋落；茎中部叶线状披针形，长6~10厘米，宽0.5~1厘米，先端尖或钝，有时具钻形尖头，全缘，无柄，无毛；上部叶渐狭线形。头状花序顶生，排成圆锥花序；总苞钟状；总苞片3~4层，外层较短，内层较长，线状钻形，无毛，背面绿色，先端略带红色；舌状花细狭、小，淡红色，长与冠毛相等或稍长；管状花多数，短于冠毛。瘦果长圆形或椭圆形，具冠毛，长1.5~2.5毫米，有5纵棱，冠毛淡白色。花果期9~11月，产生大量瘦果。具冠毛的瘦果随风散布。

喜生长于潮湿含盐的土壤上，常见于农田、沟边、河岸、海岸、路边及低洼地带。还常侵入浅水湿地，影响湿地生态系统及其景观，是常见杂草。

防治方法 幼苗时及时中耕清除；成株时挖根清除；还可用吡氟禾草灵、灭草松、嗪草酮、噁草酮、伏草隆、扑草净、绿麦隆、氟磺胺草醚、西玛津等除草剂进行防除。

③③ 节节麦（图3-33-1至图3-33-3）

禾本科山羊草属，一年生或越年生杂草。又名粗山羊草。世界性恶性杂草。

形态识别 种子繁殖。黄淮地区10月下旬至11月中旬，形成冬前出苗高峰，约占总数的70%；另有约30%于春季年2月下旬至3月出苗。秆高20~40厘米。叶鞘紧密包茎，平滑无毛而边缘具纤毛；叶舌薄膜质，长0.5~1毫米；叶片宽约3毫米，微粗糙，上面疏生柔毛。穗状花序圆柱形，含（5）7~10（13）个小穗；小穗圆柱形，长约9毫米，含3~5小花；颖革质，长4~6毫米，通常具7~9脉，少数达10脉以上，顶端截平或有微齿；外稃披针形，顶具长约1厘米的芒，穗顶部者长达4厘米左右，具5脉，脉仅于顶端显著，第一外稃长约7毫米；内稃与外稃等长，脊上具纤毛。花果期5~6月。

防治方法

农业防治 把好种子检疫关，杜绝种子传播。人工及时拔除和田间机械耕作清除。

化学防治 于毒麦发芽前使用25%绿麦隆可湿性粉剂100克/亩，兑水50~60千克，喷洒地表；使用50%异丙隆可湿性粉剂140克/亩，兑水50~60千克，喷洒地表；使用阿畏达可湿性粉剂100克/亩，兑水50~60千克，喷洒地表；使用禾草灵可湿性粉剂120克/亩，兑水60千克，3叶期喷雾。在早春3、4月份，毒麦5叶以下时及时防治。使用金百秀可湿性粉剂12~16克/亩，兑水25~30千克，茎叶喷雾；使用大杀禾水剂20~30毫升/亩，兑水25~30千克，茎叶喷雾。

③④ 天葵（图3-34-1至图3-34-3）

毛茛科天葵属，多年生小草本植物，块根可入药。又名紫背天葵、雷丸草、夏无踪、小乌头、老鼠屎草、旱铜钱草。分布于中国西南、华东、华中、东北等地。

形态识别 种子和块根繁殖。块根长达2厘米，粗3~6毫米，外皮棕黑色。茎1~5条，高10~32厘米，被稀疏的白色柔毛。基生叶多数，为掌状三出复叶；叶片轮廓卵圆形至肾形，长1.2~3厘米；小叶扇状菱形或倒卵状菱形，长0.6~2.5厘米，宽1~2.8厘米，三深裂，深裂片又有2~3个小裂片，两面均无毛；叶柄长3~12厘米，基部扩大呈鞘状；茎生叶与基生叶相似，只是较小。花小，直径4~6毫米；苞片小，倒披针形至倒卵圆形，不裂或三深裂；花梗纤细，长1~

2.5厘米，被伸展的白色短柔毛；萼片白色，常带淡紫色，狭椭圆形，长4~6毫米，宽1.2~2.5毫米，顶端急尖；花瓣匙形，长2.5~3.5毫米，顶端近截形，基部凸起呈囊状；雄蕊2枚，线状披针形，白膜质，与花丝近等长；心皮无毛。蓇葖卵状长椭圆形，长6~7毫米，宽约2毫米，表面具凸起的横向脉纹，种子卵状椭圆形，褐色至黑褐色，长约1毫米，表面有许多小瘤状突起。3~4月开花，4~5月结果。

防治方法 幼苗时通过中耕清除，成株后适时挖根卖作中药；还可用双苯酰草胺、苯磺隆、苄嘧磺隆、伏草隆、氟唑草酮、噻磺隆等除草剂进行防除。

㉟ 翻白草（图3-35-1，图3-35-2）

蔷薇科委陵菜属，多年生草本，全草皆可入药。又名鸡腿根、鸡拔腿、天藕、翻白委陵菜、叶下白、鸡爪参等。分布于黑龙江、辽宁、内蒙古、河北、山西、陕西、山东、河南、江苏、安徽、浙江、江西、湖北湖南、四川、福建、台湾、广东等地。

形态识别 种子繁殖和分株繁殖。根粗壮，下部肥厚呈纺锤形。花茎直立，上升或微铺散，高10~45厘米，密被白色绵毛。基生叶有小叶2~4对，茎节长0.8~1.5厘米，连叶柄长4~20厘米，叶柄密被白色绵毛；小叶对生或互生，无柄，小叶片长圆形或长圆披针形，长1~5厘米，宽0.5~0.8厘米，顶端圆钝，稀急尖，基部楔形、宽楔形或偏斜圆形，边缘具圆钝锯齿，稀急尖，上面暗绿色，被稀疏白色绵毛或脱落几无毛，下面密被白色或灰白色绵毛。茎生叶1~2对，有掌状叶3~5片。基生叶托叶膜质，褐色，外面被白色长柔毛；茎生叶托叶草质，绿色，卵形或宽卵形，边缘有缺刻状，下面密被白色绵毛。

聚伞花序有花数朵，疏散，花梗长1~2.5厘米，外被绵毛；花直径1~2厘米；萼片三角状卵形，副萼片披针形，比萼片短.，外面被白色绵毛；花瓣黄色，倒卵形，顶端微凹或圆钝，比萼片长；花柱近顶生，基部具乳头状膨大，柱头稍微扩大。瘦果近肾形，宽约1毫米，光滑。花果期5~9月。

防治方法 深耕，加强田间管理，结合可以入药的特性在种子成熟前拔除全株。有效除草剂有嗪草酮、噁草酮、灭草松、恶草灵、萘氧丙草胺、异丙甲草胺、乙氧氟草醚、氟乐灵等。

㊱ 马兰草（图3-36-1至图3-36-3）

属菊科马兰属，多年生草本植物。又名马兰、马莱、马郎头、红梗菜、鸡儿菜、田边菊、紫菊等。野生种，生于路边、田野、山坡上，全国大部分地区有分布。嫩叶及嫩芽可以食用，全草可入药。

形态识别　种子繁殖和根茎繁殖。根状茎有匍枝，有时具直根。茎直立有分枝，高30~70厘米，上部有短毛。茎部叶倒披针形或倒卵状矩圆形，长3~10厘米，宽0.8~5厘米，顶端钝或尖，基部渐狭窄成具翅的长柄，边缘从中部以上具有尖齿或有羽状裂片，上部叶小，全缘，基部急狭无柄，叶两面或上面有稀疏微毛或近无毛，边缘及下面沿脉有短粗毛，中脉在下面凸起。基部叶在花期枯萎。

头状花序单生于枝端并排列成疏伞房状。总苞半球形，径6~9毫米，长4~5毫米；总苞片2~3层，覆瓦状排列；外层倒披针形，长2毫米，内层倒披针状矩圆形，长达4毫米，顶端钝或稍尖，上部草质，有疏短毛，边缘膜质。花托圆锥形。舌状花1层，15~20个，管部长1.5~1.7毫米；舌片浅紫色，长达10毫米，宽1.5~2毫米。瘦果倒卵状矩圆形，长1.5~2毫米，宽1毫米，褐色，边缘浅色而有厚肋，上部被腺及短柔毛。冠毛长0.1~0.8毫米。花期5~9月，果期8~11月。

防治方法　园地深耕，捡拾地下根茎带出园外处理；结合嫩芽叶可以食用和药用的特性，有目的地采摘利用。采用伏草隆、唑草酮、敌草胺、双氟磺草胺、2甲4氯钠等化学除草剂进行防治。

㊲　野胡萝卜（图3-37-1至图3-37-3）

伞形科胡萝卜属，二年生草本植物。又名鹤虱草。在我国四川、贵州、湖北、江苏、浙江、江西、安徽、河南、山东、陕西、山西等地区有分布。果实可以入药，并可提取精油。

形态识别　种子繁殖。茎单生，高15~120厘米，全体布白色粗硬毛。基生叶薄膜质，长圆形，二至三回羽状全裂，末回裂片线形或披针形，长2~15毫米，宽0.5~4毫米，顶端尖锐，光滑或有糙硬毛；叶柄长3~12厘米；茎生叶近无柄，有叶鞘，末回裂片小或细长。

复伞形花序，花序梗长10~55厘米，有糙硬毛；总苞有多数苞片，呈羽状分裂，少有不裂的，裂片线形，长3~30毫米；伞辐多数，长2~7.5厘米，结果时外缘的伞辐向内弯曲；小总苞片5~7个，线形，不分裂或2~3裂，边缘膜质，具纤毛。花多为白色，有时带淡红色；花柄不等长，长3~10毫米。果实圆卵形，长3~4毫米，宽2毫米，棱上有白色刺毛。花期5~7月。

为半耐寒性植物，发芽适宜温度为20~25℃，生长适宜温度为白昼18~23℃，夜晚13~18℃，温度过高、过低均对生长不利。根系发达。土层深厚的砂质土壤、pH 5~8更适宜其生长。

防治方法　幼苗期及时中耕除草；种子成熟前采收入药，并减少种子存留，以减少来年扩散；有效除草剂有氟乐灵、噁草酮、灭草松、伏草隆、萘氧丙草胺、异丙甲草胺、乙氧氟草醚、氟乐灵等，幼苗期使用效果好。

38 节节草（图3-38-1至图3-38-3）

木贼科木贼属，多年生草本植物。又名土麻黄、草麻黄、木贼草、节节木贼、土木贼、锁眉草、笔杆、木草。广泛分布于全国各地。性喜近水。可以作中草药用。

形态识别 种子繁殖和根茎繁殖。根茎黑褐色，生少数黄色须根。茎直立有分枝，横走或斜升，单生或丛生，高达70厘米，径1～2毫米，节间长3～10厘米，灰绿色，肋棱6～20条，粗糙，有小疣状突起1列；中部以下多分枝，分枝常具2～5小枝；节明显，节间长2.5～9厘米，节上着生筒状鳞叶。叶轮生，退化连接成筒状鞘，似漏斗状，亦具棱，叶鞘基部和鞘齿黑棕色；鞘口随棱纹分裂成长尖三角形的裂齿，齿短，外面中心部分及基部黑褐色，先端及缘渐成膜质，常脱落。草茎质脆，易折断，断面中空。

防治方法 深耕，加强田间管理，结合野生植物的利用拔除全株用作药用。有效除草剂有敌草胺、萘氧丙草胺、高效吡氟乙草、草甘膦、扑草净、灭草松等。

39 石龙芮（图3-39-1，图3-39-2）

毛茛科石龙芮属，一年生草本植物。又名黄花菜、石龙芮毛茛。分布于全国各地。全草含原白头翁素，有毒，可以入药。

形态识别 种子繁殖。须根簇生。茎直立，高10～50厘米，直径2～5毫米，有时粗达1厘米，上部多分枝，具多数节，下部节上有时生根，无毛或疏生柔毛。基生叶多数；叶片肾状圆形，长1～4厘米，宽1.5～5厘米，基部心形，3深裂不达基部，裂片倒卵状楔形，不等地2～3裂，顶端钝圆，有粗圆齿，无毛；叶柄长3～15厘米，近无毛。茎生叶多数，下部叶与基生叶相似；上部叶较小，3全裂，裂片披针形至线形，全缘，无毛，顶端钝圆，基部扩大成膜质宽鞘抱茎。聚伞花序有多数花；花小，直径4～8毫米；花梗长1～2厘米，无毛；萼片椭圆形，长2～3.5毫米，外面有短柔毛，花瓣5片，倒卵形，等长或稍长于花萼，基部有短爪；雄蕊10多枚，花药卵形，长约0.2毫米；花托在果期伸长增大呈圆柱形，长3～10毫米，径1～3毫米，生短柔毛。聚合果长圆形，长8～12毫米，为宽的2～3倍；瘦果极多数，近百枚，紧密排列，倒卵球形，稍扁，长1～1.2毫米，无毛。花果期5～8月。

性喜温暖潮湿环境，野生于水田边、溪边、沟渠边、树下等潮湿地带，干旱、黏重土壤生长不良。

防治方法 幼苗时及时中耕清除，成株后适时挖除卖作中药；还可用扑草净、苯磺隆、甲草胺、苄嘧磺隆、氟唑草酮、恶草灵、噻磺隆等除草剂进行防除。

40 紫苏（图3-40-1至图3-40-4）

唇形科紫苏属，一年生草本植物。又名桂荏、白苏、赤苏、红苏、黑苏、白紫苏、青苏、苏麻、水升麻。原产我国，在华北、华中、华南、西南及台湾等地均有野生种和栽培种，具有特异的芳香。紫苏在中国种植应用约有2000年的历史，主要用于药用、油用、香料、食用等方面，其叶（苏叶）、梗（苏梗）、果（苏子）均可入药，嫩叶可生食、作汤，茎叶可腌渍。近代，紫苏因其特有的活性物质及营养成分，成为一种倍受世界关注的多用途植物，经济价值很高。

形态识别 种子繁殖。茎高0.3~2米，绿色或紫色，钝四棱形，具四槽，密被长柔毛。叶阔卵形或圆形，长7~13厘米，宽4.5~10厘米，先端短尖或突尖，基部圆形或阔楔形，边缘在基部以上有粗锯齿，膜质或草质，两面绿色或紫色，或仅下面紫色，上面被疏柔毛，下面被贴生柔毛；侧脉7~8对，位于下部者稍靠近，斜上升，与中脉在上面微突起下面明显突起，色稍淡；叶柄长3~5厘米，密被长柔毛。

轮伞花序2花，组成长1.5~15厘米、密被长柔毛、偏向一侧的顶生及腋生总状花序；苞片宽卵圆形或近圆形，长宽约4毫米，先端具短尖，外被红褐色腺点，无毛，边缘膜质；花梗长1.5毫米，密被柔毛。花萼钟形，10脉，长约3毫米，直伸，下部被长柔毛，夹有黄色腺点，基部一边肿胀，萼檐二唇形，上唇宽大，3齿，中齿较小，下唇比上唇稍长，2齿，齿披针形。花冠白色至紫红色，长3~4毫米，外面略被微柔毛，内面在下唇片基部略被微柔毛，冠筒短，长2~2.5毫米；雄蕊4枚，几不伸出，前对稍长，离生，花丝扁平；雌蕊1枚，子房4裂，花柱基底着生，柱头2裂。果萼长约10毫米，绿色或紫色。小坚果近球形，灰褐色，直径约1.5毫米。花期8~11月，果期8~12月。

紫苏适应性很强，对土壤要求不严，在砂质壤上、壤土、黏壤土，房前屋后、沟边地边、果树林下，均生长良好。

防治方法 果园生长因影响果树正常生长视为杂草而须拔除。在不影响果树正常生长的前提下可以充分利用其特有的经济价值，如食用、药用、香料植物、紫苏油等。幼苗时通过中耕清除，成株后适时割除并挖根，晒干用作中药；还可用双苯酰草胺、恶草酮、灭草松、丁草胺、扑草净、氟磺胺草醚、绿麦隆、西玛津等除草剂进行防除。

第 **4** 章

果园害虫主要天敌
保护与识别利用

01　食虫瓢虫（图4-1-1至图4-1-7）

属鞘翅目瓢虫科。瓢虫的种类多达4000种，其中80%以上是肉食性的。常见的有七星瓢虫、四斑月瓢虫、二星瓢虫、小红瓢虫、大红瓢虫、异色瓢虫、黑背小毛瓢虫、澳洲瓢虫、深点食螨瓢虫、黑襟毛瓢虫、龟纹瓢虫、孟氏隐唇瓢虫等，均为天敌昆虫。全国各产区均有分布。我国利用瓢虫防治果树害虫已达数十种。

防治对象　以成虫、幼虫捕食叶螨、蚜虫、介壳虫、粉虱、木虱、叶蝉等小体型昆虫及鳞翅目低龄幼虫和卵。

生活习性　捕食性瓢虫其食量很大，如异色瓢虫的1龄幼虫每天捕食蚜虫数量为10～30头，4龄幼虫为每天100～200头，成虫食量更大。而深点食螨瓢虫能捕食果树、蔬菜、花卉及林木等多种螨类的成虫、若虫和卵，它的成虫和幼虫发生时期长，世代重叠，食量大，对果树上的螨类有较好的控制作用。

利用方法

利用七星瓢虫等防治果树蚜虫　食蚜瓢虫除七星瓢虫外，还有四斑月瓢虫、二星瓢虫、异色瓢虫、龟纹瓢虫、六斑月瓢虫等。于4～5月间把麦田的上述瓢虫引移到果园，每亩移入千头以上，可有效地防治果树蚜虫。也可在早春利用田间的蚜虫饲养繁殖瓢虫，然后散放到果园中控制果树蚜虫效果好。

用澳洲瓢虫、大红瓢虫、小红瓢虫防治果树害虫吹绵蚧　4～6月移殖散放到果园中心枝叶茂密、吹绵蚧多的果树上，每500株受害树，散放200头成虫，散放后2个月可消灭吹绵蚧。

利用食螨瓢虫防治果树害螨　常用的有深点食螨瓢虫、广东食螨瓢虫、拟小食螨瓢虫、腹管食螨瓢虫。生产上华北地区用深点食螨瓢虫防治苹果叶螨效果很好。后3种分布东南地，在4、5月和9、10月将食螨瓢虫散放在果树枝条上，于每亩果园中央10株放200～400头，可控制山楂叶螨等。

02　草蛉（图4-2-1至图4-2-4）

属脉翅目草蛉科。幼虫又称蚜狮。草蛉种类多，分布广，食性杂。已知有86属1350多种，中国有15属百余种，常见的有中华草蛉、大草蛉、丽草蛉、叶色草蛉、晋草蛉等，分布在长江流域及北方各地。普通草蛉分布在新疆、黄淮、台湾等地。

防治对象　草蛉是捕食性天敌昆虫。成虫、幼虫捕食螨类、蚜虫类、白粉虱、叶蝉、介壳虫、蓟马等多种小体型害虫以及蝶蛾类和叶甲类的卵和幼虫。

生活习性 草蛉食量大，行动迅速，捕食能力强。草蛉在华北地区1年发生3~5代。其成虫产卵量大，少者300~400粒，多者达1000粒以上。草蛉发育一代需22~43天。1头大草蛉幼虫一生可捕食各类蚜虫600头以上；1头中华草蛉1~3龄幼虫平均日最多可分别捕食若螨400~700头，同时还可捕食其他害虫的卵和幼虫。中华草蛉控制害虫作用非常明显。

利用方法 晋草蛉嗜食螨类，可用于防治山楂叶螨、卵形短须螨。大草蛉嗜食蚜虫，用于防治果树上的蚜虫。利用方法是在上述螨类、蚜虫初发时投放即将孵化的灰色蛉卵，也可把蛉卵放入1%琼脂液中，用喷雾法施放。

草蛉的饲养：将新羽化的成虫集中大笼饲养，喂饲清水和啤酒酵母干粉加食糖混合（10：8）的人工饲料，进入产卵前期转入产卵笼饲喂。每笼养雌草蛉50~75头，搭配少量雄虫，笼内壁围衬卵箔纸，24小时可获草蛉卵700~1000粒，每天更换卵箔纸1次，添加清水和饲料。把卵箔装进塑料袋封口置于8~12℃条件下，存放30天，卵仍可孵化。

03 寄生蜂、蝇类（图4-3-1至图4-3-9）

寄生蜂，属膜翅目，分属姬蜂科、小蜂科等。种类多，分布广。我国应用较多的有赤眼蜂、蚜茧蜂、甲腹茧蜂、上海青蜂、跳小蜂和姬小蜂、姬蜂和茧蜂等。

寄生蝇，属双翅目寄蝇科。是果园害虫幼虫和蛹的主要天敌，防治对象与寄生蜂类基本相同。与苍蝇的主要区别是身上有很多刚毛，种类很多。果树上常见的有卷叶蛾赛寄蝇、伞裙追寄蝇等，寄主为桃小食心虫、大袋蛾、棉铃虫、小地老虎等。

防治对象 以雌成虫产卵于鳞翅目害虫，如桃蛀螟、果剑纹夜蛾、刺蛾、桃小食心虫、卷叶蛾及蚜虫等寄主体内或体外，以幼虫取食寄主的体液摄取营养，至寄主死亡。

生活习性 不同的寄生蜂对寄主的寄生方式不同，可以分别寄生卵、幼虫、蛹和成虫、若虫。

赤眼蜂 是一种寄生在害虫卵内的寄生蜂，我国应用较多的有松毛虫赤眼蜂、拟澳洲赤眼蜂、舟蛾赤眼蜂及稻螟赤眼蜂等。该类蜂体型很小，眼睛鲜红色，故名赤眼蜂。它能寄生400余种昆虫卵，尤其喜欢寄生鳞翅目昆虫卵，如果树上的刺蛾等，是果园害虫的重要天敌。果树上常见的松毛虫赤眼蜂，在自然条件下，华北地区1年发生10~14代，每头雌蜂可繁殖子代40~176头。利用松毛虫赤眼蜂防治果园梨小食心虫，每亩放蜂量8万~10万头，梨小食心虫卵寄生率为90%，虫害明显降低，其效果明显好于化学防治。

蚜茧蜂 是一种寄生在蚜虫体内的重要天敌。蚜茧蜂在4~10月均有成虫发生，每头雌蜂产卵量数粒至数百粒，尤其喜欢寄生2~3龄的若蚜，以6~9月寄生率较高，有时寄生率高达80%~90%，对蚜虫种群有重要的抑制作用。

甲腹茧蜂　果园常见的是桃小甲腹茧蜂，1年发生2代，寄主为桃小食心虫，以幼虫在桃小食心虫越冬幼虫体内越冬，世代发生与寄主同步。寄生率可达25%~50%。

跳小蜂和姬小蜂　旋纹潜叶蛾的主要天敌，均在寄主蛹内越冬。1年发生4~5代，越冬代成虫5月份将卵产于寄主幼虫体内，寄生率可达40%以上。

姬蜂和茧蜂　可寄生多种害虫的幼虫和蛹。果树上主要有桃小食心虫白茧蜂和花斑马尾姬蜂。白茧蜂1年发生4~5代，产卵于寄主卵内，随寄主卵孵化而取食发育，直至将寄主幼虫致死。马尾姬蜂1年发生2代，以幼虫在寄主幼虫体内越冬，翌春待寄主化蛹后将其食尽，并在寄主蛹壳内化蛹。

利用方法　以赤眼蜂为例。用蓖麻蚕、柞蚕及松毛虫的卵，繁殖松毛虫赤眼蜂和拟澳洲赤眼蜂，这两种赤眼蜂在蓖麻蚕卵内，25℃发育历期10~12天，每年可繁殖30~50代。繁殖时可从田间采集被赤眼蜂寄生的卵，羽化后进行鉴定再饲养。用于寄生的蓖麻蚕卵先洗掉表面胶质，用白纸涂薄胶后，把蚕卵均匀黏上制成卵箔或称卵卡。繁蜂时把卵箔置于繁蜂箱透光一面，当种蜂羽化30%~40%时接蜂。成蜂趋光并趋向蚕卵寄生。种蜂和蓖麻蚕卵的比为2：1或1：1，适温25~28℃，相对湿度85%~90%为宜。田间放蜂、繁蜂及防治对象的卵期应掌握恰当才能有效。制好的蜂卡要在蜂发育到幼虫期或预蛹期时，置于10℃以下冷藏保存，50~90天内羽化率不低于70%。放蜂时把即将羽化的预制蜂卡，按布局分放在田间，使其自然羽化，也可先在室内使蜂羽化、再饲以糖蜜，然后到田间均匀释放。防治发生代数较多或产卵期较长的害虫时，应在害虫产卵期内多放几次蜂。

04　捕食螨（图4-4-1）

属蛛形纲，分属不同的科。俗称红蜘蛛、黄蜘蛛等。是以捕食害螨为主的有益螨类的统称。我国有利用价值的捕食螨种类有智利小植绥螨、东方植绥螨、尼氏钝绥螨、穗氏钝螨、东方钝绥螨、拟长毛钝绥螨、西方盲走螨等。

防治对象　以成虫、若虫捕食害螨和蚜虫、介壳虫、叶蝉等小体型害虫和卵。

生活习性　在捕食螨中以植绥螨最为理想，它捕食凶猛，具有发育周期短、捕食范围广、捕食量大等特点，1头雌螨能消灭5头害螨在半月内繁殖的群体，同时还捕食一些蚜虫、介壳虫等小体型害虫。植绥螨发生代数因种类而异，一般1年发生8~12代，以雌成虫在枝干树皮裂缝或翘皮下越冬。幼螨孵化后随即取食，成螨、若螨均可捕食害螨的各虫态。

利用方法　我国对几种植绥螨的饲养繁殖，多采用隔水法：即在瓷盆内垫泡沫塑料，上盖一层薄膜，饲料和植绥螨放在薄膜上，盘中加浅水隔离，防止植绥螨逃逸。饲料以喜食的害螨为主，也可用20％～50％的蜂蜜水、鲜花粉或干燥2年的柑橘花粉为食料。适时在果园中释放植绥螨。果园内种植益螨栖息植物豆类等，增加其栖息场所和食料来源；合理灌溉，提高果园相对湿度；加强测报，必要时进行挑治，以利益螨繁殖，使益螨种群数量增加，维持益、害螨之间的数量平衡，把害螨控制在经济阈值允许的范围之内。

05 蜘蛛（图4-5-1至图4-5-8）

属蜘蛛纲蛛形目。种类多，种群的数量大，分属不同的科。我国有3000多种，现已定名1500余种，其中80％生活在果园中，是害虫的主要天敌。如三突花蛛、草间小黑蛛、八斑球腹蛛、拟水狼蛛等。

防治对象 为肉食性动物。捕食同翅目、鳞翅目、直翅目、半翅目、鞘翅目等多种害虫，如蚜虫、花弄蝶、毛虫类、椿象、叶蝉、飞虱、卷叶蛾等害虫的成虫、幼虫和卵。

生活习性 蜘蛛寿命较长，小体型半年以上，大体型可达多年；两性生殖，雄蛛体小，出现时间短，通常采到的多为雌蛛；抗逆性强，耐高温、低温和饥饿；为肉食性动物，性情凶猛，行动敏捷，专食活体，在它的视力范围或丝网附近的猎物很少能够逃脱；分结网和不结网两类，前者在地面土壤间隙做穴结网或在树冠上、草丛中结网，捕食落入网中的害虫，后者游猎捕食地面和地下害虫，也可从树上、草丛、水面或墙壁等处猎食，无固定的栖息场所。捕食时先用螯肢刺入活虫体内，注入毒液使之麻痹，然后取食。

利用方法 ①创造适于蜘蛛生存的环境条件，特别注意不要人为破坏蜘蛛结的丝网；收集田边、沟边杂草等处的蜘蛛，助其迁入果园。②人工繁殖。人工繁殖母蛛越冬，待其产卵孵化后，分批释放至果园，增加果园有益蛛量。或于2～3月田间收集越冬卵囊，冷藏在0℃左右的低温下，经40天对孵化无影响，待果树发芽后放入果园。③防治害虫时选择高效低毒农药，不准用剧毒农药，以免伤及害虫天敌。

06 食蚜蝇（图4-6-1至图4-6-4）

属双翅目食蚜蝇科。种类多，分布广。主要有黑带食蚜蝇、斜斑额食蚜蝇等。

防治对象 捕食果树蚜虫、叶蝉、介壳虫、飞虱、蓟马、叶螨等小体型害虫和蝶蛾类害虫的卵和初龄幼虫。

生活习性 成虫颇似蜜蜂，但腹部背面大多有黄色横带，喜取食花粉和花蜜。卵单产，白色，大多产于蚜虫群中或其周围。黑带食蚜蝇是果园中较常见的一种，幼虫蛆形，头尖尾钝，体壁上有纵向条纹，碰到蚜虫就用口器咬住不放，举在空中吸，把体液吸干后丢弃在一旁，又继续捕食；幼虫孵化后即可捕食蚜虫，每只幼虫一生可捕食数百头至数千头蚜虫；在华北地区1年发生4~5代，卵期3~4天，幼虫期9~11天，蛹期7~9天，多以末龄幼虫或蛹在植物根际土中越冬，翌春4月上旬成虫出现，4月下旬在果树及其他植物上活动取食，5~6月份各虫态发生数量较多，7~8月份蚜虫等食料缺乏时，幼虫在叶背或卷叶中化蛹越夏，秋季又继续取食或转移至果园附近农田或林木上产卵，孵化后继续取食蚜虫，秋后入土化蛹。

利用方法 ①种植蜜源植物，招引和诱集食蚜蝇繁衍。②人工繁殖和释放。③提倡使用低毒高效低残留农药，禁用剧毒农药，保护天敌。

07 食虫椿象（图4-7-1至图4-7-3）

属半翅目蝽总科。果园害虫天敌的一大类群，其种类很多。主要有茶色广喙蝽、东亚小花蝽、小黑花蝽、黑顶黄花蝽、光肩猎蝽、白带猎蝽、褐猎蝽等。

防治对象 以成虫、若虫捕食蚜虫、叶螨、介类、叶蝉、蓟马、椿象以及鳞翅目、鞘翅目害虫的卵及低龄幼虫。

生活习性 食虫椿象与有害椿象的区别：有害椿象有臭味，其喙由头顶下方紧贴头下，直接向体后伸出，不呈钩状。而食虫椿象大多无臭味，喙坚硬如锥，基部向前延伸，弯曲或呈钩状，不紧贴头下。在北方果区多数食虫椿象1年发生4代，发生期4~10月，若虫孵化后即可以取食，专门吸食害虫的卵汁或幼虫、若虫体液。捕食能力很强，1头小黑花蝽成虫日平均捕食各种虫态叶螨20头，卵20粒，蚜虫27头。以雌成虫在果树枝、干的翘皮下越冬，翌年4月开始活动取食。

利用方法 ①创造适于天敌活动的环境条件，招引和诱集。②人工繁殖和释放。③果园用药要选用对天敌杀伤力小的农药，保护天敌。

08 螳螂（图4-8-1至图4-8-4）

属螳螂目螳螂科。俗称砍刀。种类多，分布广，我国有50多种，常见的有广腹螳螂、大刀螳螂、薄翅螳螂、中华螳螂等。

防治对象 捕食蚜虫类、蛾蝶类、甲虫类、椿象类等60多种果园害虫，食性很杂。

生活习性 北方果区1年发生1代，以卵在树枝上越冬。每年5月下旬至6月下旬孵化为若虫，8月羽化为成虫，成虫交尾后，雌成虫即将雄成虫吃掉，9月后产卵越冬。自春至秋田间均有发生，成、若虫期100~150天，其间均可捕食害虫。若虫具有跳跃捕食习性，1~3龄若虫喜食蚜虫，特别是有翅蚜，3龄以后嗜食体壁较软的鳞翅目害虫，成虫则可捕食各类虫态的害虫。螳螂食量大，1只螳螂一生可捕食害虫2000多头。其捕食有两大特点，一是只捕食活的猎物；二是即使吃饱了，见到猎物不吃也要杀死，即螳螂特有的杀死性。

利用方法 ①人工繁殖和释放。螳螂产卵后，采集产有螳螂卵的枝条，放在室内保护越冬，第二年待初孵若虫出现时，释放到果园，每亩释放200~300头。②注意化学药剂的品种选择、喷药量和喷药时期，尽量避免在杀死害虫的同时也杀螳螂。

09 白僵菌（图4-9-1）

虫生真菌，属半知菌类，是昆虫的主要病原真菌。

防治对象 可防治鳞翅目、鞘翅目、半翅目、同翅目、直翅目、膜翅目等200多种害虫的幼虫。如危害果树的桃小食心虫、桃蛀螟、刺蛾类、夜蛾类、梨虎象、柑橘卷叶蛾、拟小黄卷蛾、褐带长卷蛾、后黄卷叶蛾、荔枝蝽等。

作用机理 白僵菌菌剂一般为白色至灰白色粉状物，是白僵菌的分生孢子，国产白僵菌粉剂，每克含活孢子50亿~80亿个。菌剂喷洒到害虫体上后，菌丝穿透幼虫体壁，在体内大量繁殖，经2~3天致害虫死亡。死虫体壁坚硬，体表长满白色菌丝及孢子，称为白僵虫。虫体上的孢子随风扩散，遇到其他害虫又可传染，使害虫致病死亡。白僵菌寄主专一性强（对桃小食心虫的自然寄生率可达20%~60%），持效性强，可保护天敌，致死害虫速度虽不及化学农药效果明显，但对环境不会造成污染。

利用方法 ①用于防治桃小食心虫和蛴螬。在果园桃小越冬幼虫出土和脱果初期，以及蛴螬活动盛期，树下地面喷洒白僵菌粉每平方米8克，与25%辛硫磷微胶囊剂每平方米0.3毫升混合液，防效明显。②用白僵菌高效菌株B-66处理地面，可使桃小食心虫出土幼虫大量感病死亡，幼虫僵死率达85.6%，并显著降低蛾、卵数量。③防治蚜虫。在蚜虫发生严重时，喷洒白僵菌制剂，感染该菌的蚜虫死后表面呈白色，症状明显。

注意 利用白僵菌制剂防治害虫，菌液要随配随用，配好的菌液应在2小时内喷完，以免孢子过早萌发，失去致病力；田间湿度大、菌剂与虫体接触，防治效果才好。

10 苏云金杆菌

属细菌。又叫Bt，亦称"424"。另外，杀螟杆菌、青虫菌、松毛虫杆菌、

"7216"等都属于苏云金杆菌类。利用其制成的杀虫剂称为细菌杀虫剂。

防治对象　能杀死农林、果树等多种害虫，尤其对鳞翅目幼虫如刺蛾类、卷叶蛾类、桃蛀螟、桃小食心虫、枣尺蠖等防治效果好。且对草蛉、瓢虫等捕食性天敌无害。

作用机理　是目前世界上产量最大的微生物杀虫剂。已有100多种商品制剂。其制剂因采用的原料和方法不同，呈浅黄色、黄褐色或黑色粉末，每克含活孢子100亿～300亿个。可以喷雾、喷粉、泼浇或制成毒土和颗粒剂。杀虫细菌是一种好气性细菌，芽孢对高温忍耐力较强，制剂不受潮湿、保存适当可数年不丧失毒力。其杀虫机理是害虫食菌后破坏害虫的肠道，影响取食，致害虫死亡。杀虫效果对老熟幼虫比幼龄害虫好。

利用方法　①喷雾防治桃蛀螟、刺蛾和卷叶蛾类。选择有露水的早晨或空气湿度较大的傍晚，用每克含活孢子数为100亿的菌粉300～500倍液喷雾，使用时加0.1%的洗衣粉或豆面作黏着剂，提高防治效果。②菌粉应放在干燥阴凉处保存，避免水湿、暴晒，对家蚕有毒，严禁在桑园使用。因杀虫速度比化学农药慢，施药期应稍加提前。

(11)　核多角体病毒

感染昆虫的病毒有三大类，即多角体病毒（NPV）、颗粒病毒和无包涵病毒，利用最多的是多角体病毒。

防治对象　感染近200种昆虫发病，主要是鳞翅目昆虫幼虫，如大袋蛾等。

利用方法　饲养健康的幼虫至3龄末时，用带病毒的饲料喂食使其感染，3天后幼虫开始死亡。将死虫收集在棕色瓶里，即制成毒剂，贮存备用。防治大袋蛾时，可在卵盛期喷布。每亩用30～50头死虫研碎，用二层纱布过滤后再用少量清水冲洗加至所需水量，每亩所用病毒制剂内加30克充分研碎的活性炭保护剂提高防效。每代需喷2～3次，相隔5～7天。防治2次的防效达84%以上，高于其他化学农药，且可以保护天敌。

(12)　食虫鸟类（图4-12-1至图4-12-6）

我国以昆虫为主要食料的鸟类约有600种。常见的有大山雀、燕子、大杜鹃、大斑啄木鸟、灰喜鹊、喜鹊、戴胜、黄鹂、柳莺等。

防治对象　可啄食多种农、林、果害虫，主要有叶蝉、叶蜂、蚜虫、木虱、椿象、金龟甲、蝶蛾类幼虫等，果园内所有害虫都可能被取食，对害虫的控制作用非常大。虽然鸟类也啄食成熟的果实，使果实失去食用价值，但利大于弊。

生活习性

大山雀　山区、平原均有分布，地方性留鸟，喜在果园及灌木丛中活动，善跳跃和飞翔。多在树洞、墙洞中筑巢，产卵3~5枚。食量很大，1头大山雀一天捕食害虫的数量相当于自身体重，在大山雀的食物中，农林害虫数量约占80%。

大杜鹃　夏候鸟或旅鸟，和鸽子大小相近，喜栖息在开阔的林地，以取食大型害虫为主，特别喜食一般鸟类不敢啄食的毛虫，如刺蛾等害虫的幼虫，1头成年杜鹃一天可捕食300多头大型害虫。

大斑啄木鸟　身体上黑下白，尾下呈红色。在树上活动时，一面攀登，一面以嘴快速叩树，叩树之声不绝于耳，若树上有虫，则快速啄破树皮，用舌钩出害虫吞食，主要捕食鞘翅目害虫、椿象、天牛蛀干幼虫等。食量很大，每天可取食1000~1400头害虫幼虫。

灰喜鹊　留鸟。全体灰色，灵活敏捷，善飞翔，喜在密集的果园和森林中群居和筑巢。喜食金龟子、刺蛾、蓑蛾等30余种害虫，1只灰喜鹊全年可吃掉1.5万头害虫。

保护利用　①禁止人为破坏鸟巢，禁止捕猎、毒害鸟类。②招引鸟类。冬季在果园为食虫益鸟给饵、在干旱地区给水、在果园栽植益鸟食饵植物、在果园内设置人工鸟巢箱等，为益鸟的栖息和繁殖创造条件。③避免频繁使用广谱性杀虫剂，以免误伤鸟类。④人工饲养和驯化当地鸟类，必要时可操纵其治虫。

⑬ 蟾蜍（癞蛤蟆）、青蛙（图4-13-1，图4-13-2）

蟾蜍是无尾目蟾蜍科动物的总称，全国各地均有分布，有300多种。青蛙是无尾目蛙科动物的总称，有650余种。蛙和蟾蜍的区别：皮肤比较光滑、身体比较苗条、善于跳跃、会游泳的称为蛙；而皮肤比较粗糙、身体比较臃肿、不善跳跃、不会游泳的称为蟾蜍。

防治对象　主要捕食蚱蜢、蝶蛾类幼虫、象鼻虫、蝼蛄、金龟甲、蚜虫等多种害虫。

生活习性　蛙和蟾蜍冬季多潜伏在水底淤泥里或烂草里，也有的在陆上泥土里越冬。从春末至秋末，白天栖息于石块下、草丛、土洞或池塘、水沟、小河内。黄昏和夜间捕食，有的昼夜均可取食，但以夜间的为多，尤其喜雨后捕食各种害虫，捕食量大，一头青蛙日捕食70多头害虫，对控制果园害虫效果明显。

利用方法　①禁止捕食青蛙和捕捞蝌蚪。②合理使用农药，禁止使用高毒、高残留农药，保护蛙类。③有目的地饲养。当田埂边或将要断水的沟渠中有蛙卵和蝌蚪时，及时捞取，放入有水沟渠中，使蛙卵正常孵化和蝌蚪正常生长。

第5章

果园病虫草无公害综合防治

适宜果园使用的农药种类及其合理使用

无公害果品生产使用的农药药剂，必须是经国家正式登记的产品，不能使用有致癌、致畸、致突变的危险的或有嫌疑的药剂。

（一）允许使用的部分农药品种及使用要求

在果园无公害果品生产中，要根据防治对象的生物学特性和危害特点合理选择允许使用的药剂品种。主要种类有：

1. 植物源杀虫、杀菌素

包括除虫菊素、鱼藤酮、烟碱、苦参碱、植物油、印棟素、苦棟素、川棟素、苘蒿素、松脂合剂、芝麻素等。

2. 矿物源杀虫、杀菌剂

包括石硫合剂、波尔多液、机油乳剂、柴油乳剂、石悬剂、硫黄粉、草木灰、腐必清等。

3. 微生物源杀虫、杀菌剂

如 Bt 乳剂、白僵菌、阿维菌素、中生菌素、多氧霉素和农抗120等。

4. 昆虫生长调节剂

如灭幼脲、除虫脲、卡死克、性诱剂等。

5. 低毒低残留化学农药

（1）主要杀菌剂有5%菌毒清水剂、80%喷克可湿性粉剂、80%大生 M-45 可湿性粉剂、70%甲基硫菌灵可湿性粉剂、50%多菌灵可湿性粉剂、40%氟硅唑乳油、1%中生菌素水剂、70%代森锰锌可湿性粉剂、70%乙膦铝锰锌可湿性粉剂、834康复剂、15%三唑酮乳油、75%百菌清可湿性粉剂、50%异菌脲可湿性粉剂等。

（2）主要杀虫杀螨剂有1%阿维菌素乳油、10%吡虫啉可湿性粉剂、25%灭幼脲3号悬浮剂、50%辛脲乳油、50%蛾螨灵乳油、20%杀铃脲悬浮剂、50%马拉硫磷乳油、50%辛硫磷乳油、5%尼索朗乳油、20%螨死净悬浮剂、15%哒螨灵乳油、40%蚜灭多乳油、99.1%加德士敌死虫乳油、5%卡死克乳油、25%噻嗪酮可湿性粉剂、25%抑太保乳油等。

允许使用的化学合成农药每种每年最多使用2次，最后一次施药距安全采收间隔期应在20天以上。

（二）限制使用的部分农药品种及使用要求

限制使用的化学合成农药品种主要有48%哒嗪硫磷乳油、50%抗蚜威可湿性粉剂、25%辟蚜雾水分散粒剂、2.5%三氟氯氰菊酯乳油、20%甲氰菊酯乳油、30%桃小灵乳油、80%敌敌畏乳油、50%杀螟硫磷乳油、10%歼灭乳油、2.5%

溴氰菊酯乳油、20%氰戊菊酯乳油、40%乐果乳油等。

无公害果品生产中限制使用的农药品种，每年最多使用1次，施药距安全采收间隔期应在30天以上。

（三）禁止使用的农药

在无公害果品生产中，禁止使用剧毒、高毒、高残留、致癌、致畸、致突变和具有慢性毒性的农药，主要包括：

有机磷类杀虫剂：甲拌磷、乙拌磷、久效磷、对硫磷、甲基对硫磷、甲胺磷、甲基异柳磷、特丁硫磷、甲基硫环磷、治螟磷、内吸磷、氧化乐果、磷胺、灭线磷、硫环磷、蝇毒磷、地虫硫磷、氯唑磷、苯线磷、水胺硫磷。

氨基甲酸酯类杀虫剂：克百威、涕灭威、灭多威。

二甲基甲脒类杀虫剂：杀虫脒。

取代苯类杀虫剂：五氯硝基苯、五氯苯甲醇。

有机氯杀虫剂：滴滴涕、六六六、毒杀芬、二溴氯丙烷、林丹。

有机氯杀螨剂：三氯杀螨醇、克螨特。

砷类杀虫、杀菌剂：福美胂、甲基砷酸锌、甲基砷酸铁铵、福美甲、砷酸钙、砷酸铅。

氟制类杀菌剂：氟化钠、氟化钙、氟乙酰胺、氟铝酸钠、氟硅酸钠、氟乙酸钠。

有机锡杀菌剂：三苯基醋酸锡、三苯基氯化锡。

有机汞杀菌剂：氯化乙基汞（西力生）、醋酸苯汞（赛力散）。

二苯醚类除草剂：除草醚、草枯醚。

以及国家规定无公害果品生产禁止使用的其他农药。

（四）无公害果品生产中允许和禁止使用的天然植物生长调节剂及使用要求

允许使用的植物生长调节剂及使用要求：如赤霉素类、细胞分裂素类（如苄基腺嘌呤[BA]、玉米素等），要求每年最多使用一次，施药距安全采收期间隔应在20天以上。也可使用能够延缓生长、促进成花、改善树体结构、提高果实品质及产量的其他生长调节物质，如乙烯利、矮壮素等。

禁止使用污染环境及危害人体健康的植物生长调节剂。如比久（B9）、萘乙酸、2,4-二氯苯氧乙酸（2,4-滴）等。

（五）科学合理使用农药

1. 对症施药

根据田间的病虫害种类和发生情况选择农药，防治病虫害以保护性杀菌剂为基础。

2. 适时施药

根据预测预报和病虫害的发生规律，确定使用药剂的最佳时期。

3. 使用农药要喷布均匀周到

选择合适的药械和使用方法，保证使用的农药准确、均匀、到位。

4. 严格按照农药的使用剂量使用农药

同一种类的允许使用的药剂、一个生长周期：一般保护性杀菌剂可以使用3~5次；具有内吸性和渗透作用的农药可以使用1~2次，最好只使用1次；杀虫剂可以使用1~2次，最好使用1次。

5. 严格按农药的安全间隔期使用农药

允许使用的农药品种，禁止在采收前20天内使用。限制使用的农药禁止在采收前30天内使用。如果出现特殊情况，需要在采收前安全间隔期内使用农药，必须在植物保护专家指导下采取措施，确保食品安全。

6. 严格对使用农药的安全管理

每一个生产者，必须对果园中使用农药的时间、农药名称、使用剂量等进行严格、准确的记录。

7. 严禁使用未经国家有关部门核准登记的农药化合物

8. 其他情况按国家标准《农药合理使用准则》GB/T8321（所有部分）规定执行

02　病虫害无害化综合防治

（一）病虫害防治的基本原则

病虫无公害防治的基本原则是综合利用农业的、生物的、物理的防治措施，创造不利于病虫害发生而有利于各类自然天敌繁衍的生态环境，通过生态技术控制病虫害的发生。优先采用农业防治措施，本着"防重于治""农业防治为主、化学防治为辅"的无公害防治原则，选择合适的可抑制病虫害发生的耕作栽培技术，平衡施肥、深翻晒土、清洁果园等一系列措施控制病虫害的发生。尽量利用灯光、色彩、性诱剂等诱杀害虫，采用机械和人工以及热消毒、隔离、色素引诱等物理措施防治病虫害。病虫害一旦发生，需采用化学方法进行防治时，注意严禁使用国家明令禁止使用的农药、果树上不得使用的农药，并尽量选择低毒低残留、植物源、生物源、矿物源农药。

（二）病虫害防治的基本措施

1. 农业防治

农业防治是根据农业生态环境与病虫发生的关系，通过改善和改变生态环境，调整品种布局，充分应用品种抗病、抗虫性以及一系列的栽培管理技术，有目的地改变果园生态系统中的某些因素，使之不利于病虫害的流行和发生，达到控制病虫危害，减轻灾害程度，获得优质、安全的果品的目的。农业防治方法是果园生产管理中的重要部分，不受环境、条件、技术的限制，虽不如化学防治那样能够直接、迅速地杀死病虫，却可以长期控制病虫害的发生，大幅度减少化学药剂的使用量，有利于果园长期的可持续发展。

（1）植物检疫。植物检疫是贯彻"预防为主、综合防治"的重要措施之一，即凡是从外地引进或调出的苗木、种子、接穗、果品等，都应进行严格检疫，防止危险性病虫害的扩散。

（2）清理果园，减少病源。果园中多数病虫在病枝或残留在园中的病叶、病果上越冬、越夏，及时清理果园，可以破坏病虫越冬的潜藏场所和条件，有效地减少病害侵染源，降低害虫发生基数，可以很好地预防病害的流行和虫害的发生。秋季或早春清扫枯枝落叶，集中高温堆沤，可消灭其中越冬病菌和害虫。结合修剪，剪除病虫枝条、病芽，摘除病虫果、叶，剪除病虫枝条可以有效地防治天牛类、刺蛾类、食心虫、介壳虫等。对于病虫株残体和落在地面上的病虫果，应及时清除并高温堆沤或深埋，可以大大减少病虫的传播与危害。此外，及时清除田间杂草，不但减少杂草种子在果园的残留，亦可以大大减少害虫寄生的机会。

（3）合理整形修剪，改善果园通风透光条件。果园在密闭条件下病虫害发生严重，过于茂盛的枝叶常成为小型昆虫繁衍的有利场所。合理整形修剪，使树体枝组分布均匀，改善了树冠内通风透光条件，可以有效地控制病虫害的发生。

（4）科学施肥，合理灌溉。加强肥、水管理对提高树体抵抗病虫害能力有明显的效果，特别是对具有潜伏侵染特点的病害和具有刺吸口器害虫的抵抗作用尤其明显。施肥种类及用量与病虫害发生有密切关系，不要过量施用氮肥，避免引起枝叶徒长，树冠内郁闭，而诱发病虫发生。厩肥堆积过多，常成为蝇、蚊、蛴螬等土栖昆虫的栖息繁殖场所。因此，提倡配方施肥、平衡施肥、多施充分腐熟的有机肥、增施磷钾肥，以提高植株抗病性，增强土壤通透性，改善土壤微生物群落，提高有益微生物的生存数量，并保证根系发育健壮。此外，减少氮肥，增施磷钾肥，能增强树体对病害侵染的抵抗力。

果园湿度过大，易导致真菌类病害疫情的发生，湿度越大病害越重。而果树生长中后期灌水过多，易使果树贪青徒长，枝条发育不充实，冬季抵抗冻害的能力差。因此，果园浇水应尽量避免大水漫灌，以免造成园内湿度过大，诱发病害发生，宜尽量采用滴灌等节水措施。利用滴灌技术、覆盖地膜技术可以有效地控制园内空气湿度，防止病害的发生。遇大雨后应及时排水，避免影响果树生长和降低抵抗病虫害能力。

（5）刮树皮，刮涂伤口，树干涂白。危害果树的多种害虫的卵、蛹、幼虫、成虫，以及多种病菌孢子隐居在树体的粗翘皮裂缝里休眠越冬，而病虫越冬基数与来年危害程度密切相关，应刮除枝、干上的粗皮、翘皮和病疤，铲除腐烂病、干腐病等枝干病害的菌源，同时还可以促进老树更新生长。刮皮一般以入冬时节或第二年早春2月间进行，不宜过早或过晚，以防止树体遭受冻害以及失去除虫治病的作用。幼龄树要轻刮，老龄树可重刮。操作动作要轻，防止刮伤嫩皮及木质部，影响树势。一般以彻底刮去粗皮、翘皮，不伤及白颜色的活皮为限。刮皮后，皮层集中烧毁或深埋，然后用石灰水涂白剂，在主干和大枝伤口处进行涂白，既可以杀死潜藏在树皮下的病虫，还可以保护树体不受冻害。石灰涂白剂的配制材料和比例：生石灰10千克，食盐150~200克，面粉400~500克，加清水40~50千克，充分溶化搅拌后刷在树干伤口处，以不流淌、不起疙瘩为度。由虫伤或机械伤引起的伤口，是最容易感染病菌和害虫喜欢栖息的地方，应将腐皮朽木刮除，用刀削平伤口后，涂上5波美度石硫合剂或波尔多液消毒，促进伤口早日愈合。

（6）刨树盘。刨树盘是果树管理的一项常用措施，该措施既可起到疏松土壤、促进果树根系生长作用，还可将地表的枯枝落叶翻于地下，把土中越冬的害虫翻于地表。

（7）树干绑缚草绳，诱杀多种害虫。不少害虫喜在主干翘皮、草丛、落叶中越冬，利用这一习性，于果实采收后在主干分枝以下绑缚3~5圈松散的草绳，诱集消灭害虫。草绳可用稻草或谷草、棉秆皮拧成，绑缚要松散，以利于害虫潜入。

（8）人工捕虫。许多害虫有群集和假死的习性，如多种金龟子有假死性和群集危害的特点，可以利用害虫的这些习性进行人工捕捉。再如黑蝉若虫可食，在若虫出土季节，可以发动群众捕而食之。

（9）园内种植诱集作物，诱集害虫集中危害而消灭。利用桃蛀螟、桃小食心虫对玉米、高粱趋性更强的特性，园内种植玉米、高粱等，诱其集中危害而消灭。

（10）园内放养鸡、鸭等家禽，啄食害虫，减轻危害。

2. 物理防治

是根据害虫的习性而采取防治害虫方法。

（1）灯光诱杀（图5-1-1，图5-1-2）。①黑光灯诱杀。常用20瓦或40瓦黑光灯管做光源，在灯管下接一个水盆或一个广口瓶，瓶中放些毒药，以杀死掉落的害虫。此法可诱杀晚间出来活动的害虫，如桃蛀螟、黄刺蛾、茎窗蛾成虫等。②频振式杀虫灯。利用大多数害虫晚上有趋光的特性，运用光、波、色、味4种诱杀方式杀灭害虫，它的主要元件是频振灯管和高压电网，频振灯管能产生特定频率的光波，引诱害虫靠近，高压电网缠绕在灯管周围能将飞来的害虫杀死或击昏，即近距离用光，远距离用波、黄色光源、性信息等原理设计的杀虫灯，以达到防治害虫的目的。

频振式杀虫灯使用方法：可利用路两旁的电线杆或吊挂在牢固的物体上。灯间距离180~200米，离地面高度1.5~1.8米，呈棋盘式分布，挂灯时间为5月初至10月下旬。接通电源，按下开关，指示灯亮即进入工作状态。

（2）糖醋液诱杀。许多成虫对糖醋液有趋性，因此，可利用该习性进行诱杀。方法是在成虫发生的季节，将糖醋液盛在水碗或水罐内制成诱捕器，将其挂在树上，每天或隔天清除死虫。糖醋液的制备方法：酒、水、糖、醋按1∶2∶3∶4的比例，放入盆中，盆中放几滴农药，并不断补足糖醋液。

（3）黏虫板诱杀害虫（图5-2-1）。利用昆虫的趋黄性诱杀害虫，可防治潜蝇成虫、粉虱、蚜虫、叶蝉、蓟马等小型昆虫；而蓝色板诱杀叶蝉效果更好，配以性诱剂可扑杀多种害虫的成虫。

黏虫板制作方法：购买黏虫纸，或用柠檬黄色塑料板、木板、硬纸箱板等材料，大小约20厘米×30厘米，先在板两面涂抹柠檬黄色油漆后，再均匀涂上一层黏虫胶或黄油、机油即可。

挂板方法及时间：于4月初至10月下旬挂板。田间用竹（木）细棍支撑固定，每亩均匀插挂20块黄板，呈棋盘式分布，高度比植株稍高，太高或太低效果均较差。当纸或板上粘虫面积占板表面积的60%以上时更换，板上胶不黏时及时更换。为保证自制黄板的黏着性，需1周左右重新涂1次。悬挂方向以板面东西方向为宜。

（4）树干缠粘虫带。利用害虫在树干上爬行，上树为害、下树栖息或化蛹等习性，在树干上缠普通塑料带或缠上涂有粘虫胶、黄油、机油的塑料胶带，设置阻截障碍，达到杀灭害虫的目的，对防治尺蠖类害虫及一些频繁上下树的害虫防治效果很好，减少了用药，又避免了对人、益虫、鸟类、环境造成的危害和污染（图5-3-1至图5-3-3）。

（5）涂捕虫圈（图5-4-1）。用捕虫胶在树干与树杈交界处，涂一圈，宽3~4厘米，捕杀天牛效果好：天牛产卵前在树的枝干多次来回爬行找适宜产卵的地方。一般选择斜着向上光滑部位，用嘴扒开树皮长约1.5厘米、宽约0.8厘米的小穴，将一粒卵产入，再用树皮盖住，产一粒卵换一个地方。在树干上涂几道捕虫圈，捕杀天牛的效率非常高，将天牛等害虫消灭在产卵之前，使林果类树体少受危害。

（6）高浓度虫胶、黏鼠板捕鼠。鼠害重的果园在老鼠经常出没走道上，放置黏鼠板或摊一小块高浓度虫胶，又不引起老鼠注意。老鼠通过时踩上就被粘住。

（7）防虫网（图5-5-1）。通过覆盖在棚架上的防虫网，构建人工隔离屏障，将害虫拒之网外，切断害虫传播途径，有效控制被保护地各类害虫的发生危害和与害虫传播有关的病害发生，减少了果园化学农药的施用，并具有抵御暴风、雨冲刷和冰雹侵袭等自然灾害的功能，是一种简便、科学、有效的防虫、防病措施。防虫网的孔径，以20~32目为宜，好的防虫网，正确使用和保管可利用3~5年。

（8）性外激素诱杀（图5-6-1，图5-6-2）。昆虫性外激素是由雌成虫分泌的用以招引雄成虫来交配的一类化学物质。通过人工模拟其化学结构合成的昆虫性外激素已经进入商品化生产阶段。性外激素已明确的果树害虫种类有30多种。目前国内外应用的性外激素捕获器类型有5大类20多种。如黏着型、捕获型、杀虫剂型、电击型和水盘型。我国在果树害虫防治上已经应用的有桃蛀螟、桃小食心虫、桃潜蛾、梨小食心虫、苹果小卷叶蛾、苹果褐卷叶蛾、梨大食心虫、金纹细蛾等昆虫的性外激素。捕获器的选择要根据害虫种类、虫体大小、气象因素等，确定捕获器放置的地点、高度和用量。①利用性外激素诱杀。在果园放置一定数量的性外激素诱捕器，能够诱捕到雄成虫，导致雌、雄成虫的比例失调，减少了自然界雌、雄虫交配的机会，从而达到治虫的目的。②干扰交配（成虫迷向）。在果园内悬挂一定数量的害虫性外激素诱捕器诱芯，作为性外激素散发器。这种散发器不断地将昆虫的性外激素释放到田间，使雄成虫寻找雌成虫的联络信息发生混乱，从而失去交配的机会。在果园的试验结果表明，在每亩内栽植110棵果树的情况下，每棵树上挂3～5个桃小食心虫性外激素诱芯，能起到干扰成虫交配的作用。打破害虫的生殖规律，使大量的雌成虫不能产下受精卵，从而极大地降低幼虫数量。

（9）水喷法防治。在果树休眠期（11月中下旬）用压力喷水泵喷枝干，喷到流水程度，可以消灭在枝干上越冬的介壳虫。

（10）果实套袋（图5-7-1至图5-7-3）。果实套袋栽培是近几年我国推广的优质果品技术。果实套袋后，既能增加果实着色、提高果面光洁度、减少裂果，还能防止病菌和害虫直接侵染果实，减少农药在果品中的残留。目前国内用于果实套袋用袋按材质主要有塑料薄膜袋、白色木浆纸袋、无纺布袋、双层纸袋等。

3. 生物防治

运用有益生物防治果树病虫害的方法称为生物防治法。生物防治是进行无公害果品生产、有效防治病虫害的重要措施。在果园自然环境中有数百种有益天敌昆虫资源和能促使果树害虫致病的病毒、真菌、细菌等微生物。保护和利用这些有益生物，是果品病虫无公害防治的重要手段。生物防治的特点是不污染环境，对人、畜安全无害，无农药残留，符合果品无公害生产的目标，应用前景广阔。但该技术难度较大，研究和开发水平较低，目前应用于防治实践的有效方法还较少。各果园可以因地制宜，选择适合自己的生物防治方法，并与其他防治方法相结合，采取综合治理的原则防治病虫害。

（1）利用寄生性天敌昆虫防治虫害（图5-8-1）。寄生性昆虫活动特点，是以雌成虫产卵于寄主体内或体外，以幼虫取食寄主的体液摄取营养，从而导致寄主（害虫）死亡。而它的成虫则以花粉、花蜜等为食或不取食。除了成虫以外，其他虫态均不能离开寄主而独立生活。果园害虫天敌主要有：寄生卷叶虫的中国齿腿姬蜂、卷叶蛾瘤姬蜂、卷叶蛾绒茧蜂；寄生梨小食心虫的梨小蛾姬蜂、梨小食心虫聚瘤姬蜂；寄生潜叶蛾、刺蛾的刺蛾紫姬蜂、刺蛾白跗姬蜂、潜叶蛾姬小蜂等寄生蜂类。寄生鳞翅目害虫幼虫和蛹的寄生蝇类，如寄生梨小食心虫的稻苞虫赛寄蝇、日本追寄蝇；寄生天幕毛虫的天幕毛虫追寄蝇、普通怯寄蝇等。

（2）利用捕食性天敌昆虫防治害虫。捕食性天敌昆虫靠直接取食猎物或刺吸猎物体液来杀死害虫，致死速度比寄生性天敌快得多。如捕食叶螨类的深点食螨瓢虫、腹管食螨瓢虫、大草蛉、中华通草蛉、食蚜瘿蚊等；捕食蚜虫的七星瓢虫；捕食介壳虫的黑缘红瓢虫、红点唇瓢虫等。此外，还有螳螂、食蚜蝇、食虫椿象、胡蜂、蜘蛛等多种捕食性天敌，抑制害虫的作用非常明显。

（3）利用食虫鸟类防治虫害。鸟类在农林生物多样性中占有重要地位，它与害虫形成相互制约的密切关系，是害虫天敌的重要类群。我国以昆虫为主要食料的鸟有600多种，如大山雀、大杜鹃、大斑啄木鸟、灰喜鹊、家燕、黄鹂等主要或全部以昆虫为食物，对控制害虫种群作用很大。

（4）利用病原微生物防治病虫害。①利用病原微生物防治害虫。在自然界中，有一些病原微生物，如细菌、真菌、病毒、线虫等，在条件合适时能引发害虫流行病，致使害虫大量死亡。利用病原微生物防治虫害主要有细菌、真菌、病毒三大类制剂。②利用病原微生物防治病害。主要是利用某些真菌、细菌和放线菌对病原菌的杀灭作用防治病害。方法是直接把人工培养的抗病菌施入土壤或喷洒在植物表面，控制病菌发育。目前国外已制成对部分病原微生物有抑制作用的微生物产品，如美国生产的防治根癌病的放射性土壤杆菌菌系 K84，应用效果显著。国内也已分离了一些菌株。在土壤中多施用有机肥，促进多种天然存在的抗生菌的大量繁殖，可有效防治果树根系病害，也是利用病原微生物防治病害的可行措施。

目前国内应用病原微生物防治病虫害的制剂主要有苏云金杆菌、白僵菌制剂、病原线虫。

（5）利用昆虫激素防治害虫。对危害相对简单的关键害虫，以及对世代较长、单食性、迁移性小、有抗药性、蛀茎蛀果害虫更为有效。昆虫激素主要有保幼激素、蜕皮激素、性信息激素三大类。其杀虫机理是使害虫生长发育异常而死亡。利用性外激素不仅可以诱杀成虫、干扰交配，还可根据诱虫时间和诱虫量指导害虫防治，提高防效。

4. 化学防治

使用化学药剂防治病虫害具有作用迅速、见效快、方法简便的特点，在现阶段果品生产中仍具有不可替代的作用。然而化学药剂的长期使用，存在着引起害虫抗性、污染环境、减少物种多样性、在果品中残留有危害人体健康有毒物质等多方面的副作用。尤其随着人民生活水平的提高，消费者越来越注重食品安全问题，如何科学合理、正确的使用化学药剂，生产无公害果品日益受到重视。

无公害果品生产并非完全禁止使用化学药剂，使用时应当遵守有关无公害果品生产操作规程和农药使用标准，合理选择农药种类，正确掌握用药量。加强病虫测报工作，经常调查病虫发生情况，选择有利时机适时用药。选择对人、畜安全、不伤害天敌、不污染环境、同时又可以有效杀死有害病虫的农药品种。严禁使用一切汞制剂农药以及其他高毒、高残留、致畸、致癌、致残农药，严禁使用未取得国家农药管理部门登记和没有生产许可证的农药。

参考文献

1. 冯玉增,辛长永,胡清坡. 图说苹果病虫害防治关键技术[M]. 北京:中国农业出版社,2011.

2. 吕佩珂,等. 中国果树病虫原色图谱[M]. 2版. 北京:华夏出版社,2002.

3. 王国平,窦连登. 果树病虫害诊断与防治原色图谱[M]. 北京:金盾出版社,2002.

4. 北京农业大学. 果树昆虫学:下册[M]. 北京:农业出版社,1981.

5. 冯明祥. 无公害果园农药使用指南[M]. 北京:金盾出版,2004.

6. 中国林业科学院. 中国森林昆虫[M]. 北京:中国林业出版社,1980.

附录

附录一 波尔多液的作用与配制方法

1. 作用

波尔多液是目前使用最广泛的保护性杀菌剂，其杀菌力强，防病范围广，对农作物、果树、蔬菜上的多种病害，如霜霉病、褐斑病、黑痘病、锈病、黑星病、轮纹病、果腐病、赤斑病病菌等有良好的杀灭作用。

2. 配制方法

（1）1%等量式：硫酸铜、生石灰和水按1：1：100比例备好料，其配制方法有：

①稀硫酸铜注入浓石灰水法。用4／5水溶解硫酸铜，另用1／5水溶化生石灰，然后将硫酸铜液倒入生石灰水，边倒边搅即成。

②两液同时注入法。用1／2水溶解硫酸铜，另用1／2水溶化生石灰，然后同时将两液注入第三容器，边倒边搅即成。

③各用1／5水稀释硫酸铜和生石灰，两液混合后，再加3／5水稀释，搅拌方法同前。

上述3种配制方法以第一种方法最好。

（2）非等量式：根据防治对象有目的地配制，用水数量根据施用作物的种类而异，一般在大田作物上用水100~150份，果树上200份，蔬菜上240份。

3. 注意事项

①选料要精，配料量要准，在混合时要等石灰乳凉后，再将硫酸铜液慢慢倒入石灰乳中，以保证产品质量。

②波尔多液为天蓝色带有胶状悬浊的药液，呈碱性反应。注意不能与酸性农药混用，以免降低药效。

③药液要随配随用，久置易发生沉淀，会降低药效。残效期一般为10~15天。

附录二　石硫合剂的作用与熬制方法

1. 作用

石硫合剂是常用的杀菌、杀螨、杀虫剂。适用于多种农作物和果树上的病、虫、螨害防治。

2. 熬制方法

（1）配方与选料：生石灰1份、硫黄粉1~2份、水10份。生石灰要求为纯净的白色块状灰，硫黄以粉状为宜。

（2）熬制步骤

①把硫黄粉先用少量水调成糊状的硫黄浆，搅拌越匀越好。

②把生石灰放入铁锅中，用少量水将其溶解开（水过多漫过石灰块时石灰溶解反而更慢），调成糊状，倒入铁锅中并加足水量，然后用火加热。

③在石灰乳接近沸腾时，把事先调好的硫黄浆自锅边缓缓倒入锅中，边倒边搅拌，并记下水位线。在加热过程中防止溅出的液体烫伤眼睛。

④然后强火煮沸40~60分钟，待药液熬至红褐色、捞出的灰渣呈黄绿色时停火，其间用热开水补足蒸发的水量至水位线。补足水量应在撤火15分钟前进行。

⑤冷却过滤出灰渣，得到红褐色透明的石硫合剂原液，测量并记录原液的浓度值。土法熬制的原液浓度一般为15~28波美度。熬制好后如暂不用装入带釉的缸或坛中密封保存，也可以使用塑料桶运输和短时间保存。

3. 注意事项

①桃、李、梅、梨等蔷薇科植物和紫荆、合欢等豆科植物对石硫合剂敏感，应慎用。可采取降低浓度或选用安全时期用药以免产生药害。

②本药最好随配随用，长期贮存易产生沉淀，挥发出硫化氢气体，从而降低药效。必须贮存时应在石硫合剂液体表面用一层煤油密封。

③要随配随用，配置石硫合剂的水温应低于30℃，热水会降低药效。气温高于38℃或低于4℃均不能使用。气温高，药效好。气温达到32℃以上时慎用，稀释倍数应加大至1000倍以上。

④石硫合剂呈强碱性，注意不能和酸性农药混用。忌与波尔多液、铜制剂、机械乳油剂、松脂合剂等农药混用。与波尔多液前后间隔使用时，必须有充足的间隔期。先喷石硫合剂的，间隔10~15天后才能喷波尔多液。先喷波尔多液的，则要间隔20天后才可喷洒石硫合剂。

4. 使用方法

（1）使用浓度要根据植物种类、病虫害对象、气候条件、使用时期不同而定，浓度过大或温度过高易产生药害。树木、花卉休眠期（早春或冬季）喷雾浓度一般掌握在3~5波美度，生长季节使用浓度为0.1~0.5波美度。

（2）常用方法：①喷雾法。②涂干法。在休眠期树木修剪后，使用石硫合剂原液涂刷树干和主枝。③伤口处理剂。石硫合剂原液涂抹剪锯伤口，可减少病菌的侵染，防止腐烂病、溃疡病的发生。

（3）使用前必须用波美比重计测量好原液度数，根据所需浓度，计算出加水量，加水稀释。

石硫合剂稀释可由下列公式计算：

重量稀释倍数＝原液浓度−需用浓度/需用浓度

溶量稀释倍数＝原液浓度×（145−需用浓度）/需用浓度×（145−原液浓度）

石硫合剂稀释还可直接用查表法，见附表1。

附表1　石硫合剂稀释倍数表（按容量计算）

原液浓度	使用浓度																	
	0.1	0.2	0.3	0.4	0.5	0.6	0.7	0.8	0.9	1.0	1.5	2.0	2.5	3.0	3.5	4.0	4.5	5.0
	稀释倍数																	
10	106	53	31.7	25.8	20.4	16.8	14.2	12.4	10.8	9.7	6.1	4.32	3.23	2.51	1.96	1.62	1.31	1.08
13	142	70	46.5	35.6	27.4	22.7	19.3	16.7	14.7	13.2	8.5	6.1	4.62	3.66	2.98	2.47	2.07	1.76
15	166	82	56	40.7	32.5	26.8	22.7	20	17.4	15.6	10.1	7.6	5.6	4.46	3.66	3.07	2.6	2.24
17	191	95	64	47	37.3	30.9	26.3	22.9	20.2	18.1	11.7	8.5	6.6	5.3	4.37	3.68	3.14	2.72
20	231	114	77	57	45.1	37.5	31.9	27.8	24.6	22	14.4	10.5	8.1	6.6	5.5	4.65	3.99	3.49
22	248	128	86	64	51	42	35.8	31.2	27.6	24.7	16.2	11.8	9.2	6.2	5.3	4.58	4.03	
25	300	150	101	77	59	49.1	42	36.5	32.3	29	18.9	13.9	10.9	8.9	7.4	6.4	5.5	4.84
26	315	157	106	78	62	52	44	38.4	33.9	30.4	19.9	14.7	11.5	9.3	7.8	6.7	5.8	5.1
27	330	165	110	82	65	54	46.1	40.2	35.6	31.9	20.9	15.4	12.1	9.8	8.3	7.1	6.1	5.42
28	345	172	116	86	68	57	48.4	42.1	37.2	33.3	21.9	16.2	12.7	10.3	8.7	7.4	6.5	5.7
29	361	179	120	89	71	59	50	44.1	38.9	34.8	23	16.9	13.3	10.8	9.1	7.8	6.8	6
30	377	188	126	93	74	62	53	46	40.7	36.5	24	17.7	13.9	11.3	9.5	8.2	7.1	6.3
31	393	196	131	97	77	65	55	48	42.5	38.1	25.1	18.5	14.5	11.9	9.9	8.6	7.5	6.6
32	409	204	137	101	81	67	57	50	44.2	39.7	26.2	19.3	15.2	12.4	10.5	9.0	7.8	7
33	426	212	142	106	84	70	60	52	46.1	41.4	27.3	20.2	15.8	12.9	10.9	9.4	8.2	7.3
34	442	221	148	110	87	73	62	54	48.6	43.7	28.4	21	16.5	13.5	11.4	9.8	8.6	7.6

附录三 果园（落叶果树）允许使用农药通用名、商品名、剂型、毒性、防治对象简表

农药类型	常用名	又名	常用剂型	毒性	防治对象
有机磷杀虫剂	敌百虫	三氯松、毒霸	80%、90%原粉，80%、50%可湿性粉剂，90%、95%晶体	低毒。对多数天敌、昆虫、鱼类和蜜蜂低毒	各种食心虫、杏仁蜂、杏虎象、桃蛀螟、卷心虫、刺蛾、各种毛虫、舞毒蛾等
	辛硫磷	肟硫磷、倍腈松、腈肟磷、巴赛松	40%、45%、50%乳油，25%微胶囊剂，5%、10%颗粒剂	对高等动物低毒，对蜜蜂、鱼类以及瓢虫、捕食螨、寄生蜂等天敌昆虫毒性大	各种食心虫、杏仁蜂、李实蜂、杏象甲、蚜虫、卷叶虫、各种毛虫、刺蛾、尺蠖、舞毒蛾、叶蝉等
	杀螟硫磷	杀螟松、速灭松、扑灭松、杀螟磷、苏米松、灭蟑百特	50%乳油	对高等动物低毒，对鱼毒性中等，对青蛙无害，对蜜蜂高毒	各种食心虫、蠹蛾、桃蛀螟、李实蜂、杏仁蜂、卷毛虫、星毛虫、刺蛾、苹掌舟蛾、介壳虫、蚜虫等
	二嗪磷	地亚农、二嗪农、大利松、大亚仙农	40%、50%乳油	对高等动物中毒，对皮肤和眼睛有轻微的刺激作用。对鱼毒性中等，对蜜蜂高毒	桃小食心虫、蚜虫、卷毛虫、介壳虫、盲蝽、叶螨等
	毒死蜱	乐斯本、氯吡硫磷	40%、40.7%、48%乳油，14%颗粒剂	对高等动物中毒，对眼睛、皮肤有刺激性。对鱼、虾等有毒，对蜜蜂毒性较高	桃小食心虫、介壳虫、卷叶蛾、毛虫、刺蛾、潜叶蛾等

农药类型	常用名	又名	常用剂型	毒性	防治对象
有机磷杀虫剂	哒嗪硫磷	苯哒磷、苯哒嗪硫磷、哒净松、哒净硫磷	20%乳油，2%粉剂	对高等动物低毒	各种食心虫、蚜虫、叶蝉、盲蝽、叶螨、毛虫、刺蛾等
	乙酰甲胺磷	高灭磷、杀虫灵、全效磷、多灭磷、杀虫磷	30%、40%乳油，25%可湿性粉剂，4%粉剂	低毒。对鱼类、家禽和鸟类低毒	各种食心虫、杏仁蜂、李实蜂、桃蛀螟、刺蛾、苹小卷叶蛾、黄斑卷叶蛾、蚜虫、介壳虫等
	马拉硫磷	马拉松、马拉赛昂、4049、防虫磷	45%、50%、70%乳油，5%粉剂，25%油剂	低毒。对眼睛和皮肤有刺激性，对蜜蜂高毒，对鱼中毒，对寄生蜂、瓢虫及捕食螨等天敌昆虫毒性高	木虱、盲蝽、刺蛾、毛虫、蚜虫、介壳虫、小绿叶蝉、害螨等
	丙硫磷	低毒硫磷	50%乳油，40%可湿性粉剂	低毒。对鱼类和鸟类有一定毒性，对蜜蜂低毒	蚜虫、蓟马、食心虫、卷叶蛾等鳞翅目害虫
拟除虫菊酯类	甲氰菊酯	灭扫利	20%乳油	中毒。对鱼类、蜜蜂、家蚕以及天敌昆虫高毒，对皮肤和眼睛有刺激性	各种食心虫、毛虫类、刺蛾、桃潜蛾、害螨等
	氯氰菊酯	灭百克、安绿宝、兴棉宝、赛波凯、阿锐克	10%乳油	中毒。对家禽和鸟类低毒，对蜜蜂、家蚕和天敌昆虫高毒，对鱼、虾等水生物高毒	各种食心虫、蠹蛾、蚜虫、卷叶虫、刺蛾、毛虫、梨木虱等

农药类型	常用名	又名	常用剂型	毒性	防治对象
拟除虫菊酯类	溴氰菊酯	敌杀死、凯素灵、凯安保	2.5%乳油	中毒。对鱼类、蜜蜂和家蚕剧毒，对寄生蜂、瓢虫、草蛉等天敌昆虫毒性大，对鸟类毒性低	各种食心虫、桃蛀螟、褐卷叶蛾、褐带卷蛾、黄斑长翅蛾、蚜虫等
	联苯菊酯	天王星、氟氯菊酯、虫螨灵、毕芬宁	2.5%和10%乳油	中毒。对蜜蜂、家禽、水生生物及天敌昆虫毒性大，对鸟类低毒	各种食心虫、蚜虫、害螨等
	氟氯氰菊酯	百树菊酯、百树得、百治菊酯、氟氯氰醚菊酯	5.7%乳油	低毒。对鱼、蜜蜂、蚕高毒，对天敌昆虫杀伤力大，对鸟类低毒	各种食心虫、各种卷叶蛾、刺蛾、舟型毛虫、蚜虫等
	氰丙菊酯	罗速发、杀螨菊酯	2%乳油	低毒。对天敌小花蝽、草蛉、食螨瓢虫、鸟类安全，对鱼类剧毒	各种害螨、桃小食心虫等
	氰戊菊酯	速灭杀丁、氰戊菊酯、敌虫菊酯、速灭菊酯、中西氰戊菊酯、虫畏灵、百虫灵	20%乳油	低毒。对鱼、虾等水生生物和蜜蜂、家蚕高毒，对害虫天敌毒性较大	各种食心虫、各种卷叶蛾、毛虫、刺蛾等
	顺式氰戊菊酯	来福灵、S-氰戊菊酯、高效氰戊菊酯	5%乳油	中毒。对水生生物、家禽、蜜蜂均有毒	防治蝶、刺蛾、尺蠖等，但对螨无效
	氯菊酯	二氯苯醚菊酯、苄氯菊酯、除虫精、克死命	10%乳油	低毒。对眼睛有轻微刺激，对蜜蜂、鱼、蚕毒性高	各种食心虫、尺蠖、刺蛾、蟥毛虫、葡萄二斑叶蝉、蚜虫等

农药类型	常用名	又名	常用剂型	毒性	防治对象
拟除虫菊酯类	乙氰菊酯	杀螟菊酯、赛乐收、稻虫菊酯	10%乳油，2%颗粒剂	低毒。对家蚕和蜜蜂有毒，对鱼类、鸟类毒性低	金龟子、卷叶虫、各种食心虫、毛虫、蚜虫等
	醚菊酯	苄醚菊酯、多来宝、MT1500	10%悬浮剂，20%乳油，5%可湿性粉剂	低毒。对鱼毒性中等，对鸟类低毒，对蜜蜂和家蚕毒性较高	各种食心虫、各种食叶害虫、卷叶虫、蚜虫、盲蝽、尺蠖、刺蛾等
	戊菊酯	中西除虫菊酯、杀虫菊酯、多虫畏、戊酯醚酯	20%乳油	低毒。对鱼类、蚕和蜜蜂毒性较高	各种食心虫、蚜虫、刺蛾、凤蝶、尺蠖等
氯基甲酸酯类	甲萘威	西维因、胺甲萘、US-7744、OMS-29	25%可湿性粉剂，2%粉剂	低毒。对鸟类和鱼低毒，对蜜蜂毒性大	各种食心虫和刺蛾、毛虫等害虫
	抗蚜威	辟蚜雾、PP602	50%可湿性粉剂、50%颗粒剂	中毒。对天敌和蜜蜂无影响，对鱼类和鸟类低毒	多种果树上的蚜虫，但对棉蚜无效等
	异丙威	叶蝉散、灭扑威、异灭威	2%粉剂、10%可湿性粉剂、20%乳油、4%颗粒剂	中毒。对鱼类低毒，对蜜蜂和寄生蜂高毒	多种果树上的飞虱、叶蝉、蓟马、蚜虫、椿象、潜叶蛾等
	仲丁威	巴沙、丁苯威、BPMC	25%、50%乳油，2%粉剂	低毒。对鱼类低毒	叶蝉、椿象、卷叶蛾、蚜虫、食叶毛虫等

农药类型	常用名	又名	常用剂型	毒性	防治对象
沙蚕毒类	杀螟丹	巴丹、派丹、卡塔普	50%可溶性粉剂	中毒	各种食心虫、桃蛀螟、苹果蠹蛾等
	杀虫双	杀虫丹	18%、25%、30%水剂,5%颗粒剂	中毒。对鱼类低毒,对家蚕剧毒,残效期达2个月左右	多种蚜虫、叶蝉、梨星毛虫、卷叶蛾、害螨等
昆虫生长调节剂类	噻嗪酮	扑虱灵、优乐得、稻虱净、亚得乐	25%可湿性粉剂	低毒。对鱼类和鸟类低毒,对家蚕、蜜蜂和天敌昆虫安全	多种果树上的介壳虫、蛴螬、粉虱等
	抑食肼	虫草死净	20%可湿性粉剂、25%悬浮剂	中毒	卷叶蛾类、凤蝶、尺蠖等
	灭幼脲	灭幼脲3号、苏脲1号	25%悬浮剂	低毒。对鱼类、蜜蜂、鸟类及天敌昆虫安全	各种食心虫、桃蛀螟、潜叶蛾类及毒蛾、刺蛾、苹掌舟蛾、剑纹夜蛾等
	除虫脲	灭幼脲1号、敌灭灵	20%悬浮剂、25%可湿性粉剂、5%乳油	低毒	卷叶蛾、毛虫、刺蛾、桃潜蛾类等
	氟苯脲	农梦特、伏虫隆、特氟脲、CME134	5%乳油	低毒。对鱼、鸟低毒,对蜜蜂无毒,对作物安全,对天敌昆虫和捕食螨安全	潜叶蛾类、卷叶蛾、刺蛾、尺蠖等
	氟啶脲	定虫隆、抑太保、定虫脲、氯氟脲	5%乳油	低毒。对鱼类低毒,对蜜蜂、鸟类安全	潜叶蛾类、卷叶蛾类、尺蠖、各种食心虫、桃蛀螟等

农药类型	常用名	又名	常用剂型	毒性	防治对象
昆虫生长调节剂类	氟虫脲	卡死克、氟虫隆	5%乳油	低毒。对鱼类和鸟类低毒	各种食心虫、桃蛀螟、卷叶蛾类、潜叶蛾类、螨类等
	米满	RH5992	24%悬浮剂	低毒。对鱼中毒。对捕食螨、食螨瓢虫、捕食性黄蜂、蜘蛛等天敌安全	卷叶蛾类、尺蠖等
	虱螨脲		5%乳油	低毒	各种食心虫、卷叶蛾、食叶害虫、潜叶蛾类、凤蝶等
其他类	吡虫啉	大功臣、一遍净、扑虱蚜、蚜虱净、康福多	10%、20%、25%可湿性粉剂，2.5%、5%乳油	中毒。对鱼低毒	各种果树蚜虫、飞虱、蓟马、粉虱、叶蝉、绿盲蝽、潜叶蛾类等
	啶虫脒	乙虫脒、莫比朗	20%可湿性粉剂，3%乳油，2%颗粒剂	中毒。对鱼和蜜蜂低毒	蚜虫、叶蝉、粉虱、蚧类、蓟马、潜叶蛾类等
	阿克泰	—	25%水分散粒剂	低毒	各种蚜虫、飞虱、粉虱、介壳虫、潜叶蛾类等
	机油	绿颖、敌死虫、机油乳剂	99%乳油	低毒	多种果树上的害螨、介壳虫、粉虱、蓟马、潜叶蛾、蚜虫、木虱、叶蝉等害虫，也可控制白粉病、煤烟病、灰煤病等

农药类型	常用名	又名	常用剂型	毒性	防治对象
复配剂	辛·阿维	辛·阿维乳油	15%、20%乳油	低毒	蚜虫、叶螨、潜叶蛾、食心虫等
	辛·氰	辛·氰乳油	20%、30%、40%、50%乳油	20%、30%为中毒，40%、50%为低毒	蠹蛾、蛀果害虫、刺蛾、天幕毛虫、苹掌舟蛾、食叶性害虫、蚜虫等
	辛·甲氰	辛硫·甲氰菊酯、克螨王	20%、30%乳油	中毒。对鱼、蜜蜂和家蚕高毒	多种食心虫、蚜虫和螨类等
	辛·溴	杀虫王、常胜杀、扑虫星、多格灭除、铃蛾虫清	15%、25%、26%、50%乳油	低毒	各种食心虫、星毛虫、天幕毛虫、舞毒蛾、尺蠖、刺蛾、蚜虫、卷叶蛾类、叶斑蛾等
	乐·氰	菊乐合酯、速杀灵、蚜青灵、多歼、杀虫乐、灭虫乐	15%、25%、30%、40%乳油	中等偏低	多种食心虫、多种食叶性害虫、潜叶蛾类
	菊·马	灭杀毙、增效氰马、桃小灵、害克杀、杀特灵	20%、40%、21%乳油	对哺乳动物毒性中等。对鱼、虾、蜜蜂、家蚕和天敌毒性很高	各种蚜虫、多种食心虫、卷叶蛾、杏仁蜂、李实蜂、杏虎象、桃蛀螟
	菊·杀	菊·杀乳油	20%、40%乳油	低毒	各种卷叶蛾、梨星毛虫、刺蛾、蚜虫、多种食叶害虫等
	克螨·氰戊	克螨·氰菊、克螨虫、灭净菊酯	20%乳油	低毒	多种害螨、多种食心虫、蚜虫、潜叶蛾类等

农药类型	常用名	又名	常用剂型	毒性	防治对象
复配剂	马·联苯	马·联苯乳油、药王星	14%乳油	中毒	食心虫类、害螨等
	尼索·甲氰	农螨丹	7.5%乳油	中毒。对鱼类、蜜蜂、家蚕有毒	多种食心虫、害螨等
	蜱·氯	农地乐、除虫净、虫多杀、迅歼、虫地乐、易虫锐	25%、52.25%、55%乳油	对人畜中毒，对蜜蜂、家蚕剧毒	食心虫类、梨木虱、各种蚜虫、潜叶蛾类等
	吡·毒	拂光、保护净、赛锐、爱林、千祥	22%乳油	对人畜毒性中等，对鱼低毒，对天敌昆虫和作物安全	各种蚜虫、木虱、叶蝉等
	烟·参碱	烟·参碱乳油	1.2%乳油	低毒	各种蚜虫、卷叶蛾、叶蝉、螨类、蓟马、蜡类等
植物源	烟碱	—	40%硫酸烟碱，自制烟草水	中毒。对鱼类等水生动物毒性中等，对家蚕高毒	蚜虫、卷叶蛾、叶蝉、螨类、蓟马、蜡类等
	鱼藤酮	鱼藤精	4%粉剂，2.5%、7.5%乳油	中毒，对鱼类、家蚕高毒，对蜜蜂低毒，对作物安全	果、菜、茶等多种植物上的尺蠖、毛虫、卷叶蛾、蚜虫等
	苦参碱	苦参素	0.2%、0.26%、0.3%、0.36%、1.1%水剂	低毒	各种蚜虫、兼治毛虫等食叶害虫幼虫

农药类型	常用名	又名	常用剂型	毒性	防治对象
微生物源	苏云金杆菌	Bt乳剂、青虫菌、敌宝、灭蛾灵、先得力、先力	100亿活芽孢悬浮剂、100亿活芽胞可湿性粉剂、100亿孢子/毫升Bt乳剂	低毒。对家禽、鸟类、鱼类和猪等低毒。对天敌安全但对蚕高毒	卷叶虫、食叶性毛虫、刺蛾、凤蝶、尺蠖等
	阿维菌素	害极灭、阿巴尔、阿维虫清、爱福丁、虫螨光、齐螨素、螨虫素、杀虫素、虫螨克、农哈哈、爱比菌素、阿发米丁、除虫菌素	2%、1.8%、1%、0.9%、0.6%、0.5%、0.2%乳油	高毒。对蜜蜂高毒，对鱼类中毒，对鸟类安全	螨类、蚜虫、蝇类、潜叶蛾、食心虫、梨木虱等
	白僵菌	—	含活孢子50亿~80亿个/克可湿性粉剂	对人、畜毒性极低。对蚕有毒	防治桃小食心虫、蛾类、蝶等多种害虫
性外激素	桃小食心虫性外激素	—	500微克/诱芯	无毒。作用：预测预报，指导用药	桃小食心虫
	苹果小卷蛾性外激素	—	500微克/诱芯	无毒。作用：预测预报，指导用药，干扰成虫交配	苹果小卷蛾
	桃潜蛾性外激素	—	200微克/诱芯	无毒。作用：预测预报，指导用药	桃潜蛾
	桃蛀螟性外激素	—	500微克/诱芯	无毒。作用：预测预报，指导用药，干扰成虫交配	桃蛀螟

农药类型	常用名	又名	常用剂型	毒性	防治对象
性外激素	枣镰翅小卷蛾性外激素	—	150微克/诱芯	无毒。作用：预测预报，指导用药，干扰成虫交配	枣镰翅小卷蛾
	金纹细蛾性外激素	—	200微克/诱芯	无毒。预测预报，指导用药	金纹细蛾
	葡萄透翅蛾性外激素	—	300微克/诱芯	无毒。作用：预测预报，指导用药	葡萄透翅蛾
杀螨剂	双甲脒	螨克、双虫脒	20%乳油，25%、50%可湿性粉剂	低毒。对鱼类中毒，对蜜蜂、鸟及天敌昆虫低毒	害螨、梨木虱、蚜虫、介壳虫等
	苯丁锡	托尔克、克螨锡、螨完锡、SD14114	25%、50%可湿性粉剂，20%悬浮剂	低毒。对鱼高毒，对蜜蜂和鸟低毒	防治多种果树上的害螨
	四螨嗪	阿波罗、螨死净	20%悬浮剂	低毒	多种果树上的叶螨、瘿螨、跗线螨
	哒螨灵	扫螨净、哒螨酮、速螨酮、牵牛星、哒螨尽、NC-129	20%可湿性粉剂，15%乳油	低毒。对鱼类毒性较高	多种害螨及蚜虫、叶蝉、介壳虫等
	炔螨特	克螨特、丙炔螨特	73%乳油	低毒。对鱼类高毒，对蜜蜂低毒	果树、茶树、多种作物上的害螨
	苯螨特	西斗星	5%、10%、20%乳油	低毒。对鱼类中毒	防治果树上多种叶螨，但对锈螨无效

农药类型	常用名	又名	常用剂型	毒性	防治对象
杀螨剂	苯硫威	排螨净、苯丁硫威、克螨威	35%乳油	低毒。对鸟类和蜜蜂低毒	防治多种果树上的害螨
	唑螨酯	霸螨灵、杀螨王	5%悬浮剂	中等毒性。对鱼、虾、贝类高毒，对家蚕有拒食作用	叶螨、瘿螨、跗线螨等
	吡螨胺	必螨立克、MK-239	20%乳油，10%和20%可湿性粉剂	低毒。对鱼类高毒，对鸟类和蜜蜂低毒	叶螨、锈螨、跗线螨、细须螨和蚜虫、粉虱等
	噻螨酮	尼索朗、除螨威	5%乳油，5%可湿性粉剂	低毒。对鱼类中毒，对蜜蜂和天敌安全	叶螨、二斑叶螨、全爪螨
	螨威多	—	24%悬浮剂	对人、畜低毒，对鱼类急性毒性较高，对鸟类和蜜蜂成虫毒性低	叶螨、锈螨
无机类杀菌剂	硫黄	硫	45%、50%悬浮剂	对人、畜安全，对水生生物低毒，对蜜蜂几乎无毒	多种病害，也可杀螨
	石硫合剂	多硫化钙、石灰硫黄合剂、可隆	45%结晶体、20%膏体、29%水剂	低毒	多种病害、介壳虫、害螨等
	波尔多液	硫酸铜-石灰混合液	石灰半量式、等量式、倍量式	低毒。对蚕毒性较大	多种真菌病害，如干腐病、黑斑病、煤污病
	多硫化铜	石钡合剂、硫钡粉	70%粉剂	低毒	炭疽病、疮痂病、黑星病、轮纹病、黑斑病、腐烂病、干腐病等

农药类型	常用名	又名	常用剂型	毒性	防治对象
无机类杀菌剂	氢氧化铜	可杀得、冠菌铜、丰护安、根灵	77%可温性粉剂，53.8%、61.4%干悬浮剂，7.1%根灵悬浮剂	低毒	炭疽病、白粉病、黑痘病、落叶病、黑斑病、锈病等
	王铜	氧氯化铜、碱式氯化铜、好宝多	30%悬浮剂，10%、25%粉剂，84.1%可湿性粉剂	低毒	多种病害
	碱式硫酸铜	绿得保、保果灵、杀菌特、铜高尚	80%可湿生粉剂，27.12%、30%、35%悬浮剂	低毒	溃疡病、黑痘病、霜霉病等
	氧化亚铜	铜大师、靠山、氧化低铜	56%水分散粒剂，86.2%可湿性粉剂，86.2%干悬浮剂	低毒	白腐病、黑痘病、叶病、轮纹病、黑斑病等
有机硫、有机磷类杀菌剂	福美双	秋兰姆、赛欧散	50%可湿性粉剂	中毒	白腐病、炭疽病、黑星病、穿孔病等
	代森锌	什来特、锌来特	65%、80%可湿性粉剂	低毒	多种病害
	代森锰锌	大生、大生M-45、喷克、速克净、大生富、新万生、百乐、大丰、山德生	50%、70%、80%可湿性粉剂	低毒	落叶病、花腐病等多种病害
	福美锌	—	65%可湿性粉剂	低毒	花腐病、炭疽病、褐腐病等
	丙森锌	安泰生、甲基代森锌	70%可湿性粉剂	低毒	斑点落叶病、霜霉病、炭疽病等

农药类型	常用名	又名	常用剂型	毒性	防治对象
取代苯基类杀菌剂	百菌清	达科宁、大克灵、克劳优、桑瓦特、霉必清	50%、75%可湿性粉剂,40%悬浮剂,30%、45%烟剂,10%乳油	低毒	炭疽病、褐腐病、疮痂病、轮纹病、斑点病、褐斑病、白粉病等
	乙霉威	硫菌霉威、保灭灵、万霉灵、抑霉灵、抑菌威	25%可湿性粉剂	低毒	斑点病、青霉病、绿霉病等
	甲基硫菌灵	甲基硫菌灵	50%、70%可湿性粉剂,36%、50%悬浮剂	低毒	炭疽病、花腐病、霉心病、黑点病等
	甲霜灵	瑞毒霉、雷多米尔、阿普隆、瑞毒霜、甲霜安	25%可湿性粉剂	低毒	苗期立枯病、霜霉病等
杂环类杀菌剂	多菌灵	苯骈咪44号、棉萎灵、棉萎丹、保卫田、枯萎立克	25%、50%、80%可湿性粉剂,40%悬浮剂	低毒	果树上的多种真菌性病害
	噻菌灵	特克多、硫苯唑、腐绝、涕灭灵、噻苯灵	45%、42%悬浮剂,60%可湿性粉剂	低毒	青霉病、炭疽病、黑星病等
	粉锈宁	三唑酮、百理通、百菌酮	15%、25%可湿性粉剂,20%乳油	低毒	白粉病、炭疽病、黑星病等
	腈菌唑	迈可尼	25%、40%可湿性粉剂,12.5%、25%乳油	低毒	黑星病、锈病、青霉病、绿霉病等
	烯唑醇	速保利、达克利、特灭唑、特普唑	12.5%可湿性粉剂	低毒	黑星病、轮纹病、叶斑病、黑腐病等

农药类型	常用名	又名	常用剂型	毒性	防治对象
杂环类杀菌剂	氟硅唑	福星、克攻星	40%乳油	低毒	黑星病、白粉病、黑痘病等
	异菌脲	扑海因、咪唑霉、依扑同	50%可湿性粉剂、25%悬浮剂	低毒	水果贮藏期病害、花腐病、灰霉病等
	腐霉利	速克灵、二甲基核利、杀霉利、扑灭宁	50%可湿性粉剂	低毒	霜霉病、褐腐病、灰霉病等
	乙烯菌核利	农利灵、烯菌酮、免克宁	50%可湿性粉剂	低毒	褐腐病、灰霉病、褐斑病、核果类菌核病等
	唑菌腈	应得、腈苯唑、苯腈唑	24%悬浮剂	低毒	褐腐病、黑星病、叶斑病等
	噁醚唑	世高	10%水分散颗粒剂	低毒	斑点落叶病、炭疽病、疮痂病、叶斑病等
	氯苯嘧啶醇	乐必耕、异嘧菌醇	6%可湿性粉剂	低毒	黑星病、炭疽病、白粉病、锈病、轮纹病等
其他杀菌剂	溴菌清	炭特灵、休菌清	25%可湿性粉剂、25%乳油	低毒	炭疽病、褐腐病、白腐病等
	菌毒清	环中菌毒清、菌必净	5%水剂	低毒	腐烂病、轮纹病、根部病害、炭疽病等
	双胍辛胺	双胍辛胺、别腐烂、派克定、百可得	25%水剂，3%糊剂（涂布剂），40%可湿性粉剂	中等毒性	果实腐烂病、落叶病、黑痘病等

农药类型	常用名	又名	常用剂型	毒性	防治对象
其他杀菌剂	霜脲氰	清菌脲、霜疫清、菌疫清	10%可湿性粉剂	低毒	霜霉病、白粉病、霜疫霉病等
	嘧菌酯	阿米西达	25%悬浮剂	低毒	霜霉病、白粉病、枝枯病、黑腐病、褐斑病、轮纹病。苹果果实生长期喷雾,果实无病斑
	银果	绿帝、银泰	10%乳油,20%可湿性粉剂	低毒	黑星病、白粉病、腐烂病、轮纹病等
复配杀菌剂	腈菌唑·代森锰锌	仙生	62.25%可湿性粉剂	低毒	黑星病、白粉病、落叶病、黑斑病、疮痂病、炭疽病等
	代森锰锌·波尔多液	科博	78%可湿性粉剂	低毒	落叶病、白粉病、黑斑病、褐斑病等
	噁霜灵·代森锰锌	噁霜锰锌、杀毒矾	64%可湿性粉剂	低毒	褐斑病、黑腐病等
	烯酰吗啉·代森锰锌	安克锰锌、安克	69%可湿必粉剂、69%水分散颗粒剂	低毒	霜霉病、疫霉病等
	多菌灵·代森锰锌	多·锰、多·代	40%可湿性粉剂	低毒	轮纹病、黑斑病、黑星病、褐腐病、疮痂病等
	霜脲·锰锌	克露、克抗灵	72%可湿性粉剂	低毒	霜霉病等
	乙膦铝·锰锌	乙锰	70%可湿性粉剂	低毒	落叶病、霜霉病等

农药类型	常用名	又名	常用剂型	毒性	防治对象
复配杀菌剂	甲霜灵·锰锌	雷多米尔锰锌、瑞毒霉锰锌	58%可湿性粉剂	低毒	霜霉病、白粉病、炭疽病、干腐病等
	福美双·多菌灵	福·多、葡灵	40%、50%可湿性粉剂	低毒	白腐病、炭疽病、霜霉病、黑星病等
	多菌灵·硫黄	多·硫、多菌灵Ⅱ、灭病威	40%、50%悬浮剂	低毒	轮纹病、白粉病、灰霉病等
	多菌灵·井冈霉素	多井悬浮剂	28%悬浮剂	低毒	黑星病、褐枯病、黑痘病等
	甲基硫菌灵·福美双	甲·福、福·甲、甲硫·福、丰米	70%可湿性粉剂	低毒	轮纹病、炭疽病、早期落叶病、霉心病、白粉病等
	甲基硫菌灵·硫磺	混杀硫	50%悬浮剂、70%可湿性粉剂	低毒	白粉病、霉心病、轮纹病、炭疽病、黑星病、褐腐病等
	硫菌·霉威	抗霉威、克得灵	65%可湿性粉剂	低毒	黑星病、灰霉病等
	炭疽福美	锌双合剂	80%可湿性粉剂	低毒	多种果树上的炭疽病
	百菌清·福美双	百·福	70%可湿性粉剂	低毒	炭疽病、白腐病、霜霉
	宝丽安·克丹	多克菌	65%可湿性粉剂	低毒	落叶病、灰霉病、炭疽病等
	甲霜灵·二羧酸铜	甲霜铜、瑞毒铜	40%可湿性粉剂	低毒	霜霉病等

农药类型	常用名	又名	常用剂型	毒性	防治对象
复配杀菌剂	腐植酸·铜	腐植酸·硫酸铜、843康复剂	2.12%、2.2%、3.3%水剂	低毒	腐烂病等
	春雷霉素·王铜	加瑞农	47%、50%可湿性粉剂	低毒	炭疽病、白粉病、霜霉病等
微生物源杀菌剂	春雷霉素	春日霉素、加收米	2%液剂、2%、4%可湿性粉剂、0.4%粉剂	低毒	溃疡病、脚腐病等
	井冈霉素	多效霉素	5%、10%水剂,10%、12%、15%、17%、20%水溶性粉剂	低毒	轮纹病、褐斑病、缩叶病、立枯病等
	多抗霉素	多氧霉素、宝丽安、多效霉素、多克菌	2%、3%、5%可湿性粉剂、10%、3%水剂	低毒	斑点落叶病、黑星病、灰霉病等
	农抗120	抗霉菌素120、120农用抗菌素、	2%、4%水剂	低毒	轮纹病、斑点落叶病、炭疽病、白粉病、疮痂病等
	中生菌素	克菌康、农抗751	1%水剂,3%可湿性粉剂	低毒	轮纹病、落叶病、炭疽病、黑点病、穿孔病等
	链霉素	农用硫酸链霉素、农用链霉素	72%、10%可湿性粉剂	低毒	穿孔病、溃疡病等

农药类型	常用名	又名	常用剂型	毒性	防治对象
植物生长调节剂	赤霉素	九二O、GA	10%、85% 粉剂，40% 水水溶性乳剂	无毒	打破休眠、促进种子发芽、果实早熟、调节开花、减少花果脱落、延缓衰老、保鲜等
	氯吡脲	吡效隆、施特优、CPPU	0.1%溶液	对人畜安全	促进植物细胞分裂、分化和器官形成，增强抗逆性、抗衰老、促进果实膨大、诱导单性结实等
	乙烯利	一试灵、催熟剂	40%水剂	低毒	调节植物生长、发育，促进果实成熟，加快叶片、果实脱落、促进植株矮化等
	多效唑	PP_{333}、氯丁唑	15%可湿性粉剂	低毒	抑制根系和植株生长，抑制顶芽生长，促进侧芽萌发和花芽的形成，提高坐果率，增强抗逆性等
	抑芽丹	青鲜素、马来酰肼	25% 钠盐水剂，50%可湿性粉剂	低毒	暂时性植物生长抑制剂，抑制细胞分裂，控制芽和枝梢的生长

农药类型	常用名	又名	常用剂型	毒性	防治对象
除草剂	草甘膦	镇草宁、草克灵、农达、奔达、飞达、罗达普、农旺、春多多	5%、10%、31%、41%、65% 水剂，50%可溶性粉剂	低毒	杀草谱广，可灭除禾本科、莎草科、阔叶杂草及藻类、蕨类和灌木等
	噁草酮	噁草灵、农思它、G－315、RP-17623	12%、25%乳油	低毒	一年生禾本科及阔叶杂草等
	灭草松	排草丹、苯达松、噻草平、百草克、百草丹	25%、48% 水剂，50%可湿性粉剂，10%颗粒剂	低毒	多年生的莎草科杂草和阔叶杂草等
	萘氧丙草胺	大惠利、草萘胺、敌草胺、萘丙酰草胺	50%可湿性粉剂、20%水剂，10%颗粒剂	低毒	一年生禾本科、莎草科和阔叶杂草
	异丙甲草胺	都尔、甲氧毒草胺、杜耳、稻乐思、屠莠胺	50%、72%、96%乳油	低毒	一年生禾本科、阔叶杂草和碎米莎草等
	吡氟禾草灵	稳杀得、氟草除、氟草灵、吡氟丁禾灵	15%、25%、35%乳油	低毒	一年生和多年生禾本科杂草
	乙氧氟草醚	果尔、割地草、杀草狂、乙氧醚、割草醚	23.5%、24% 乳油，24% 粉剂，0.5%颗粒剂	低毒	莎草科、禾本科和阔叶杂草

农药类型	常用名	又名	常用剂型	毒性	防治对象
除草剂	稀禾定	拿捕净、乙草丁、西杀草、禾莠净、硫乙草灭	20%乳油,12.5%机油乳剂	低毒	一年生和多年生禾本科杂草等
	氟乐灵	特福力、氟利克、氟特力、茄科宁	24%、48%乳油,2.5%、5%、50%颗粒剂	低毒	一年生禾本科杂草、种子繁殖的多年生杂草、阔叶草等
	茅草枯	达拉朋	60%、65%钠盐,85%可湿性粉剂	低毒	禾本科杂草